普通高等院校土建类专业"十四五"创新规划教材

建筑工程事故的诊断与分析
（第 2 版）

袁广林　鲁彩凤　李庆涛　舒前进　徐支松　编著

U0283740

中国建材工业出版社

图书在版编目（CIP）数据

建筑工程事故的诊断与分析/袁广林等编著．-- 2
版．--北京：中国建材工业出版社，2021.11
普通高等院校土建类专业"十四五"创新规划教材
ISBN 978-7-5160-3277-0

Ⅰ.①建…　Ⅱ.①袁…　Ⅲ.①建筑工程—工程事故—
事故分析—高等学校—教材　Ⅳ.①TU712

中国版本图书馆 CIP 数据核字（2021）第 161237 号

内 容 简 介

　　本书分析了我国建筑工程业的现状和建筑工程事故发生的原因，介绍了建筑工程事故处理的一般程序，说明了建筑结构现场检测技术的原理与方法，研究了混凝土结构、砌体结构、钢结构和地基基础发生建筑工程事故的主要原因、机理与特点，并以典型的工程事故为例，说明了建筑工程事故的诊断与分析方法。

　　本书可作为高等院校土木工程专业本、专科学生教材，也可供从事设计、施工、监理、检测、鉴定等相关专业的工程技术人员参考。

建筑工程事故的诊断与分析（第 2 版）

Jianzhu Gongcheng Shigu de Zhenduan yu Fenxi（Di-er Ban）

袁广林　鲁彩凤　李庆涛　舒前进　徐支松　编著

出版发行：中国建材工业出版社

地　　址：北京市海淀区三里河路 1 号

邮　　编：100044

经　　销：全国各地新华书店

印　　刷：北京鑫正大印刷有限公司

开　　本：787mm×1092mm　　1/16

印　　张：19

字　　数：460 千字

版　　次：2021 年 11 月第 2 版

印　　次：2021 年 11 月第 1 次

定　　价：**69.80 元**

前言（第2版）

本书在第 1 版的基础上，对部分内容进行了必要的增删和修改，并按照我国新的有关的规范、规程和技术标准，对涉及的相关内容进行了修订。

本书以建筑结构和材料的现场检测技术为分析手段，以建筑结构和材料的性能为分析基础，比较全面地分析了混凝土结构、砌体结构、钢结构和地基基础发生建筑工程事故的主要原因、类型和特点，并以典型的工程事故为例来说明建筑工程事故的诊断与分析方法。本书总结了作者多年来的教学经验和工程实践，并注意吸收国内外有关的研究成果和典型的工程事故实例。

本书用作教材时，可改进传统的课堂教学模式，融入现场实践的教学环节，加大课堂教学的信息量，使理论与实践紧密结合，从而通过反面案例促进学生对正面知识的理解，通过实践促进理论知识的学习，通过单个工程事故的分析促进综合知识的运用，以适应时代对高等教育的要求，为培养复合型、创新型人才奠定基础。因此，将正反两方面的知识相结合，将实践教学与课堂教学相结合，是本书着力解决的主要问题。

由于建筑工程事故的复杂性和编者的水平有限，书中错误和不妥之处在所难免，敬请有关专家和广大读者批评指正。

编 者
2021 年 8 月

前言（第1版）

当前，我国正处于建筑业的大发展时期，但是，每年总有一些新建工程和已有工程发生工程质量事故，有些事故还很严重。为从事故中吸取教训，避免同类事故的发生，同时正确处理工程事故，必须对事故发生原因进行诊断与分析。

本书以建筑结构和材料的现场检测技术为分析手段，以建筑结构的可靠性鉴定为分析依据，以建筑结构和材料的性能为分析基础，比较全面地分析了混凝土结构、砌体结构、钢结构和地基基础发生建筑工程事故的主要原因、类型和特点，并以典型的工程事故为例来说明建筑工程事故的诊断与分析方法。

本书用作教材时，可改进传统的课堂教学模式，融入现场实践的教学环节，加大课堂教学的信息量，使理论与实践紧密结合，从而通过反面案例促进学生对正面知识的理解，通过实践促进理论知识的学习，通过单个工程事故的分析促进综合知识的运用，以适应时代对高等教育的要求，为培养复合型、创新型人才奠定基础。因此，将正反两方面的知识相结合，将实践教学与课堂教学相结合，是本书着力解决的主要问题。

本书总结了作者多年来的教学经验和工程实践，并注意吸收国内外有关的研究成果和典型的工程事故实例。在编写过程中，承蒙袁迎曙教授审阅了全稿并提出了宝贵意见，在此谨表衷心感谢。

由于建筑工程事故的复杂性和编者的水平有限，书中错误和不妥之处在所难免，敬请有关专家和广大读者批评指正。

编　者
2007 年 7 月

1 概　述

1.1 我国建筑工程业的现状

改革开放以来，随着我国现代化建设的不断发展，基本建设规模的不断扩大，建筑行业已成为国民经济的重要组成部分，每年投资建设的各类工程项目达 20 亿 m^2，对推动我国经济发展和社会进步发挥着极其重要的作用。

建筑工程质量和其他产品质量一样，既关系到国民经济的发展，又关系到人民群众的切身利益。在工程建设中，我国早就提出"百年大计，质量第一"的建设方针，全社会对工程质量也极为关注。但多年来，建筑工程质量事故一直是工程建设中最突出的一个问题，建筑工程质量越来越成为人们所关注的热点。总的来讲，可以用两句话来概括我国建筑业的现状：建筑工程质量稳中有升，建筑工程事故依然存在。

1.1.1　建筑工程质量稳中有升

改革开放以来，我国基础设施和大中型项目建设成绩斐然，这些项目的工程质量多数是比较好的，其中有些项目的工程质量水平已接近或达到国际先进水平。20 世纪 90 年代，特别是 2000 年以后的商品房，质量明显改善，主要表现在结构的安全性、耐久性、舒适性、实用性、美观性都有了很大的进步。从住房城乡建设部的抽查结果来看，建筑工程质量的合格率稳步上升。另一方面，重大事故有所减少。

1.1.2　建筑工程事故依然存在

在充分肯定我国建筑业取得的辉煌成就的同时，应充分认识到，目前我国建筑工程质量的形势依然严峻，一些在建和竣工项目存在严重的质量问题。有些属于质量通病，有些存在严重质量隐患，有些则变成了危房，甚至发生倒塌。2014 年 9 月，住房城乡建设部主管工程质量安全的负责人曾指出，"瘦身钢筋""粉末砖头"及不合格海砂的使用，都给工程质量造成了一定的问题。建筑工程质量问题主要表现在以下几个方面。

1. 工程合格率低

工程质量的优劣，主要是依据质量评定标准来衡量。虽然我国现行的《建筑工程施工质量验收统一标准》（GB 50300—2013）的要求不是很高，但如果能按规范要求施工、按规程认真操作，工程质量是完全可以达到合格标准的。但合格率还不高，1994年，建设部组织对29个省会城市的住宅工程进行质量抽查，在抽检的462个工程中，核验为优良等级的只有30个，优良率仅为6.49%。1995年上半年有关部门对省会城市住宅工程质量的抽查表明，工程质量合格率为80%，仅有8%为优良。2019年11月，某市住建局发布的针对某商品混凝土搅拌站混凝土质量问题有关情况的通报表明，全市同一时期使用该公司混凝土的共有59个项目，经所涉项目属地监管机构现场检测核查，仅有20个项目的混凝土强度满足设计要求。

2. "劣质工程"增多

虽然没有明确规定什么是劣质工程，但下列几种情况一般被认为属于"劣质工程"。一是结构不能保证安全，二是功能不能达到基本使用要求，三是单位工程观感得分率不超过50%。近年来符合上述情况的"劣质工程"屡屡出现。1994年，在29个省会城市抽检的462个住宅工程中，就有17个是劣质工程。省会城市尚有如此多的"劣质工程"，其他中小城市必然会更多。2007年，某市拆迁安置工程中，部分住宅是六层砖混结构，素混凝土条形基础，设计素混凝土强度等级为C15。在该工程施工至三层左右时，发现基础部分的素混凝土强度等级不满足设计要求，有的部位混凝土强度等级低于C10。最后拆除重建的单体有2号、3号、5号、10号、11号五栋建筑，总面积逾17700m²。直接损失约1000万元。2020年，青岛某楼盘共21栋楼，其中18栋主体结构混凝土强度推定值达到设计强度85%的检测批占比仅为47%～80%不等，另三栋楼（9号、13号和17号）主体结构混凝土强度推定值达到设计强度85%的检测批占比分别为25%、11.1%、15%，不得不拆除重建。不仅经济损失巨大，而且给住户带来很大困难，给人民群众生活带来很大影响。北京某国际会都指挥部办公楼，地下一层，地上3层，总建筑面积1.21万m²，2011年开工，2012年完工。由于肉眼可见的柱子倾斜、墙面裂缝、钢筋裸露、混凝土局部空洞疏松、蜂窝、麻面等问题，经中国建筑科学研究院国家建筑工程质检中心司法鉴定所等4家专业机构鉴定为存在相当严重的质量问题，属于"危房"，到2020年底仍未验收。

3. 重大事故时有发生

近年来，在建工程的坍塌事故时有发生。以往坍塌事故多是局部坍塌或发生在砖混结构房屋中，但近年来现浇钢筋混凝土多层框架结构房屋的坍塌也时有发生。2003年7月1日，正在施工中的地铁4号线（浦东南路至南浦大桥）区间隧道浦西联络通道发生大量流砂涌入，引起地面大幅沉降，造成地面一栋八层楼房发生倾斜，其主楼裙房倒塌，直接造成经济损失达1.5亿元，保险公司赔付7.1亿元。2005年7月8日，正在建设中的内蒙古新丰热电项目主厂房球形网架结构突然坍塌，正在进行墙面粉刷的9名工人2人死亡，7人受伤。2009年6月27日6时左右，上海闵行区莲花南路罗阳路口一幢13层在建商品楼发生倒塌事故。2015年5月20日至6月15日，一个月之内，全国发生5起居民楼垮塌事件。2016年6月30日18时许，某市小学游泳馆发生钢网架屋盖坍塌事故，游泳馆屋盖整体坍塌至游泳馆地面。2020年3月7日，震惊全国的福建省泉州市欣佳酒店坍塌事故，造成 29 人死亡。

4. 不少工程存有严重隐患

近几年所建的工程中，有不少工程存有严重隐患。如有的工程未经工程地质勘察就设计地基基础；有的工程结构未经结构计算；有的结构工程使用未经检验的钢筋与水泥；有的工程使用强度不合格的砌块砌筑墙体。除以上情况外，更为严重的是不少施工企业为了攫取利润，竟不择手段地偷工减料，如在钢筋混凝土构件中，有的被抽掉 50％的配筋量；有的在砌筑砂浆中少用水泥 30％～50％，致使实际的混凝土及砂浆强度远小于设计强度，但其制作的试块强度大大超出设计的强度。某市一住宅小区的钢筋混凝土楼板设计厚度是 100mm，但实际平均厚度只有 75mm，最薄的只有 50mm；设计 1400mm 宽的基础，实际宽度不足 900mm。这样的工程有的被检查了出来，但还有很多工程并没有被检查出来，存在严重的隐患。

5. "质量通病"仍普遍存在于工程中

"质量通病"一词在经济发达国家中是没有的，而我国把一些普遍存在的质量问题称为"质量通病"，如墙体裂缝、钢筋混凝土现浇楼板裂缝、楼地面渗漏、外墙渗漏、门窗渗漏、屋面渗漏等。多年来，年年喊要治理质量通病，但收效并不明显，仍然在工程中普遍存在。如房屋建筑工程中的屋面漏雨、厨房及卫生间的渗漏、地面和墙面的开裂、烟道和下水道的堵塞、门窗翘曲变形等问题继续存在。而当前由于一些新材料、新工艺在建筑工程中被广泛采用，又有一些新的"质量通病"在工程中普遍存在。如铝合金门窗安装中，门窗框与墙体接缝处，按规范要求应嵌填矿棉等弹性材料，其最外面的 5mm 厚度中应注入密封胶；但现在很多地方没有按规范要求去做，所有接缝处都嵌填水泥砂浆。如此不按规范要求施工的做法，却被一些地区认为是无所谓的"质量通病"。

6. 采用新材料带来的工程质量问题日益增多

近年来，随着对环保问题的日益重视，打击非法采砂、河道禁采、矿山整治等力度日益加大，导致很多地方砂石骨料紧缺、价格暴涨。因此，将工业废渣（粉煤灰、矿渣、钢渣等）在混凝土中应用（用作掺合料或骨料），既能够减少工业废渣对土地的占用和对环境的污染，又可以降低混凝土的材料成本，故而很多混凝土企业在推广使用。但由于对工业废渣研究不够，性能不够稳定，导致混凝土中添加了大量工业废渣，施工质量出现严重问题。如长沙某楼盘，由于混凝土骨料内含有加工破碎的钢渣废弃颗粒，导致该楼 16 层以上各层混凝土构件面层不同程度地存在混凝土鼓包脱落现象，有的仅客厅顶面就出现了 20 多处鼓包脱落。宜兴某商品混凝土公司，为了节约成本，2014 年 7 月至 2015 年 3 月期间，拌制混凝土过程中擅自掺入了一定量的钢渣代替石子作为粗骨料，使得部分项目出现混凝土爆裂现象，导致共计 19 个项目的房屋出现质量问题，建筑面积达 473224m²，造成巨大的经济损失。

1.1.3　自然灾害造成的建筑事故时有发生

我国属多自然灾害的国家，不仅有 2/3 的大城市处于地震区，而且风灾、水灾、火灾、爆炸时有发生。由于一些工程的抗灾能力差，在这些自然灾害面前，一些建筑物受到严重损伤。地震对建筑物造成不同程度的损坏；风灾平均每年损坏房屋约 30 万间；仅 2019 年全年共接报城乡居民住宅火灾 10.4 万起。2003 年 11 月 3 日，湖南衡阳大厦 8 层商住楼发生火灾，在扑救衡阳火灾过程中该大楼发生坍塌，造成衡阳市消防支队共有 20 名官兵壮烈牺牲，另有 11 名官兵英勇负伤。这起"特大火灾坍塌事故"震惊全国。2010 年 11 月 15 日 14 时，上海余姚路胶州路一栋 28 层高层公寓起火，大火导致 58 人遇难，另有 70 余人受伤。2011 年 2 月 3 日零时 30 分许，沈阳皇朝万鑫酒店（五星级酒店）发生大火，大火从 3 层裙楼燃烧至 20 层以上。2020 年 9 月 23 日，某地矿井水处理污泥脱水间在安装设备时发生大火，燃烧 4 个多小时，导致 4 台设备烧毁，二层厂房报废，需要立即拆除，直接损失达 900 余万元。

1.2 建筑工程事故的界定及分类

1.2.1 建筑工程事故的界定

按照《建筑结构可靠性设计统一标准》（GB 50068—2018）的规定，结构的设计、施工和维护应使结构在规定的设计使用年限内以规定的可靠度满足规定的以下功能要求：

（1）能承受在施工和使用期间可能出现的各种作用。

（2）保持良好的使用性能。

（3）具有足够的耐久性能。

（4）当发生火灾时，在规定的时间内可保持足够的承载力。

（5）当发生爆炸、撞击、人为错误等偶然事件时，结构能保持必要的整体稳固性，不出现与起因不相称的破坏后果，防止出现结构的连续倒塌。

我国住房城乡建设部规定，凡质量达不到合格标准，影响使用功能和工程结构安全，造成永久质量缺陷的，或必须进行返修、加固或报废，由此造成的直接经济损失在 5000 元（含 5000 元）以上的称为工程质量事故。

本书所谓的建筑工程事故是指，按照国家标准《建筑工程施工质量验收统一标准》（GB 50300—2013）进行检查验收，达不到合格标准，而且其建筑结构的功能不能满足上述要求者。

1.2.2 建筑工程事故的分类

建筑工程事故的分类方法有很多，如可以按事故原因、造成的危害、发生的时期等进行分类。本书按事故的性质将结构性事故分为以下几类：

（1）倒塌事故，指建筑物整体或局部倒塌。

（2）开裂事故，包括砌体和混凝土结构的开裂等。

（3）错位事故，指建筑物方向、位置错误；结构构件尺寸、位置偏差过大，以及预埋件错位等。

（4）地基工程事故，包括地基失稳或变形，斜坡失稳等。

（5）基础工程事故，包括基础错位、变形过大、混凝土强度不足、桩基础事故等。

（6）变形事故，包括结构或构件出现倾斜、扭曲，或挠度过大引起的工程事故。

（7）结构或构件承载力不足事故，主要指因承载力不足留下的隐患性事故。如混凝土结构中漏放或少放钢筋，混凝土强度不足等。

（8）偶然荷载作用引起的事故，如地震作用、火灾、爆炸等。

（9）使用新材料引起的事故，如使用钢渣引起的混凝土鼓包脱落等。

本书主要针对开裂、倒塌、地基与基础等较复杂的建筑工程事故进行诊断和分析。

1.3　建筑工程事故的特点

建筑工程事故的特点主要包括以下四个方面：

1. 复杂性

复杂性主要表现在引发建筑事故的因素复杂，从而增加了对建筑工程事故的性质及危害的分析、诊断和处理的难度。有些事故往往涉及勘察、设计、施工、材料、施工管理等方面，或者是其中几种的复合，只有对事故进行全面、认真的分析后，才能去伪存真，找到事故的主要原因。如引起结构裂缝的原因可能有几十乃至上百种，必须深入进行研究和分析，才能判断出裂缝产生的真正原因。

2. 严重性

建筑工程事故轻者影响工程施工的顺利进行，拖延工期，增加工程费用；重者会给工程留下隐患，影响房屋的正常使用。更为严重的会引起建筑物倒塌，造成人民生命财产的巨大损失，影响社会的安定。

3. 可变性

许多建筑工程事故问题，还会随时间不断发展变化，必须及时采取可靠的措施，以防事故的进一步恶化。

4. 多发性

有些质量问题，就像"常见病"一样会经常发生，从而成为"质量通病"。

1.4　导致建筑工程事故的原因分析

造成建筑工程事故的原因是多方面的，有主观因素，也有客观因素；有企业内部因素，也有企业外部因素。

我国房屋建筑工程质量事故统计的有关资料显示，由设计方面引起的质量事故占40.1%；由施工原因引起的质量事故占29.3%；由建材及物料等其他原因引起的质量事故占30.6%。特别是一些重大事故，往往都与建筑工程设计不合理有关。

1.4.1　工程地质勘察方面

有的勘察设计单位不认真进行地质勘察，提供的数据资料有误，盲目估计地基承载力，造成建筑物产生不均匀沉降，导致结构开裂或倒塌；有的勘察报告不详细、不准确甚至错误。有的地质勘探的钻孔间距太大，不能准确反映地基的实际情况；有的地质勘察的钻孔深度不够，没有查清地基深处是否有软弱层、古墓、洞穴等情况，因而造成基础产生严重的不均匀沉降，导致建筑物变形和出现裂缝。有的未经勘察即进行设计或盲目套用邻近建筑的勘探资料等。

1.4.2　设计计算方面

有的设计人员在进行结构设计时，不认真进行分析计算，过分相信计算机；有的结构设计计算简图与受力情况不符，有的计算假定与施工实际情况不符，计算模型不当；计算中漏算荷载或荷载计算错误；有的结构构件刚度不足，有的结构构造不合理，沉降缝、伸缩缝设置不当；有的结构安全度不足；有的套用原有图纸而又未根据实际情况校核，甚至不经计算就出图。

除上述原因以外，我国的结构设计在某些地方过多地看重经济问题，有的甲方（如房地产公司）片面追求节约原材料，降低投资额，而有的设计人员，不顾原则迎合甲方的要求，为节省每一根钢筋、每千克水泥反复核算，使得结构的安全度降低，使用寿命缩短，结构的耐久性降低。如 2018 年 1 月合肥公交站台倒塌事故，直接原因为连接公交站亭顶板与立柱的承托弓铸铝件强度不足，发生断裂，造成顶板倒塌。

1.4.3　建筑材料质量方面

建筑材料质量是保证工程质量的基础，但目前不少建筑材料的质量是不能保证的。特别是随着实心黏土砖的禁止使用，使用新型墙体材料已成为必然。但是，由于低水平的重复建设以及价格战等因素，一些新型墙体材料生产企业，对原材料、技术装备和产品质量重视不够，导致一些不合格的产品用于建筑工程中。再如一些饰面砖在镶贴 1～2 年后，即在釉面出现多条裂缝和爆皮。再如我国使用的防水卷材，90% 是石油沥青卷材。由于生产厂工艺设备落后，加上沥青又是高蜡沥青，这些卷材自身的耐久性就很差。有的 3～5 年后即老化而使防水失效。由于建筑材料质量低，加上又无选择余地，一些单位明知材料质量有问题，但仍把它用于工程中。

1.4.4　施工和管理方面

1.4.4.1　施工队伍素质低，技术力量薄弱

施工队伍的素质低。在我国 5500 万人的建筑队伍中，其中很大一部分是没有经过

专门培训的农民工，因此很多农民工既缺乏建筑的基本知识，又缺乏基本操作技能和"工匠精神"，在操作中不是按规范及规程操作，而是胡乱蛮干、消极应付。某市一住宅小区的 240mm 厚砖墙，竟然全砌成顺砖，而无一皮丁砖；有的将悬挑的钢筋混凝土构件中的受力钢筋绑扎在下面；有的阳台地面高于室内地面，有的将外墙饰面砖的破砖放在正面的最明显处；有的混凝土浇筑不密实，发现后抹上砂浆蒙混过关，导致小问题变成大事故。据有关部门调查，当前在施工现场直接从事操作的工人中，90％以上是农民工。而大部分施工企业的自有工人由于年龄老化，人数很少，真正能在现场从事操作的只占操作人员的 4％。因此，施工现场是大量未经专门培训的农民工在操作，在这种情况下要把工程质量搞上去必然有相当大的难度。

同时，有的施工队缺少技术力量，安全意识淡薄；不熟悉设计意图，不能按有关施工规范和技术规程施工，甚至为方便施工擅自修改设计。

1.4.4.2　一些施工企业经营思想不端正，偷工减料

当前建筑工程招投标中，建设单位多以低价方式来选择施工企业，有的国有施工企业将 19％的综合收费率自行压到 7％。但一些揽了工程的施工企业却以偷工减料的方式来攫取利润，有的甚至不顾一切地在地基基础及主体结构施工中偷工减料，如将检验不合格的水泥、强度达不到设计要求的砖、配比严重不当的混凝土或砂浆用在工程上，结果使不少新房成为危房或隐患严重的工程。

1.4.4.3　非法挂靠，层层转包

目前建筑市场流传着这样的顺口溜：一级企业中标，二级企业挂靠，三级企业管理，无级工头承包，形象地说明了建筑工程层层转包、层层剥皮的现象。有些施工企业越级承接工程项目，非法挂靠，或接收低资质施工队伍挂靠；有的资质不实的"皮包公司"无法自行组织施工，靠倒手转包获利。

1.4.5　房屋维护和使用不当方面

长期以来，只重使用、不重管理的现象在建筑领域长期存在。而有的建筑物长期处于恶劣的使用环境中，如高温、腐蚀、超载、粉尘、疲劳、潮湿等环境，加速了建筑物的早衰和破损。有的对下部结构没有进行认真验算，就盲目在原有建筑物上加层，任意用实心墙分隔；有的使用中随意增大荷载，如将阳台当库房，将办公楼改为生产车间，将住宅改为浴室或娱乐场所；有的使用单位任意在建筑结构上开洞或盲目拆除承重墙，破坏了原有结构。

1.4.6　建筑市场行为不规范方面

我国一方面将企业推入市场，但另一方面市场的法制不健全，市场行为不规范，造成市场混乱。当前市场突出乱在以下几个方面。

1.4.6.1　无证或越级承担设计与施工任务仍屡禁不止

近年来，基建规模不断扩大，建筑设计市场也日渐兴隆，出于出图快、费用低的目

的，特别是一些自建房，一些业主愿意雇请一些无证、无照的设计人员进行工程设计；有的设计院卖图签，一些无设计单位和无资质的设计人员，只要交点管理费就可以以正规设计院的名义从事建筑设计，其结果可想而知。如 1999 年 1 月，重庆市的綦江县（现为綦江区）彩虹桥发生整体垮塌，造成 40 人死亡。事后查明，这座设计要求较高的项目，竟是两个刚出大学校门且不具备设计资质的人设计的，且设计图纸未加盖设计院的专用出图章。2007 年 3 月，彭水县同人实业有限公司保家粉磨站（水泥厂）新建厂房发生垮塌，酿成四死八伤的重大安全事故。其主要问题就是发生垮塌的新建厂房是该厂分管生产的副厂长自行设计的，该人并没有设计水泥企业生产厂房的相应资质。

另一方面，随着房地产业的迅速发展，一些无资质的施工单位，凭关系，靠回扣，通过假招标、挂靠等方式，承接开发项目，进行不规范的开发建设，从而给建筑工程质量留下众多隐患。

1.4.6.2　项目建设不报建、发包工程不招投标

目前，我国建筑施工队伍的数量与建设项目的数量的比例严重失衡，使得激烈的市场竞争变得更加残酷。一些建设单位由此利用手中的权力，不遵守国家法律法规，不报建，不开展质量监督，不进行招投标选择施工队伍，搞私下交易。有的建设单位，在招投标过程中不按法律法规程序，缺乏必要的透明度，缺乏规范、监督、公证环节，说是招投标，实则是走走过场，房屋建筑工程施工中的招投标制度形同虚设。有的施工单位为承接施工任务，热衷于不正当的市场竞争。这样，建设单位和施工单位各取所需，把国家的有关法规置之脑后，从而为工程质量留下严重的隐患。

1.4.6.3　肢解工程，多头发包

一些建设单位在工程发包时，不是从工程项目建设的特点和利益出发，择优选择承包商，而是考虑"摆平"各方关系，将一个不应分割的工程人为地层层肢解，分包给多个施工企业来承建。而一些建设单位不是依据企业素质高低来优选，而是只图标价低或回扣多来选择队伍。致使工程建设中，建设单位无能力管理，施工企业各干各的，最终导致建筑工程质量遭到严重损害。

1.4.6.4　带资垫资，违法签约

有些建设单位的建设资金尚未落实就开工建设，往往向承包商提出垫资要求，把风险转嫁给承包商，承包商又把部分风险转嫁给材料供应商，从而给工程质量带来严重影响。

1.4.6.5　压低承包价格

由于一些建设单位一再压低承包价格，或采用最低价中标，施工单位如果按国家相应施工和验收规范、规程施工就无利可图。因此为了生存，施工单位势必在偷工减料、以次充好方面下工夫。尤其是一些房地产开发企业，片面追求降低工程造价，不考虑投资后的综合效益，将工程发包给不符合资质条件或管理水平较低的施工企业，从而必然出现工程质量事故。2018 年 1 月 4 日上午，由于连日暴雪，安徽合肥市望江路沿线 6 座

公交站台相继倒塌。事故造成至少 28 名候车乘客受伤，其中 1 人身亡，该工程招标公示信息显示，该项目概算约 1500 万元，此后，合肥市公共资源交易平台发布的公告显示，某建设工程有限公司仅以 710 余万元的金额中标。

1.4.6.6　违反基建程序，盲目要求赶工期

一个工程的施工本应力求均衡，但现在不少工程仍一味地追求速度，而不考虑工程质量。如有些工程只要项目一经确定，就提出要在"五一""十一"或"元旦"前竣工。把工期的后门关得死死的。结果迫使施工企业打破正常的施工程序，以"人海战术"和颠倒程序来抢进度，使整个工程施工陷于混乱，最后遗留很多质量问题，形成半年施工，半年修理，不仅工期拖长，而且费用也大大超支。某市一客运站房工程，按当地政府领导要求，必须在年底前竣工。结果许多装饰工程是在冬期施工的，由于质量差，该工程建成后就不得不进行维修，直到一年后才投入使用。

1.4.7　建筑装潢野蛮施工方面

由于我国房地产行业存在普遍的二次装修现象，并且不少家装公司聘请的家装设计师缺乏从业资质，身份有名无实，尤其是这些家装设计师不懂结构，家装公司也缺乏结构工程师，缺乏评估结构安全的能力，因此装潢施工时，经常造成梁、板、柱及混凝土剪力墙遭到破坏，变成危房，房屋倒塌的事故屡见不鲜。

图 1-1　框架柱露出部分被凿除

如 2020 年 8 月 4 日，哈尔滨某食品公司仓库突然坍塌，造成 1 人受伤，9 人死亡。事故发生时，工人正对库房一层进行装修，施工过程中工人拆除了部分墙体，使房屋受压承载力不足。

有的住户为方便使用，竟然让工人凿除钢筋混凝土部分柱（图 1-1）；有的住户为安装中央空调，随意在钢筋混凝土梁上开洞（图 1-2）；有的用户为重新分隔房间，让工人随意拆除承重墙（图 1-3）。种种情形，严重影响房屋安全。

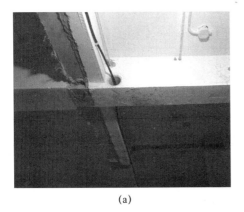

(a)

(b)

图 1-2　梁上随意开洞

(a) 承重墙被拆除，被发现后用钢柱临时支承　　(b) 某住宅楼卫生间承重墙被拆除

图 1-3　承重墙被拆除

1.4.8　灾害性事故

地震、爆炸、火灾、大风等引起的整体失稳、倒塌或损伤性事故，也经常发生。2007 年 1 月 9 日，甘肃省景泰县发生 4.5 级地震，约有 2000 余户居民受到影响，个别土坯房倒塌，一些砖混结构房屋出现裂缝。仅 2019 年全年共接报城乡居民住宅火灾 10.4 万起，死亡 1045 人，造成数亿元的财产损失。

 ## 1.5　建筑工程质量事故分析的目的和程序

建筑工程质量事故分析的目的是：

（1）及早采取适当的补救措施，防止事故恶化。

（2）正确分析和妥善处理所发生的质量问题，以恢复正常的施工或使用条件。

（3）保证建筑物的安全使用，减少事故的损失。

（4）总结经验教训，预防类似工程事故发生。

（5）为确定工程事故处理方案提供依据。

建筑工程质量事故分析的一般步骤可分为：初步调查、详细调查、原因分析、事故处理方案等步骤。

1.5.1　初步调查

事故调查的主要内容是工程现状和已有资料的调查。初步调查的项目和内容包括：

（1）调查建筑概况，包括建设规模、图纸资料、用途变化、环境、结构形式等。

（2）事故发生的时间和经过，事故发展变化情况。

（3）事故的影响范围、严重程度和处理的迫切性。

（4）查阅原工程设计图和竣工图、竣工验收文件和检查观察记录、工程地质资料、水文条件等。

（5）查阅施工记录和了解原始施工情况。

（6）调查工程使用及环境情况和使用历史。

（7）根据已有资料与工程实际资料进行初步核对，对有问题的结构构件或部位进行初步调查和分析。

（8）在初步调查的基础上，制订详细的调查计划，重点是制订检测计划、试验大纲、计算内容等。

1.5.2 详细调查

为了对建筑工程事故分析提供可靠的资料，在工程事故初步调查之后必须对建筑工程事故进行详细调查。

1. 损伤检查

检查工程结构构件的外形缺损、裂缝、变形等。

2. 设计复查

设计复查是花费少又容易进行的工作。设计复查的内容主要有：设计依据是否可靠，如荷载取值是否正确；计算简图与设计计算是否正确；连接构造是否合理等。

3. 施工检查

施工检查包括施工单位是否按图施工，施工工艺是否符合有关施工规范的要求。应查清施工顺序与进度，施工荷载，施工日志，隐蔽工程验收记录，必要时应了解施工期间的天气变化情况。重点核实材料代用、设计变更等资料。

4. 使用情况

如工程事故发生在使用阶段，则应调查建筑物的用途有无改变，使用荷载有无变化，有无与生产工艺有关的侵蚀性介质等。如检测腐蚀工程的介质成分、浓度等。

5. 材料检测

现场实测混凝土的强度、碳化深度、保护层厚度，钢筋数量及腐蚀情况，砌体的砌筑质量等。

6. 结构检测与计算分析

结构布置、支承系统、结构构件及连接构造的检查；结构几何参数的实测；结构构件的计算分析，必要时应进行现场实测或结构试验。

7. 地基基础

必要时，应进行补勘。特别是针对湿陷性黄土、膨胀土等特殊土质，应查清类别、等级和主要性质。

应查清地基的承载力、地基的变形、地下水位的变化、基础的不均匀沉降、不同土层的分布情况及性能。

1.5.3 原因分析

在详细调查的基础上，分析事故的原因，其主要目的是分清事故的性质、类别及危害程度，为事故处理提供依据。

由于发生工程质量事故的原因错综复杂，只有经过周密的分析和论证，才能查清事故的原因。常见的事故的原因分为以下几类：

（1）无证设计，违章施工。

（2）设计计算错误，构造不当。

（3）材料性能不良，使用不合格的材料。

（4）不按图施工，不按规范要求施工。

（5）施工管理混乱，施工顺序错误。

（6）施工或使用荷载超过设计规定，堆载太大。

（7）地基承载力不足或地基变形太大。

（8）温、湿度环境影响，酸、碱、盐等化学腐蚀作用。

（9）遭受地震、爆炸、水灾、火灾、大风等灾害的破坏。

（10）房屋增层、加固、改造不当。

1.5.4　事故处理方案

在分析了事故产生的原因后，才能正确确定事故处理方案，以保证建筑物的正常、安全使用，并应避免工程隐患，或使事故恶化。

因此，对事故处理的基本原则是：

（1）安全可靠，不留隐患。

（2）满足使用要求。

（3）经济合理。

（4）施工方便。

（5）所用的材料、机械、设备能够满足要求。

需要指出的是，在事故处理过程中，施工方案既要满足工程安全，做到不留隐患，不扩大事故的影响范围，同时也要确保施工人员的人身安全。

2 建筑结构的现场检测技术

2.1 概述

在建筑结构发生工程事故后，科学地评定结构材料和结构构件的力学性能和质量特征，是现场检测的主要目的。

建筑结构现场检测试验的手段和方法很多，目前针对不同的结构类型及不同的检测目的没有统一的方法。

目前，对已建建筑物和在建建筑物施工过程中的检测试验方法，主要有非破损法、半破损法和荷载试验法三种。

结构的非破损和半破损检测法，是在不破坏整体结构和构件整体使用性能的情况下，来检测结构、构件的材料性质或所存在的缺陷，并对结构或构件的质量状况做出评定。结构或构件的荷载试验法可以直接、准确了解结构或构件的实际受力特性，检测项目包括承载力、变形、裂缝宽度等。

采用非破损法进行检测时，必须事先对具有被测结构同条件的试样进行检测，然后对试样进行破坏性试验，建立非破损试验结果与破坏性试验结果的对比或相互关系，才能对检测结果做出比较正确的判断。荷载试验法虽然能对整体结构或构件的承载力提供直观数据，但是，该方法不经济，而且往往由于受到条件限制而难以实施。因此，在选择结构的检测方法时，应根据现场情况、检测的目的及要求，按照国家有关技术标准，综合比较经济性、试验结果的可靠性、对原有结构可能造成的损坏程度等诸因素后确定。

2.2 混凝土结构现场检测技术

2.2.1 混凝土结构现场检测的主要方法

依据检测对结构构件的损伤程度的不同，混凝土结构的现场检测方法可以分为非破损法、半破损法和荷载试验法。

常用的非破损法有检测混凝土抗压强度的回弹法、测定混凝土内部缺陷的超声法、测定钢筋位置和直径的电磁波法等。这类方法的特点是测试方便，费用低，但其测试结果的可靠性主要取决于被测物理量与混凝土强度之间的相关性。

半破损法有取芯法、拔出法、弹击法等。这类方法的特点是以局部破坏性试验获得混凝土结构的实际抵抗破坏的能力，测试结果易为人们接受。

荷载试验又可分为原位试验法和解体试验法。原位试验法是直接对房屋中的结构或构件进行加载试验，如结构的现场堆载试验；解体试验法是从实际结构中分离出某一构件（如屋面板、吊车梁等）进行单独试验。荷载试验根据试验对象是否达到破坏程度又可分为超载试验和破坏试验。结构原位试验一般只进行超载试验，而解体试验一般需要进行破坏试验。

下面介绍几种常用的检测方法。

2.2.2 混凝土强度检测技术

2.2.2.1 回弹法测定混凝土抗压强度

1. 回弹仪的基本原理

自 1948 年瑞士的斯密特（E. Schmidt）发明回弹仪以来，经过不断改进，回弹法已比较成熟。目前，回弹法已成为结构混凝土检测中最常用的一种非破损检测方法。

回弹仪的构造如图 2-1 所示。

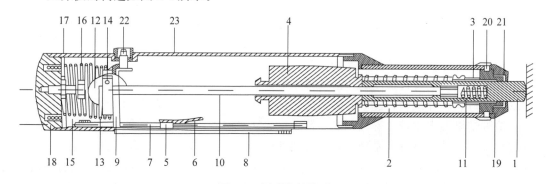

图 2-1 回弹仪的构造

1—弹击杆；2—弹击拉簧；3—拉簧座；4—弹击重锤；5—指针块；6—指针片；7—指针轴；8—刻度尺；
9—导向法兰；10—中心导杆；11—缓冲压簧；12—挂钩；13—挂钩压簧；14—挂钩销子；15—压簧；
16—调零螺丝；17—紧固螺母；18—尾盖；19—盖帽；20—卡环；21—密封毡圈；22—按钮；23—外壳

回弹法是用一弹簧驱动的重锤，通过弹击杆（传力杆）弹击混凝土表面，并测出重锤被反弹回来的距离，从而推定混凝土抗压强度的方法。因为回弹值与混凝土的表面硬度具有一致的变化关系，所以根据回弹值与抗压强度校准的相关关系，可以推算混凝土的极限抗压强度。

图 2-2 所示为回弹仪原理示意图。当重锤被拉到冲击前的起始状态时，若重锤的质量等于1，则这时重锤所具有的势能 e 为：

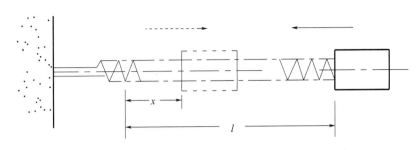

图 2-2 回弹仪原理示意图

$$e = \frac{1}{2} E_s l^2 \tag{2-1}$$

式中 E_s——拉力弹簧的刚度系数；

      l——拉力弹簧起始拉伸长度。

混凝土受冲击后产生瞬时弹性变形，其恢复力使重锤弹回，当重锤被弹回到 x 位置时所具有的势能 e_x 为：

$$e_x = \frac{1}{2} E_s x^2 \tag{2-2}$$

式中 x——重锤反弹位置或重锤弹回时弹簧的拉伸长度。

所以，重锤在弹击过程中，所消耗的能量 Δe 为：

$$\Delta e = e - e_x \tag{2-3}$$

将式（2-1）、式（2-2）代入式（2-3），得

$$\Delta e = \frac{E_s l^2}{2} - \frac{E_s x^2}{2} = e \left[1 - \left(\frac{x}{l} \right)^2 \right] \tag{2-4}$$

令

$$N = \frac{x}{l} \tag{2-5}$$

在回弹仪中，l 为定值，所以 N 与 x 成正比，称为回弹值。将 N 代入式（2-4）得：

$$N = \sqrt{1 - \frac{\Delta e}{e}} = \sqrt{\frac{e_x}{e}} \tag{2-6}$$

从式（2-6）可知，回弹值 N 等于重锤冲击混凝土表面后剩余的势能与原有的势能之比的平方根，即回弹值 N 是重锤冲击过程中能量损失的反映。

能量的损失主要体现在以下三个方面：

（1）混凝土受冲击后产生塑性变形所吸收的能量。

（2）混凝土受冲击后产生振动所消耗的能量。

（3）回弹仪各结构之间的摩擦所消耗的能量。

根据以上分析可以认为，回弹值 N 通过重锤在弹击混凝土前后的能量变化，既反映了混凝土的弹性性能，也反映了混凝土的塑性性能。当然与混凝土强度 f_{cu} 有着必然的联系。但由于影响因素很多，回弹值 N 与 E_s、l 的理论关系尚难建立。因此，目前均采用试验归纳法，建立混凝土强度 f_{cu}^c 与回弹值 N 之间的一元回归公式，或建立混凝土强度 f_{cu}^c 与回弹值 N 及主要影响因素之间的二元回归公式。

根据上述原理，许多国家制定了适合本国的回弹测试标准。目前，我国《回弹法检测混凝土抗压强度技术规程》（JGJ/T 23—2011），是进行普通混凝土抗压强度回弹测试

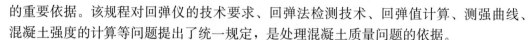

的重要依据。该规程对回弹仪的技术要求、回弹法检测技术、回弹值计算、测强曲线、混凝土强度的计算等问题提出了统一规定，是处理混凝土质量问题的依据。

2. 检测方法

当了解了被检测的混凝土结构或构件情况后，首先需要在构件上布置测区。测区是指每一试样（结构或构件）的测试区域。《回弹法检测混凝土抗压强度技术规程》（JGJ/T 23—2011）规定：每一结构或构件的测区数不少于 10 个，每个测区面积不宜大于 200mm×200mm，测区的大小以能容纳 16 个回弹测点为宜。测区表面应清洁、平整、干燥，必要时可采用砂轮清除表面杂物和不平整处。

选取试样和布置测区后，先测量回弹值。检测时，回弹仪的轴线应始终垂直于结构或构件的混凝土检测面，缓慢施压，准确读数，快速复位。测点宜在测区范围内均匀布置，相邻两测点的净距不宜小于 20mm，测点距外露钢筋、预埋件的距离不宜小于 30mm。测点不应在气孔或外露石子上，同一测点只应弹击一次，每一测区设 16 个回弹点。

回弹完后即测量构件的碳化深度。碳化深度测量，可采用适当的工具（如电锤）在测区表面形成直径约 15mm 的孔洞，孔洞中的粉末和碎屑应清除干净，并不得用水擦洗。同时用浓度为 1% 的酚酞酒精溶液滴在孔洞内壁的边缘处，用碳化深度测量仪或其他工具测量碳化混凝土交界面至混凝土表面的垂直距离，测量应不少于 3 次，取其平均值。

3. 数据处理

计算测区的平均回弹值，应从测区的 16 个回弹值中分别剔除 3 个最大值和 3 个最小值，取其余 10 个有效回弹值的平均值作为该测区的回弹值，即

$$R_{m\alpha} = \frac{\sum\limits_{i=1}^{10} R_i}{10} \tag{2-7}$$

式中　$R_{m\alpha}$——测试角度为 α 时的测区平均回弹值，计算至 0.1；

　　　R_i——第 i 个测点的回弹值。

当回弹仪测试位置为非水平方向时，回弹值应按下列公式进行修正：

$$R_m = R_{m\alpha} + R_{a\alpha} \tag{2-8}$$

式中　$R_{a\alpha}$——测试角度为 α 时的测区回弹值修正值，按表 2-1 采用。

表 2-1　不同测试角度 α 的回弹修正值 $R_{m\alpha}$

$R_{m\alpha}$	α							
	α 向上				α 向下			
	+90°	+60°	+45°	+30°	−30°	−45°	−60°	−90°
20	−6.0	−5.0	−4.0	−3.0	+2.5	+3.0	+3.5	+4.0
30	−5.0	−4.0	−3.5	−2.5	+2.0	+2.5	+3.0	+3.5
40	−4.0	−3.5	−3.0	−2.0	+1.5	+2.0	+2.5	+3.0
50	−3.5	−3.0	−2.5	−1.5	+1.0	+1.5	+2.0	+2.5

测试角度如图 2-3 所示。

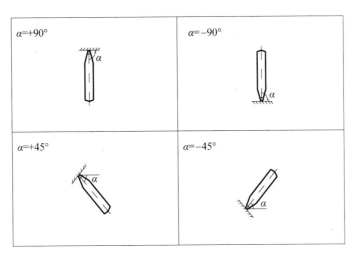

图 2-3 测试角度示意图

当测试面为浇筑方向的顶面或底面时，测得的回弹值按下列公式修正：

$$R_m = R_m^t + R_a^t \tag{2-9}$$

$$R_m = R_m^b + R_a^b \tag{2-10}$$

式中　R_m^t、R_m^b——水平方向检测混凝土浇筑表面、底面时，测区的混凝土平均回弹值，
　　　　　　　精确至 0.1；

　　　　R_a^t、R_a^b——混凝土浇筑表面、底面回弹值的修正值，按表 2-2 采用。

表 2-2 不同浇筑面的回弹修正值

R_m^t 或 R_m^b	表面修正值	底面修正值
	R_a^t	R_a^b
20	+2.5	−3.0
25	+2.0	−2.5
30	+1.5	−2.0
35	+1.0	−1.5
40	+0.5	−1.0
45	0	−0.5
50	0	0

每一测区的平均碳化深度值，按下式计算：

$$d_m = \frac{\sum_{i=1}^{n} d_i}{n} \tag{2-11}$$

式中　d_m——测区的平均碳化深度值（mm），计算至 0.5mm；如 $d_m > 6mm$，则按 $d_m = 6mm$ 取值；

　　　　d_i——第 i 次测量的碳化深度值，mm；

　　　　n——测区的碳化深度测量次数。

4. 混凝土强度的计算

（1）测区混凝土强度的计算。

结构或构件第 i 个测区混凝土强度换算值，可根据该测区的回弹平均值 R_m 和碳化深度 d_m，查阅由专用测强曲线、地区测强曲线，或统一测强曲线编制的"测区混凝土强度换算表"，所测出的强度值即为该测区的混凝土的强度。

（2）结构或构件混凝土强度的推定值 $f_{cu,e}$。

当该结构或构件测区数少于 10 个时：

$$f_{cu,e} = f^c_{cu,min} \tag{2-12}$$

式中 $f^c_{cu,min}$——构件中最小的测区混凝土强度换算值，MPa。

当该结构或构件测区强度值小于 10.0MPa 时：

$$f_{cu,e} < 10.0\text{MPa} \tag{2-13}$$

当该结构或构件测区数不少于 10 个或按批量检测时，应按下列公式计算：

$$f_{cu,e} = m_{f^c_{cu}} - 1.645 s_{f^c_{cu}} \tag{2-14}$$

$$m_{f^c_{cu}} = \frac{\sum_{i=1}^{n} f^c_{cu,i}}{n} \tag{2-15}$$

$$s_{f^c_{cu}} = \sqrt{\frac{\sum (f^c_{cu,i})^2 - n (m_{f^c_{cu}})^2}{n-1}} \tag{2-16}$$

式中 n——对于单个检测的构件，取一个构件的测区数；对批量检测的构件，取被抽检构件测区数之和；

$m_{f^c_{cu}}$——结构或构件测区混凝土强度换算值的平均值（MPa），精确至 0.1MPa；

$s_{f^c_{cu}}$——结构或构件测区混凝土强度换算值的标准差（MPa），精确至 0.01MPa。

5. 应用实例

某办公楼为框架结构，二层柱混凝土设计强度等级为 C35，主筋间距 7cm，所留试块混凝土强度检测结果由于离差太大而无法作为混凝土强度判别依据。采用回弹法来检测。选 10 个测区，每个测区均有 16 个回弹点，水平回弹，检测数据见表 2-3。由表 2-3 中测区强度可知，构件混凝土强度推定值为 36.2kPa，满足工程要求。

表 2-3   柱混凝土回弹检测成果表

编号	回弹值 R_i																平均回弹值（MPa）	碳化深度（mm）	测区强度（MPa）
	1	2	3	4	5	6	7	8	9	10	11	12	13	14	15	16			
1	41	42	40	44	45	43	43	42	39	44	46	43	44	47	50	41	43.1	1.5	42.0
2	40	41	39	43	42	41	44	37	37	38	41	43	40	39	41	42	40.6	1.5	37.2
3	44	36	37	43	44	43	42	43	45	37	41	40	40	42	41	43	41.8	1.5	39.5
4	36	33	44	42	40	43	45	42	41	43	44	38	42	46	44	41	42.2	1.5	40.3
5	34	40	43	35	44	45	46	47	48	45	46	44	33	41	42	41	43.2	1.5	42.2
6	43	42	44	45	49	51	48	42	52	46	44	42	41	47	44		45.3	1.5	46.4
7	41	44	40	35	39	41	42	40	42	40	41	45	42	43	44		41.6	1.5	39.2
8	40	42	40	42	40	42	45	46	42	40	42	39	40	44	42		41.9	1.5	39.7
9	37	40	45	42	44	42	40	44	38	42	41	40	45	39	42	40	41.3	1.5	38.6
10	35	42	41	40	43	44	44	44	37	40	42	43	42	40	42	42	41.7	1.5	39.4

2.2.2.2 超声法测定混凝土强度

1. 超声法检测混凝土强度的原理

混凝土强度的超声检测是以强度与超声波在混凝土中的传播参数（声速、衰减系数等）之间的相关关系为基础的。超声波实质上是高频机械振动在介质中的传播，当它穿过混凝土时，混凝土的每一个微区都产生拉伸压缩（纵波）或剪切（横波）等应力应变过程。混凝土超声检测的基本原理，是向待测的结构混凝土发射超声脉冲，使其穿过混凝土，然后接受穿过混凝土后的脉冲信号。根据超声脉冲穿越混凝土的时间，即可计算声速。非金属超声波检测仪采用模块化数字式的测量电路，由键盘输入测量指令后，扫描发生器产生扫描电压，使电子束按一定的规律扫描，计时电路和脉冲发生器同时启动，脉冲发生器产生的脉冲信号经辐射换能器变换成超声波在被测结构或构件的混凝土中传播，而计时电路产生的时标信号调制显示器上横轴方向的坐标值。此刻，接收换能器没有接收到超声波信号，所以在显示器上横轴显示的是一条匀速向前移动的横亮线。当接收换能器接收到由混凝土中传出的超声信号后变换成电信号，再输入放大器放大和经模数转换后成数字信号输入中央处理器，将测量信号存储和显示，或由键盘输入指令打印测试结果或输入微机进行处理。混凝土超声波检测系统参见图 2-4。混凝土强度越高，相应超声声速越大。因此，从理论上讲，超声传播特性应是描述混凝土强度的理想参数。但是，由于混凝土强度是十分复杂的参数，它受许多因素的影响，因此，要想建立强度和超声传播特性之间的简单关系是困难的。经试验归纳，这种相关性可以用反映统计相关规律的非线性的数学模型来拟合，即通过试验建立混凝土强度与声速的关系曲线（$f\text{-}v$ 曲线）或经验公式。

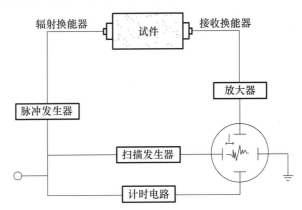

图 2-4　混凝土超声波检测系统示意图

2. 超声法的检测技术

在现场进行结构混凝土检测时，应选择构件混凝土浇筑方向的侧面，均布划出不少于 10 个 200mm×200mm 方格网，以每个方格网为一个测区。每个构件测区数不少于 10 个。测区与测区的间距不大于 2m。同时应注意，测区宜避开钢筋密集区和预埋铁件，测试面应清洁平整、干燥无缺陷、无饰面层。

在每个测区内应在相对测试面上对应布置 3 对或 5 对测点，相对面上对应的辐射和接收换能器应在同一轴线上。测试时，必须保持接收换能器与被测混凝土表面有良好的耦合，以减少声能的反射损失。

测区声波传播速度：

$$v = l/t_{\mathrm{m}} \qquad (2\text{-}17)$$

$$t_{\mathrm{m}} = \frac{1}{n} \sum_{i=1}^{n} t_i \qquad (2\text{-}18)$$

式中　　v——测区声速值，km/s；

　　　　l——超声测距，mm；

　　　　t_{m}——测区平均声时值，μs；

　　　　t_i——测区中第 i 个测点的声时值，μs；

当在试件混凝土的浇筑顶面或底面测试时，声速值应做修正。

3. 结构或构件混凝土强度的推定

根据各测区超声声速检测值，按率定的回归方程计算或查表，取得对应测区的混凝土强度值。最后按下列情况推定结构混凝土强度。

（1）按单个构件检测时，单个构件的混凝土强度推定值取该构件各个测区中最小的混凝土强度计算值。

（2）按批抽样检测时，该批构件的混凝土强度推定值按下式计算：

$$f_{\mathrm{cu,e}}^{\mathrm{c}} = m_{f_{\mathrm{cu}}^{\mathrm{c}}} - 1.645 s_{f_{\mathrm{cu}}^{\mathrm{c}}} \qquad (2\text{-}19)$$

$$m_{f_{\mathrm{cu}}^{\mathrm{c}}} = \frac{1}{n} \sum_{i=1}^{n} f_{\mathrm{cu},i}^{\mathrm{c}} \qquad (2\text{-}20)$$

$$s_{f_{\mathrm{cu}}^{\mathrm{c}}} = \sqrt{\frac{\sum_{i=1}^{n} (f_{\mathrm{cu},i}^{\mathrm{c}})^2 - n(m_{f_{\mathrm{cu}}^{\mathrm{c}}})^2}{n-1}} \qquad (2\text{-}21)$$

（3）当同批测区混凝土强度换算值的标准差过大时，该批构件的混凝土强度推定值可按下式计算：

$$f_{\mathrm{cu}}^{\mathrm{c}} = m_{f_{\mathrm{cu,min}}^{\mathrm{c}}} = \frac{1}{n} \sum_{i=1}^{n} f_{\mathrm{cu,min},i}^{\mathrm{c}} \qquad (2\text{-}22)$$

式中　　$m_{f_{\mathrm{cu,min}}^{\mathrm{c}}}$——批中各构件中最小的测区强度换算值的平均值，MPa；

　　　　$f_{\mathrm{cu,min},i}^{\mathrm{c}}$——第 i 个构件中最小测区混凝土强度的换算值，MPa；

　　　　n——批中抽取的构件数。

2.2.2.3　超声回弹综合法测定混凝土强度

超声回弹综合法是指采用超声仪和回弹仪，在结构混凝土的同一测区分别测量声时值和回弹值，然后利用已建立的测强公式推算该测区混凝土强度的一种方法。超声回弹综合法是建立在超声传播速度和回弹值与混凝土抗压强度之间关系的基础上的。

1. 超声回弹综合法的基本依据

超声和回弹都是以材料的应力-应变行为与强度的关系为依据的。超声波在混凝土中的传播速度反映了材料的弹性性质，由于声波穿透被检测的材料，也反映了混凝土内部构造的有关信息。回弹法的回弹值反映了混凝土的弹性性质，同时在一定程度上也反映了混凝土的塑性性质，但它只能确切反映混凝土表层（约 30mm）的状态。因此，超声与回弹的综合，既能反映混凝土的弹性，又能反映混凝土的塑性；既能反映混凝土表层的状态，又能反映内部的构造，自然能较确切地反映混凝土的强度。

2. 超声回弹综合法的测试技术

超声回弹综合法检测混凝土强度，实质上就是超声法和回弹法两种单一测强方法的综合。采用超声回弹综合法检测混凝土强度时，应严格遵照《超声回弹综合法检测混凝土强度技术规程》（CECS 02：2020）的要求进行。回弹值的量测及计算，均与本章 2.2.2.1 所述规定相同，但不需要测量混凝土碳化深度。超声法的量测及计算与本章 2.2.2.2 所述规定相同，但是超声的测点应布置在同一个测区回弹值的测试面上，测量声速的探头安装位置不宜与回弹仪的弹击点相重叠。回弹测点与超声测点的布置如图 2-5 所示。在结构或构件的每一测区内，宜先进行回弹测试，然后进行超声测试。特别要注意的是，只有同一个测区内所测得的回弹值和声速值才能作为推算混凝土强度的综合参数，不同测区的测量值不得混用。

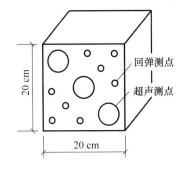

图 2-5 超声回弹综合法测点布置图

3. 结构或构件混凝土强度的推定

用超声回弹综合法检测结构或构件混凝土强度时，应在结构或构件上所布置的测区分别进行超声和回弹测试，用所获得的超声声速和回弹值等参数，按已确定的综合法相关曲线，进行测区强度计算，然后，按测强曲线公式计算出构件混凝土的强度。

2.2.2.4 钻芯法测定混凝土强度

钻芯法是利用专用取芯钻机（图 2-6），从被测的混凝土结构或构件上钻取芯样，并根据芯样的抗压强度推定结构混凝土立方抗压强度的方法。该方法对结构混凝土造成局部损伤，是一种半破损的现场检测手段。

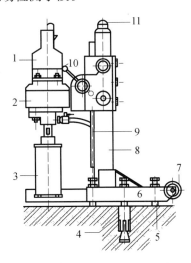

图 2-6 混凝土钻孔取芯机示意图

1—电动机；2—变速箱；3—钻头；4—膨胀螺栓；5—支承螺丝；6—底座；
7—行走轮；8—主柱；9—升降齿条；10—进钻手柄；11—堵盖

1. 主要设备

钻芯法的主要机具，包括钻孔取芯机、人造金刚石薄壁钻头、锯切机、端面补平机具等。

2. 芯样钻取及加工

钻取芯样时，用带有人造金刚石的薄壁钻头，从被测试件上截取圆柱形混凝土芯样。芯样直径一般不宜小于骨料最大粒径的 3 倍，在任何情况下不得小于骨料最大粒径的 2 倍。因此，芯样抗压试件的高度和直径之比应在 1～2 的范围内。为防止芯样端面不平整导致应力集中和实测强度偏低，芯样端面必须进行加工，通常用磨平法或将端面用硫黄胶泥或水泥砂浆补平。

钻取芯样时，应选取结构或构件受力较小的部位和混凝土强度质量具有代表性的部位，并应避开主筋、预埋件和管线的位置。因此，在钻取芯样时，应事先探明钢筋的位置，使芯样中不含钢筋，特别是不允许有与芯样轴线平行的纵向钢筋，如不能满足，则每个试件内最多只允许含有两根直径小于 10mm 的钢筋，且钢筋应与芯样轴线基本垂直并不得露出端面。对混凝土强度低于 C10 的结构，不宜采用钻芯法检测。

按单个构件检测时，每个构件的钻芯数量不应少于 3 个，对于较小构件，可取 2 个。对构件的局部区域进行检测时，应由要求检测的单位提出钻芯位置及芯样数量。检测结果仅代表取芯位置的混凝土质量，不能据此对整个构件及结构强度做出整体评价。

3. 芯样混凝土强度的计算

芯样的混凝土强度换算值，应按下列公式计算：

$$f_{cu}^c = \alpha \frac{4F}{\pi d^2} \tag{2-23}$$

式中　f_{cu}^c——芯样混凝土强度换算值（MPa），精确至 0.1MPa；

　　　F——芯样试件抗压试验测得的最大压力，N；

　　　d——芯样试件的最大直径，mm；

　　　α——不同高径比的芯样试件混凝土强度换算系数，按表 2-4 采用。

表 2-4　芯样试件混凝土强度换算系数

高径比 (h/d)	1.0	1.1	1.2	1.3	1.4	1.5	1.6	1.7	1.8	1.9	2.0
系数 (α)	1.00	1.04	1.07	1.10	1.13	1.15	1.17	1.19	1.20	1.22	1.24

高度和直径均为 100mm 或 150mm 芯样试件的抗压强度测试值，可直接作为混凝土的强度换算值。

单个构件或单个构件的局部区域，可取芯样试件混凝土强度换算值中的最小值作为其代表值。

4. 应用实例

某高层基础钻孔桩，设计桩径 ϕ1200，桩长 30m，混凝土设计强度等级 C25，第 15 天经小应变检测，表明在桩顶下 15m 处有离析现象，属中等损伤。

经研究，决定采用取芯试验。用 10 型钻机，配 ϕ70 金刚钻头取芯样，长 18m。重点观察 13～17m 区间，并在该区段取 9 组试块，试块截面积 3847mm^2，高径比 (h/d) ＝ 1.0，检测结果见表 2-5。

表 2-5　芯样检测成果表

项目	编号								
	1	2	3	4	5	6	7	8	9
荷载（kN）	126	130	117	85.1	123	79.6	135	128	133
混凝土强度换算值（MPa）	32.7	33.9	30.4	22.1	32.1	20.7	35.2	33.4	34.6
强度代表值（MPa）	20.7								

由表 2-5 可以看出，该桩的混凝土强度达不到设计要求，必须进行补桩，或采取其他措施。

2.2.2.5　拔出法测定混凝土强度

拔出法是把一个埋置于混凝土中的金属锚固件从被测混凝土构件的表面拔出，使混凝土受到拔出力的作用，通过测定拔出力的大小来确定混凝土的强度等级。

拔出法的基本原理建立在拔出力与混凝土抗压强度的相关关系上，在拔出力的作用下，混凝土由压应力和剪应力组合而成的拉应力造成破坏，这种破坏和立方体试件在试验机承压面上有约束条件下的破坏相一致。因而，在极限拔出力和抗压强度之间存在着高度相关性，根据预先制定的测强曲线，可由试验的拔出力换算出混凝土的抗压强度。拔出法在美国、俄罗斯、加拿大、丹麦等国都得到了广泛应用。我国于 2011 年颁布了《拔出法检测混凝土强度技术规程》（CECS 69：2011）。

1. 试验装置

拔出法的试验装置由钻孔机、磨槽机、锚固件和拔出仪等组成。钻孔机可以采用金刚石薄壁空心钻或冲击电锤，并应带有控制垂直度及深度的装置和水冷却装置；磨槽机由电钻、金刚石磨头、定位圆盘及水冷却装置组成。拔出试验的反力装置可采用圆环式（图 2-7）或三点式（图 2-8）两种。

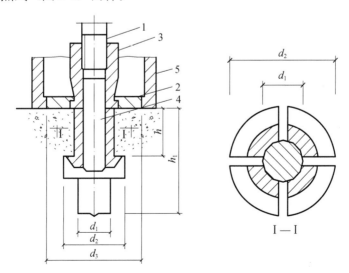

图 2-7　圆环式拔出试验装置示意图
1—拉杆；2—对中圆盘；3—胀簧；4—胀杆；5—反力支承

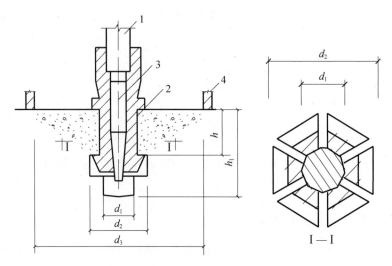

图 2-8　三点式拔出试验装置示意图

1—拉杆；2—胀簧；3—胀杆；4—反力支承

2. 测点布置

当按单个构件检测时，应在构件上均匀布置 3 个测点。如果 3 个拔出力中最大值或最小值与中间值之差不超过中间值的 15%，则可用这 3 个值来推算构件的混凝土强度；否则，应在最小拔出力附近相应再增加 2 个测点。

当按批抽样检测时，抽样数量不应小于同批构件总数的 30%，且不能小于 10 件，每个构件不应少于 3 个测点。

测点应布置在构件受力较小的部位，并且应尽可能布置在构件混凝土成型的侧面。两测点的间距应大于 10 倍锚固深度，测点距构件边缘不应小于 4 倍锚固深度。

3. 试验方法

后装拔出法试验方法和步骤如下：

（1）钻孔，首先用钻孔机在测试点钻孔，孔的轴线应与混凝土表面垂直，孔内应清理干净。

（2）磨槽，用磨槽机在孔内磨出一环行沟槽，槽深 3.6～4.5mm，四周槽深应大致相同。

（3）安装拔出仪，在孔中插入胀簧，把胀杆打进胀簧的空腔中，使簧片扩张，簧片头嵌入槽中。然后将拉杆一端旋入胀簧，另一端与拔出仪连接。

（4）拔出试验，调节反力支承高度，使拔出仪通过反力支承均匀地压紧在混凝土表面，然后对拔出仪施加拔出力。当显示器读数不再增加时，说明混凝土已破坏，记录此极限拔出力读数。

4. 混凝土强度换算及推定

混凝土强度换算值按下式计算：

$$f_{cu}^c = A \cdot F + B \qquad (2\text{-}24)$$

式中　　f_{cu}^c——混凝土强度换算值（MPa）。精确至 0.1MPa；

　　　　F——拔出力（kN），精确至 0.1kN；

　　A，B——测强公式回归系数。

对于圆环式拔出仪（YTL 型），推荐使用的测强曲线是：

$$f_{cu}^c = 1.59F - 5.8 \qquad (2-25)$$

当按单个构件检测时，如果 3 个拔出力中最大值或最小值与中间值之差不超过中间值的 15%，取最小值作为该构件拔出力的最小值；当加测时，加测的 2 个拔出力和最小拔出力值相加后取平均值，再与原先的拔出力中间值比较，取两者的较小值作为该构件拔出力的计算值。

按批构件检测时，其强度的评定与回弹法评定相同。

2.2.2.6 后锚固法测定混凝土强度

后锚固法是用锚固胶把一个锚固于混凝土中的金属锚固件从被测混凝土构件的表面拔出，使混凝土受到拔出力的作用，通过测定拔出力的大小来确定混凝土的强度等级。

后锚固法的基本原理与拔出法基本相同。我国于 2010 年颁布了《后锚固法检测混凝土抗压强度技术规程》（JGJ/T 208—2010）。

1. 试验装置

后锚固法的检测装置由拔出仪、锚固件、钻孔机、定位圆盘及反力支承圆环等组成。其中，反力支承圆环内径为 120mm，外径为 135mm，高度为 50mm，上壁厚 15mm，允许误差均为 ±0.1mm；锚固深度为（30±0.5）mm，锚固件（图 2-9）尺寸允许误差为 ±0.1mm。反力支承圆环和锚固件由屈服强度不小于 355MPa 的金属材料制作而成。

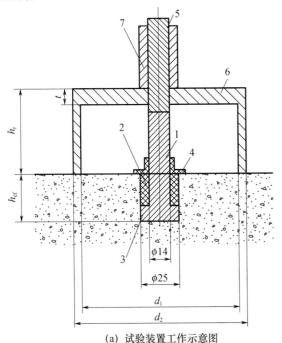

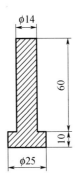

(a) 试验装置工作示意图

(b) 锚固件尺寸示意图

1—锚固件；2—锚固胶；3—橡胶套；4—定位圆盘；
5—拉杆；6—反力支承圆环；7—拔出仪

d_1—反力支承环内径；d_2—反力支承环外径；
h_r—反力支承圆环高度；h_{ef}—锚固深度；
t—反力支承圆环上壁厚度

图 2-9 后锚固法试验装置示意图

2. 测点布置

每一构件应均匀布置3个测点，最大拔出力或最小拔出力与中间值之差大于中间值的15％时，应在最小拔出力测点附近再加测2个测点。

测点应优先布置在混凝土浇筑侧面，混凝土浇筑侧面无法布置测点时，可在混凝土浇筑顶面布置测点，布置测点前，应清除混凝土表层浮浆，如混凝土浇筑面不平整时，应将测点部位混凝土打磨平整。

相邻两测点的间距不应小于300mm，测点距构件边缘不应小于150mm。

测点应避开接缝、蜂窝、麻面部位，且后锚固法破坏体破坏面无外露钢筋。

3. 试验方法和测试步骤

后锚固法的测试步骤如下：

（1）钻孔。首先用钻孔机在测试点钻孔，钻头应始终与混凝土表面保持垂直；钻孔直径为（27±1）mm，钻孔深度为（45±5）mm。

（2）清孔与锚固。钻孔完毕后，清除孔内粉尘。当采用金刚石薄壁空心钻钻孔时，应使孔壁清洁、干燥；将定位圆盘与锚固件连接后注射锚固胶，待锚固胶固化后，方可进行拔出试验。

（3）安装拔出仪。拔出仪的工作最大拔出力应为额定拔出力的20％～80％；工作行程不小于6mm；允许示值误差为仪器额定拔出力的±2％；测力装置应具有峰值保持功能。

（4）拔出试验。拔出试验过程中，施加拔出力应连续、均匀，其速度应控制在0.5～1.0kN/s；施加拔出力至拔出仪测力装置读数不再增加为止，记录极限拔出力，精确至0.1kN。

后锚固法试验时，应采取有效措施防止试验装置脱落。

当后锚固法试验出现下列异常情况之一时，应做详细记录，并将该值舍去，在其附近补测一个测点：后锚固法破坏体呈非完整锥体破坏状态；后锚固法破坏体的锥体破坏面上，有显著影响检测精度的缺陷或异物；反力支承圆环外混凝土出现裂缝。

4. 混凝土强度换算及推定

当无专用测强曲线和地区测强曲线时，可采用《后锚固法检测混凝土抗压强度技术规程》（JGJ/T 208—2010）提供的统一测强曲线式［式（2-26）］进行推定。式（2-2）所示的统一测强曲线适用于符合下列条件的混凝土：普通混凝土用材料且粗骨料为碎石，其最大粒径不大于40mm；抗压强度范围为10～80MPa；采用普通成型工艺；自然养护14d或蒸汽养护出池后经自然养护7d以上。

$$f_{cu,i}^c = 2.1667P_i + 1.8288 \qquad (2-26)$$

式中　$f_{cu,i}^c$——混凝土强度换算值（MPa），精确至0.1MPa；

　　　P_i——拔出力（kN），精确至0.1kN。

除了上述方法，还可以按该规程的附录B提供的测点混凝土强度换算表来推定被测混凝土强度的换算值。

当按单个构件检测时，如果该构件的3个拔出力中最大值或最小值与中间值之差均小于中间值的15％，应取最小值作为该构件拔出力的计算值；当加测时，加测的2个拔出力应和最小拔出力值一起取平均值，再与前一次的拔出力中间值比较，取较小值作为该构件拔出力的计算值。

2.2.2.7 混凝土强度检测方法比较

各种混凝土强度检测方法的比较见表2-6。

表2-6 各种混凝土强度检测方法的比较

检测方法	测定内容	适用范围	特点	缺点	测试费用
回弹法	混凝土表面硬度值	各类表面完好的混凝土	测试简单、速度快；精度较差；对结构无损伤	测定部位仅限于混凝土表面，同一处不能再次使用	很低
超声法	超声波传播速度、波幅、频率	与主筋平行方向不能检测	被测构件形状及尺寸不限，同一处可反复测试	探头频率较高时，声波衰减大。测定精度稍差	低
超声回弹综合法	混凝土表面硬度值和超声传播速度	各类表面完好的混凝土	测试简单、速度快；精度较高；对结构无损伤	比单一法繁琐	低
钻芯法	从混凝土中钻取芯样	无筋或疏筋混凝土、大体积混凝土、钻孔灌注桩	测试速度慢，工作繁重；测试精度高，会造成结构物的局部损坏	设备笨重，成本较高，对混凝土有损伤，需修补	高
拔出法和后锚固法	拔出力	只要避开钢筋，在已硬化的新旧混凝土上都可使用	测试速度快；测试精度较高；会造成结构物的局部损坏	对混凝土有一定损伤，检测后需进行修补	较高

2.2.3 混凝土缺陷检测技术

混凝土和钢筋混凝土结构物，有时因设计失误、施工管理不善或使用不当等原因，导致混凝土出现裂缝、内部存在不密实或孔洞。这些缺陷的存在会严重影响结构的承载力和耐久性，采用有效的手段查明混凝土缺陷的性质、范围及尺寸，以便进行技术处理，是工程建设中的一个重要内容。

混凝土的缺陷检测指对混凝土内部空洞和不密实区的位置和范围、裂缝深度、表面损伤厚度、不同时间浇筑的混凝土结合面质量等缺陷进行检测。

2.2.3.1 超声波检测技术

1. 超声波检测混凝土缺陷的基本原理

超声波检测混凝土缺陷目前应用最为广泛。采用超声波检测混凝土缺陷的基本依据是，采用带波形显示功能的超声波检测仪，测量超声脉冲波在混凝土中的传播速度、首波幅度（波幅）和接收信号主频率（主频）等声学参数，并根据参数及其相对变化，来判定混凝土中的缺陷情况。

2. 混凝土浅裂缝检测

浅裂缝指局限于结构表层，开裂深度不大于500mm的裂缝。一般工程结构中的梁、柱、板等出现的裂缝，都属于浅裂缝。

根据被测结构的实际情况，浅裂缝可分别用单面平测法和双面对穿斜测法。

（1）单面平测法。当结构的被测部位只有一个表面可供超声检测，且估计裂缝深度不大于 500mm 时，可采用平测法进行裂缝检测，如混凝土路面、飞机跑道及其他大体积结构的浅裂缝检测。平测时应在裂缝的被测部位，以不同的测距，按跨缝和不跨缝布置测点，其检测步骤为：

不跨缝的声时测量。将发射换能器 T 和接收换能器 R 置于裂缝附近同一侧，以两个换能器内边缘间距（l'）等于 100mm、150mm、200mm、250mm……分别读取声时值（t_i），绘制"时-距"坐标图（图 2-10），或用回归分析的方法求出声时与测距之间的回归直线方程：

$$l_i = a + bt_i \tag{2-27}$$

式中　a——"时-距"图中 l' 轴的截距或回归直线方程的常数项，mm；

　　　b——回归系数。

每测点超声波实际传播距离 l_i 为：

$$l_i = l' + |a| \tag{2-28}$$

式中　l_i——第 i 点超声波的实际传播距离，mm；

　　　l'——第 i 点的 R、T 换能器内边缘间距离，mm。

不跨缝平测的混凝土声速值（km/s）为：

$$v = (l'_n - l'_1) / (t_n - t_1) \tag{2-29}$$

　　　或　　　　　　　　　　$v = b$

式中　l'_n、l'_1——第 n 点和第 1 点的测距，mm；

　　　t_n、t_1——第 n 点和第 1 点读取的声时值，μs。

跨缝的声时测量。如图 2-11 所示，将仪器的发射换能器 T 和接收换能器 R 对称布置在裂缝两侧，其距离为 l' 取 100mm、150mm、200mm……，分别读取声时值 t_i^0，同时观察相位的变化。

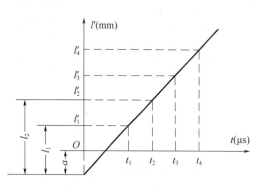

图 2-10　平测"时-距"坐标图

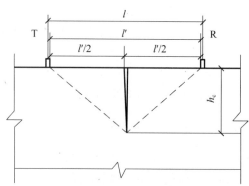

图 2-11　单面平测法检测裂缝深度

裂缝的深度可按下式计算：

$$h_{ci} = \frac{l_i}{2} \sqrt{\left(\frac{t_i^0 v}{l_i}\right)^2 - 1} \tag{2-30}$$

$$m_{hc} = 1/n \cdot \sum_{i=1}^{n} h_{ci} \qquad (2\text{-}31)$$

式中　h_{ci}——第 i 点计算的裂缝深度值，mm；

　　　l_i——不跨缝平测时第 i 点超声波的实际传播距离，mm；

　　　t_i^0——第 i 点跨缝平测的声时值，μs；

　　　m_{hc}——各测点计算裂缝深度的平均值，mm；

　　　n——测点数。

裂缝深度的确定方法：

跨缝测量中，当在某测距发现首波反相时，可用该测距和两个相邻测距的测量值按式（2-30）计算 h_{ci} 值，取此三点 h_{ci} 的平均值作为该裂缝的平均值。

跨缝测量中，如难以发现首波反相，则以不同测距按式（2-30）和式（2-31）计算 h_{ci} 及其平均值 m_{hc}。将各测距 l'_i 与 m_{hc} 相比较，凡测距 l'_i 小于 $3m_{hc}$ 和大于 m_{hc} 的，应剔除该组数据，然后取余下 h_{ci} 的平均值，作为该裂缝的深度值 h_c。

（2）双面对穿斜测法。当结构的裂缝部位具有两个相互平行的测试表面时，可采用双面对穿斜测法检测。测点布置如图 2-12 所示。

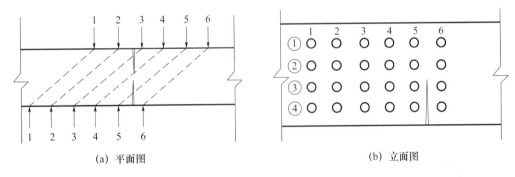

(a) 平面图　　　　　　　　　　　　　(b) 立面图

图 2-12　斜测裂缝测点布置示意图

测试时，将 T、R 换能器分别置于两测试表面对应测点 1、2、3、…的位置，读取相应声时值 t_i、波幅值 A_i 及主频率 f_i。

当两换能器的连线通过裂缝时，接收信号的波幅和频率明显降低。对比各测点信号，根据波幅和频率的突变，可以判定裂缝深度以及是否在所处断面内贯通。

3. 混凝土深裂缝检测

深裂缝指混凝土结构物表面开裂深度在 500mm 以上的裂缝。对于大体积混凝土中的深裂缝，采用平测法和斜测法有困难时，可采用钻孔探测法，如图 2-13 所示。

钻孔时孔的深度应大于被测裂缝的深度，对应的两个测孔应始终位于裂缝两侧，且其轴线保持平行，对应测孔的间距宜为 2000mm 左右，同一结构各对应测孔的间距应相同，孔中的粉末碎屑应清理干净。

测试时，在裂缝两侧分别钻取测试孔 A、B 后，宜在裂缝的一侧再钻一个较浅的孔 C，通过 B、C 两孔测试无裂缝混凝土的声学参数（图 2-13）。

测试前向测孔中灌注清水，作为耦合介质，将发射和接收换能器 T、R 分别置于裂缝两侧的对应孔中，以相同高程等距（100～400mm）自上而下同步移动，在不同的深度进

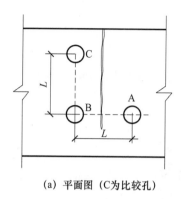
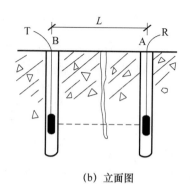

(a) 平面图（C为比较孔）　　　　　(b) 立面图

图 2-13　钻孔测裂缝深度

行对测，逐点读取声时和波幅数据，并记录相应的深度。绘制换能器的深度（h）和对应波幅值（A）的 h-A 坐标图，如图 2-14 所示，波幅值随换能器下降的深度逐渐增大，当波幅达到最大并基本稳定的对应深度，便是裂缝深度 h_c。

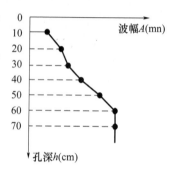

图 2-14　h-A 坐标图

4. 混凝土内部空洞缺陷的检测

混凝土和钢筋混凝土在施工过程中，有时因漏振、漏浆等原因，造成混凝土内部形成蜂窝状不密实或孔洞。

用超声波检测混凝土内部的不密实区域或孔洞是根据各测点的声时（或声速）、波幅或频率值的相对变化，确定异常测点的坐标位置，从而判定缺陷的范围和位置。

当结构具有两对相互平行的测试面时，可采用对测法。如图 2-15 所示，在测试部位两对相互平行的测试面上，分别画出等间距的网格，网格间距为 100～300mm，并编号确定对应的测点位置。当构件只有一对相互平行的测试面时，可采用对测和斜测相结合的方法。如图 2-16 所示，在测位两个相互平行的测试面上分别画出网格线，在对测的基础上进行交叉斜测。

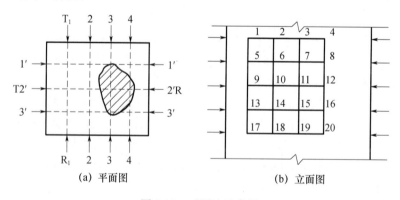

(a) 平面图　　　　　　　　(b) 立面图

图 2-15　对测法示意图

当结构测试距离较大时，为了缩短测试距离，可在结构的适当部位钻出一个或多个平行于侧面的测孔，直径为 45～50mm，测孔深度视检测需要而定。换能器测点布置如图 2-17 所示。

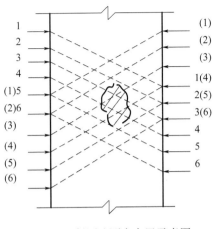

图 2-16 斜测法测点布置示意图

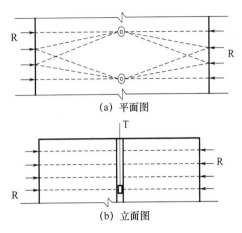

(a) 平面图

(b) 立面图

图 2-17 钻孔测法示意图

5. 混凝土结合面质量检测

在实际工程中，有时需对前后两次浇筑的混凝土之间接触面的结合质量进行检测。

混凝土结合面的质量检测，可采用对测法和斜测法。测点布置如图 2-18 所示。布置测点时应使测试范围覆盖全部结合面或有怀疑的部位。为保证各测点具有一定可比性，每一对测点应保持其测线的倾斜度一致，测距相等，测点的间距视构件尺寸和结合面外观质量情况而定，一般为 100～300mm，间距过大易造成缺陷漏检的危险。

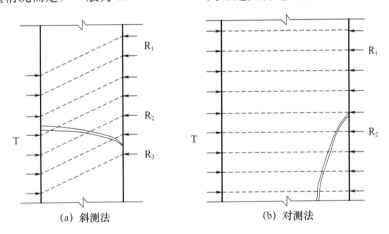

(a) 斜测法　　　　　　　　　　(b) 对测法

图 2-18 混凝土结合面质量检测示意图

2.2.3.2　钢筋混凝土雷达检测技术

在进行钢筋混凝土工程验收时，为了对质量可疑的工程进行检验，同时，在对混凝土建筑物进行维修、改造或维护时，为防止意外切断钢筋、导线管及电线、煤气管、水管等问题，人们开发了钢筋混凝土手持式雷达，以便对混凝土内部进行无损检测。

雷达系统主要由主机、天线及传输光纤或电缆组成，其中天线部分一般又分发射机和接收机两部分，发射机发射高频电磁波信号到地下介质中，反射回来的信号被接收机接收，然后在接收机内通过 A/D 转换器把模拟信号转换成数字信号，通过传输线将数字信号传送到主机并储存起来供以后分析使用。

1. 钢筋混凝土雷达的测试原理

从天线发射的电磁波穿透混凝土表面后遇到钢筋、孔洞或与混凝土介电常数不同的物体时，微波在不同的介质界面处发生反射，并由混凝土表面的天线接收。根据发射电磁波至发射波返回的时间差与混凝土中微波传播的速度来确定反射体距表面的距离，从而达到测出混凝土内部钢筋、缺陷位置的目的。其原理参见图 2-19。

电磁波在混凝土中传播的速度 v 为：

$$v = \frac{c}{\sqrt{\varepsilon_r}} \tag{2-32}$$

式中　c——真空中电磁波的速度（$3 \times 10^8 \text{m/s}$）；

ε_r——混凝土的介电常数（通常为 6～10）。

根据电磁波发射至反射波返回的时间差 T，可计算反射界面距表面的深度：

$$D = \frac{1}{2}vT \tag{2-33}$$

根据上述原理，可用雷达探测混凝土中钢筋的位置、保护层的厚度以及空洞、酥松、裂缝等缺陷的位置和深度。

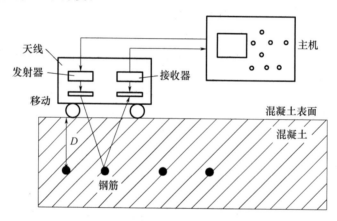

图 2-19　雷达波检测原理示意图

2. 钢筋混凝土雷达的特点

手持式钢筋混凝土雷达的型号有很多，该类仪器的典型代表有日本产的 NJJ-85A、NJJ-95A、NJJ-95B 钢筋混凝土雷达，美国产的 Handyscan 手持式钢筋混凝土雷达等。这里以 NJJ-95B 钢筋混凝土雷达为例（图 2-20），说明钢筋混凝土雷达的特点。

NJJ-95B 钢筋混凝土雷达的特点有：

（1）小巧简便。实现了天线和主机的一体化，重约 1.1kg，可单手操作。

（2）从金属到非金属均可探测。钢筋混凝土雷达可探测非金属物体，如氯乙烯管，孔洞、蜂窝等

图 2-20　NJJ-95B 钢筋混凝土雷达

的位置和大小，也可以探测金属物体，如钢筋等，还可用于混凝土建筑物维修、混凝土缺陷诊断、钻孔取芯等。

（3）数据存储量大。一次探测可保存相当于 15m 测试距离的数据，并可回放。

在深层探测模式下，探测深度可达 30cm；在浅层探测模式下，可对 10cm 的浅层部分进行分析，保护层厚度的分辨率可达 1cm。

3. 钢筋混凝土雷达的应用

采用雷达仪，能探测混凝土内孔洞、酥松、蜂窝等缺陷，可把混凝土中的钢筋看得清清楚楚，使得劣质工程无处藏身，对于保证工程质量有重要意义。

图 2-21（a）是预埋了泥砂、泡沫塑料和钢筋的混凝土试件的雷达反射图像，其对应的试块如图 2-21（b）所示。从图中的反射信号可明显看出，雷达波能明显反映混凝土中的钢筋、泥砂夹杂和泡沫塑料。

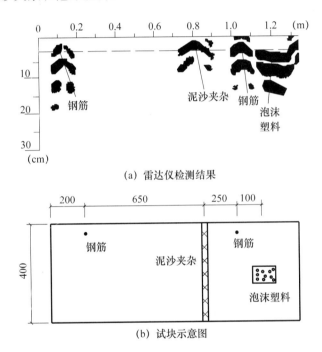

(a) 雷达仪检测结果

(b) 试块示意图

图 2-21　混凝土中钢筋、泥砂夹杂和泡沫塑料的雷达反射图像

2.2.3.3　红外线检测技术

红外线是一种电磁波，它在电磁波连续频谱中处于无线电波与可见光之间。温度在绝对零度以上的物体，都会因自身的分子运动而辐射出红外线。

红外线检测技术的原理是：当物体内部存在裂缝和缺陷时，它将改变物体的热传导，使物体表面温度分布产生差别，利用遥感技术测量物体的不同辐射，就可以测出缺陷位置。由于它是非接触式，不破坏被测物体，已经成为无损检测的重要方法。

红外线检测是通过红外热像仪进行的。红外热像仪是利用红外探测器和光学成像物镜接收被测目标的红外辐射能量分布图形反映到红外探测器的光敏元件上，从而获得红外热图像，这种热图像与物体表面的热分布场相对应。通俗地讲，红外热像仪就是将物体发出的不可见红外能量转变为可见的热图像，这种热图像上面的不同颜色代表了被测物体的不同温度。

该技术在建筑结构裂缝和空洞、地面的大面积空鼓、墙面和屋面渗漏源的检测、饰面砖粘贴质量和安全的检查、门窗玻璃外墙的气密性检查等方面，得到广泛应用。如日本电气（NEC）生产的 TH9100 红外热像仪可用于检测建筑物的外墙或屋顶的防水性，也可用于检测建筑物内墙或外墙中的空洞、剥落、渗漏裂缝和分层等。

下面将红外成像技术用于建筑物外墙剥离的检测来说明应用的可行性。

如图 2-22 所示，建筑物外墙的抹灰层与主体钢筋混凝土局部或大面积脱开，形成空气加层，通常称为剥离层。砂浆面层剥离，将导致墙面渗漏、大面积的脱落，可能酿成重大事故。因剥离形成的墙身缺陷和损伤，降低了墙体的热传导性，在抹面材料剥离处，外墙面和钢筋混凝土墙体之间的热传导变小，因此，当外墙表面从日照或外部升温的空气中吸收热量时，有剥离层的部位温度变化比正常情况大。通常，当暴露在太阳和升温的空气中时，外墙表面的温度升高，剥离部位的温度比正常部位的温度高；相反，当阳光减弱或气温降低，外墙表面温度下降时，剥离部位的温度比正常部位的温度低。由于太阳照射后的热辐射和热传导，使缺陷、损伤部位的温度分布与质量完好的面层的温度分布产生明显的差异，经红外成像高精度的温度探测分辨，能直观检出缺陷和损伤的部位，为诊断和评估提供依据，此种方法具有检测迅速，工作效率高，热像反映的点和区域温度分布明晰易辨等优点。

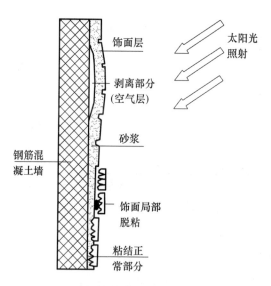

图 2-22　阳光对墙体构造和缺陷的影响示意图

2.2.3.4　裂缝的宽度及稳定性的检测技术

1. 裂缝宽度

通过超声检测，可以探测裂缝的深度。但有时也需检测裂缝的宽度。

裂缝宽度最初采用裂缝对比卡测量，后来采用光学读数显微镜测量，现在能够用电子裂缝测宽仪测量。目前新型的裂缝显微镜连有一个在任何工作条件下都能提供清晰图像的可调光源（冷光源），通过旋转显微镜侧面的旋钮来调节清晰度。光学读数显微镜是配有刻度和游标的光学透镜，从镜中看到的是放大的裂缝，通过调节游标读出裂缝宽度。

电子裂缝测宽仪，也叫数显裂缝测量仪，是通过扫描自动测裂缝宽度，液晶数字显示。这种带摄像头的电子裂缝测宽仪克服了人直接俯在裂缝上进行观测的不便。

2. 裂缝的稳定性

裂缝的稳定性，主要是指荷载裂缝、沉降裂缝的稳定性。温度裂缝是随时间和环境变化的，比如温度裂缝冬天增大，夏天缩小；收缩裂缝在初期发展快，1～2 年后基本稳定，这些裂缝的变化属正常现象。在进行工程事故的分析及处理时，首先应判别裂缝是否趋于稳定，然后才能根据裂缝的特征判别裂缝产生的原因，提出处理措施。

裂缝稳定性的判别方法是：定期对裂缝宽度、长度进行观测。观测的方法是在裂缝的局部区段及裂缝的顶端贴石膏饼（或高强度砂浆饼）。如果在相当长的时间内石膏饼（或砂浆饼）没有开裂，则说明裂缝已经稳定。

2.2.4 混凝土中钢筋检测

2.2.4.1 钢筋位置、直径及保护层厚度检测

在钢筋混凝土结构设计中，对钢筋保护层的厚度有明确的要求。同时，也必须按图施工。但是，常常由于施工失误或错误，造成钢筋的保护层厚度、钢筋位置及数量不符合设计要求。另外，在进行旧建筑的改、扩建时，在缺乏施工图纸的情况下，也需要对结构的承载力进行核算。因此，对已建混凝土结构做施工质量诊断及可靠性鉴定时，要求确定钢筋位置、布筋情况，正确测量混凝土保护层厚度和估测钢筋的直径。当采用钻芯法检测混凝土强度时，为在取芯部位避开钢筋，也须做钢筋位置的检测。

综上所述，确定钢筋混凝土中钢筋的保护层厚度、钢筋位置和钢筋直径是无损检测技术中的一项重要内容。钢筋位置和保护层厚度的测定可以采用磁感仪、数字化钢筋位置和保护层厚度测定仪，以及雷达波进行检测。

1. 磁感仪检测

钢筋位置的检测是利用电磁感应原理进行检测的。混凝土是带弱磁性的材料，而结构内配置的钢筋带有强磁性，混凝土原来是均匀磁场，当配置钢筋后，就会使磁力线集中于沿钢筋的方向。检测时，当钢筋位置测试仪（图 2-23）的探头接触结构混凝土表面，探头中的线圈通过交流电时，线圈电压和感应电流强度发生变化，同时由于钢筋的影响，产生的感应电流的相位与原来交流电的相位产生偏移（图 2-24），该变化值是钢筋与探头的距离和钢筋直径的函数。钢筋越接近探头，钢筋直径越大，感应强度越大，相位差也越大。电磁感应法检测，比较适用于配筋稀疏与混凝土表面距离较近（即保护层不太大）的钢筋检测，同时钢筋又布置在同一平面或不同平面距离较大时，可取得较满意的效果。

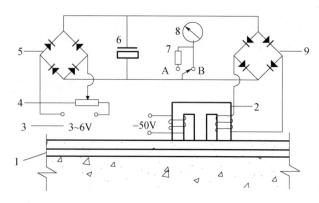

图 2-23　钢筋位置测试仪原理图

1—试件；2—探头；3—平衡电源；4—可变电阻；5—平衡整流器；6—电解电容；

7—分档电阻；8—电流表；9—整流器

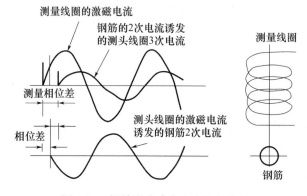

图 2-24　钢筋影响感应电流的相位差

具体的检测方法是：

（1）确定钢筋位置，将测定仪探头长边方向与钢筋长度方向平行，将钢筋直径挡拨至最小，测距挡拨至最大，将仪器探头横向移动，当仪器指针摆动最大时，探头下为钢筋位置。

（2）测定钢筋保护层厚度，当钢筋位置确定后，按图纸中标示的钢筋直径和等级调整仪器的钢筋直径挡和钢筋等级挡，按需要调整测距挡，将探头远离金属物体，旋转调节钮使指针回零。将探头放置在测定钢筋上（探头长边与钢筋长向平行），从度盘上读取钢筋保护层厚度值。

（3）测定钢筋间距，检测钢筋间距时，应将连续相邻的被测钢筋一一标出，不得遗漏，并不宜少于 7 根钢筋（即 6 个间隔），然后测量第一根钢筋和最后一根钢筋的轴线距离，并计算其间隔数。

（4）测定钢筋直径，根据钢筋设计图纸等资料，确定被测结构或构件中钢筋的排列方向，按钢筋位置检测的方法，对被测钢筋及其相邻钢筋进行准确定位并做标记。被测钢筋周边的钢筋与探头边缘的距离应大于 50mm，并应避开钢筋接头。在定位的标记上，检测钢筋的直径，每根钢筋重复测两次，第 2 次检测时探头旋转 180°。同一处两个示值相差应小于 1mm，否则应检查仪器是否偏离零点状态并及时调整。无论仪器是否被调整，其前次检测数据均应舍弃，在该处重新进行两次检测并再次比较，如两个保护层厚度值相差仍小于1mm，则应更换检测仪器或采用钻孔、剔凿的方法验证。

该类仪器典型的代表有康科瑞公司生产的KON-RBL（D）型钢筋位置测定仪。

2. 数字化钢筋位置和保护层厚度测定仪检测

数字化钢筋位置和保护层厚度测定仪是磁感仪的升级产品，其检测结果能够与计算机相连，在屏幕上直观显示观测钢筋的位置。

该类仪器的典型代表有瑞士产的Profometer 5钢筋扫描仪、英国产的Elcometer钢筋扫描仪、国产的Pro6S钢筋扫描仪。采用钢筋扫描仪能快速简便地确定钢筋位置，检测钢筋保护层的厚度和钢筋的直径，具有非常高的精度。

3. 雷达波检测

雷达仪的最主要的一个用途是探测混凝土中钢筋的分布情况。与传统的电磁感应式相比，具有下列优点：

（1）传统钢筋探测器，必须用探头在钢筋附近往复移动定位，并逐根做标记，速度慢，雷达仪采用天线进行连续扫描测试，一次测试可达数米，因而效率大大提高。

（2）可探测深度超过一般的电磁感应式钢筋探测仪，一般可达200mm，能满足大多数的检测要求。

（3）雷达仪测试结果以所测部位的断面图像显示，直观、准确，而且可以存储、打印，便于事后整理、核对、存档等。

雷达波的测试原理和其他检测技术在2.2.3.2中已做过介绍，这里不再重复。

2.2.4.2 混凝土中钢筋锈蚀程度检测

钢筋的锈蚀导致混凝土保护层胀裂、剥落，钢筋有效截面削弱等结构破坏现象，严重影响结构承载能力和使用寿命。对已有结构进行结构鉴定、检测时，必须对钢筋锈蚀状况进行检测。

钢筋锈蚀可采用两种方法检测：局部凿开法和自然电位法。

1. 局部凿开法

首先观察构件表面的锈蚀状况，检测构件表面的锈痕，检查是否出现沿钢筋方向的纵向裂缝，顺筋裂缝的长度和宽度。

必要时，在钢筋锈蚀部位，凿除混凝土保护层，露出锈蚀钢筋，人工或机械除锈后，用卡尺测量剩余钢筋的断面尺寸。

当条件许可时，可截取现场锈蚀钢筋的样品，将样品端部锯平或磨平，用游标卡尺测量样品的长度，在氢氧化钠溶液中通电除锈。将除锈后的钢筋试样放在天平上进行称重，残余质量与该种钢筋公称质量之比即为钢筋的剩余截面率，而公称质量与残余质量之差即为钢筋锈蚀量。

需要说明的是，钢筋的锈蚀并不是均匀分布在钢筋周围，一般靠近保护层锈蚀多，向内锈蚀少。当锈蚀裂缝沿纵向发生时，说明裂缝与钢筋方向相一致，这将严重影响钢筋与混凝土的黏结力；如果是横向锈蚀裂缝，即裂缝方向与受力钢筋相垂直，说明在受力钢筋的开裂处有锈蚀。

局部凿开法有直观和直接的优点，但工作量大，且需破坏构件的保护层，因此不宜大量使用。

2. 自然电位法

混凝土中钢筋的锈蚀是一个电化学的过程，钢筋因锈蚀而在钢筋表面有腐蚀电流存在，使电位发生变化（向负向变化）。用半电池电位法测量钢筋表面与探头之间的电位差，利用钢筋锈蚀程度与测量电位间建立的一定关系，由电位高低变化的规律，可用以判断钢筋锈蚀的可能性及其锈蚀程，这种方法称为自然电位法。

检测时采用铜-硫酸铜作为参比电极的半电池探头的钢筋锈蚀测定仪，其原理如图 2-25 所示。参比电极可选用硫酸铜电极、甘汞电极、氧化汞电极或氧化钼电极。

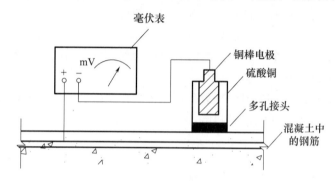

图 2-25　钢筋锈蚀测试仪原理图

钢筋锈蚀状况的判别标准见表 2-7。

表 2-7　钢筋锈蚀状况的判别标准

电位水平（mV）	钢筋状态
$0 \sim -100$	未锈蚀
$-100 \sim -200$	发生锈蚀的概率<10%，可能有锈斑
$-200 \sim -300$	锈蚀不确定，可能有坑蚀
$-300 \sim -400$	发生锈蚀的概率>90%，全面锈蚀
-400 以上（绝对值）	肯定有锈蚀，严重锈蚀
如果某处相邻两测点值差大于 150mV，则电位更负的测值处判为锈蚀	

自然电位法操作简单，使用方便，可对整个结构或构件中的钢筋进行检测。但由于各种因素的影响，测试结果有一定的偏差。因此，在使用时，最好将其与局部凿开法相结合，以检验自然电位法的检测结果。

2.2.5　混凝土耐久性检测

混凝土的耐久性检测包括混凝土碳化深度检测、混凝土中氯离子含量检测及侵入深度检测等。

2.2.5.1　混凝土碳化深度检测

混凝土的碳化深度是对钢筋混凝土评价中的重要参数，也是回弹法测定混凝土抗压强度时不可缺少的指标。

在选定的检测位置将混凝土凿孔，孔内清扫干净后，向孔内喷洒 1％浓度的酚酞试液，喷洒量以表面均匀、湿润为准。喷洒酚酞后，未碳化的混凝土变为红色，已碳化的混凝土不变色，测量变色混凝土前缘至构件表面的垂直厚度即为碳化深度，如图 2-26 所示。

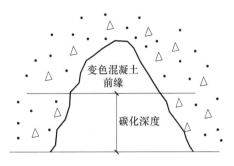

图 2-26　混凝土碳化深度检测

酚酞试液配制方法：每 1g 酚酞指示剂加 75g 浓度为 95％的酒精和 25g 蒸馏水。

碳化测区应选在构件有代表性的部位，一般应布置在构件的中部，避开较宽的裂缝和较大的孔洞。每个测区应布置三个测孔，取三个测试数据的平均值作为该测区碳化深度的代表值。构件的边角比平面部位碳化快，因此碳化测区应尽量布置在平面部位，测孔距边角应有一定的距离（大于 2.5 倍的碳化深度值）。

碳化深度测孔可用电锤、冲击钻或钢钎打成，测孔直径为 12～25mm，以能清楚地分辨碳化深度为准。对孔中的碎屑、粉末，可使用压缩空气吹净，尽可能不用水冲洗。

喷洒酚酞试液后的红色反应经过一定时间后会消失，因此应及时测定深度，并画出变色的界线，以便以后核对。

对表面饰层的处理：当碳化测区同时又是回弹或超声的测区时，应按规定将面层剔除，并用卡尺测定面层的实际厚度。对于仅测碳化的测区，不必剔除面层，在测定碳化深度时，用卡尺测定一下面层的厚度即可。

2.2.5.2　混凝土中氯离子含量检测

在混凝土中，一般都存在少量的氯化物（大约占混凝土质量的 0.01％）。但是，当氯离子含量占水泥质量的百分比达到 0.4％时，就足以使钢筋腐蚀。进入混凝土中的氯离子主要有两个来源，一是骨料（海砂）、外加剂、搅拌用水等混凝土原材料，二是使用环境中的氯离子渗透，如道路除冰盐和海洋环境。混凝土中氯化物含量的测定，大多是由于出现了钢筋锈蚀问题而提出来的。

混凝土中氯离子的含量可用硝酸银滴定或硫氰酸钾溶液滴定法测定，或采用专用的氯离子测定仪测定。

1. 滴定法测定

首先在混凝土中取样。取样时，应除去混凝土结构的粉饰层及污垢，避免在边角处取样。宜用取芯机或冲击钻取样。

钻孔取芯：用混凝土钻孔取芯机钻取混凝土芯样，芯样直径不宜小于 50mm。

打孔取样：用大直径钻头（直径 25mm）在构件上打孔，取得粉末。

制样：将混凝土试样剔除大颗粒石子，研磨至全部通过 0.08mm 筛，然后置于 105℃烘箱中烘干 2h，取出后放入干燥皿中冷却至室温备用。

方法一：称取 20g（精确至 0.01g）试样，置于三角烧瓶中，并加入 200mL 蒸馏水，剧烈振荡 1～2min，浸泡 24h 或在 90℃的水浴锅中浸泡 3h，然后用定性滤纸过滤。将提取液的 pH 值调整到 7～8。调整 pH 值时用硝酸溶液调酸度，用碳酸氢钠或氢氧化钠调碱度。然后加入 5％铬酸钾指示剂 10～12 滴，用 0.02N 硝酸银溶液滴定，边滴边摇，到溶液呈现不消失的橙红色为终点。

氯离子含量按下式计算：

$$p=\frac{0.03545NV}{mV_2/V_1}\times100\%\qquad(2-34)$$

式中　N——硝酸银标准溶液中的当量浓度；

　　　V——滴定时消耗的硝酸银溶液，mL；

　　　V_1——浸样品的水量，mL；

　　　V_2——每次滴定时提取的滤液量，mL；

　　　m——样品的质量，g。

该方法用蒸馏水浸泡提取氯盐容易造成分析结果偏低，但仍能满足现场使用的要求。

方法二： 用硝酸将含有氯化物的水泥全部溶解，然后在硝酸溶液中，用沃哈德方法来测定氯化物含量。

该方法是在硝酸溶液中加入过量的 $AgNO_3$ 标准溶液。使氯离子完全沉淀，在上述溶液中用铁矾作指示剂；将过量的硝酸银用 KCNS 标准溶液滴定。滴定时 CNS^- 首先与 Ag^+ 生成白色的 AgCNS 沉淀，CNS^- 略有多余时，即与 Fe^{3+} 形成 $Fe(CNS)^{2+}$ 络离子，使溶液显红色，当滴至红色能维持 5～10s 不褪，即为终点。

反应式为：

$$Ag^+ + Cl^- \longrightarrow AgCl\downarrow$$
$$Ag^+ + CNS^- \longrightarrow AgCNS\downarrow$$
$$Fe^{3+} + CNS^- \longrightarrow Fe(CNS)^{2+}\downarrow$$

具体步骤：称取 5g（精确至 0.01g）试样，置于三角烧瓶中，缓缓加入 200mL，0.5N 硝酸，盖上瓶塞防止蒸发，在电炉上加热至微沸，待冷却至室温后，用定性滤纸过滤。提取滤液 20mL，加入 0.02N 硝酸银溶液 20mL，加入铁矾指示剂 2mL，用硫氰酸钾溶液滴定，轻轻摇动试液，至溶液呈淡红色且颜色不消失为终点。

氯离子含量按下式计算：

$$p=\frac{0.03545(NV-N_1V_1)}{mV_2/V_3}\times100\%\qquad(2-35)$$

式中　N——硝酸银标准溶液中的当量浓度；

　　　V——加入滤液试样中的硝酸银标准溶液，mL；

　　　N_1——硫氰酸钾标准溶液的当量浓度；

　　　V_1——滴定时消耗的硫氰酸钾标准溶液，mL；

　　　V_2——每次滴定时提取的滤液量，mL；

　　　V_3——浸样品的水量，mL；

　　　m——样品的质量，g。

2. 氯离子测定仪测定

目前已有专用的仪器可快速测定硬化混凝土和新拌混凝土中氯离子的含量，测试速度快，测试精度高。如韩国产的 2501B 型氯离子测定仪可快速测定硬化混凝土中氯离子的含量；而 2501A 型氯离子测定仪可快速检测新拌混凝土中氯离子的含量。丹麦产的 RCT 氯离子快速测定仪可测定硬化混凝土和新拌混凝土中氯离子的含量。下面以 RCT 氯离子快速测定仪为例来说明氯离子测定仪测定混凝土中氯离子的方法。

基本方法是：将通过冲击钻或剖面磨削从混凝土中得到的粉末，或从新拌混凝土中取得的样品与不同剂量的 RCT 氯离子萃取液相混合，振荡 5min。这种液体是用来萃取迁移氯离子的，同时对读数有干扰的离子（硫酸根离子）也被萃取。将标定过的氯电极浸入溶液中，测定出酸溶性或水溶性氯离子的含量，以其所占混凝土质量的百分比来表示。

操作步骤是：

（1）收集粉末试样。通过冲击钻或剖面磨削从混凝土中得到的粉末，收集于试样袋中。

（2）称重。将收集的粉末试样细心地装入锥形粉尘称重瓶中，用粉尘压缩针压实至红线位置，此时试样重为 1.5g，误差不超过 $\pm 2\%$。

（3）萃取。将称取的粉末试样倒入装有 10mL 萃取液的 RCT-1023 试剂瓶中。盖上瓶盖，振荡 5min。

（4）RCT 氯离子电极的准备。取下电极端部的橡胶保护套，将电极液从上侧的小孔中注满电极。

（5）RCT 氯离子电极的标定。将电极插入标有 0.005%Cl⁻ 的标定液中，轻摇标液瓶直至读数稳定，其读数约为 100mV，在硬化混凝土标定表上标出。然后分别将电极插入标有 0.020%Cl⁻、0.050%Cl⁻、0.500%Cl⁻ 的标定液中，轻摇标液瓶直至读数稳定，其读数分别约为 72mV、49mV、−5mV，在硬化混凝土标定表上分别标出。如果读数稳定且标定线斜率约为 100mV，则认为电极良好。

（6）测量。将标定好的电极插入步骤（3）装有试样的 RCT-1023 试剂瓶中，轻摇试剂瓶直至读数稳定，读取电位值，从标定图表的曲线中读取氯离子测定值。

2.2.5.3　氯离子侵入深度的测定

当采用钻芯取样时，应先将芯样分层，每层厚度为 5～10mm。可用混凝土劈裂试验的方法将芯样按层分开。从每层芯样中取出所需样品，测定氯离子含量，取几个同层样品实测值的平均值作为该层中点氯离子含量的代表值。

当采用取粉末方法时，测定氯离子侵入深度的孔应分层打，每层厚度为 5～10mm，粉末应分层集中，孔的数量随每层厚度而变，厚度小，孔的数量可适当增加。每打完一层，将孔内粉末清除干净再打下层。分层测定氯离子的含量。

做曲线连接各层中点氯离子含量可确定氯离子侵入深度和氯离子含量在侵入深度范围内的变化情况。

已知混凝土中氯离子的侵入深度后，可估算氯离子的侵入深度的发展速度和侵入量的发展速度。

氯离子的侵入深度的发展速度可近似用时间 t 的线性关系估算：

$$D = K_{Cl} \cdot t \tag{2-36}$$

也可用时间平方根关系估算：

$$D=K_{Cl}\sqrt{t} \tag{2-37}$$

把实测的侵入深度 D 和结构实际使用年数 t 代入式（2-36）或式（2-37）就可以求出两式的系数 K_{Cl}。

以上方法仅限于估算氯离子侵入深度的发展速度。实测上，要想比较准确地测定氯离子侵入深度的发展速度，就必须经过多次测定，每次测定之间需要间隔一段时间，侵入深度发展快，间隔时间可以相对短一些；侵入深度发展慢，间隔时间应较长。

 ## 2.3 砌体结构现场检测技术

砌体结构材料来源广泛，易于就地取材，有很好的耐火性和较好的耐久性，保温、隔热性能好，施工简便，易于砌筑等优点，因此，我国目前大量的工业与民用建筑均采用砌体结构。但砌体结构的强度低，砂浆和砌块强度变异大，施工质量、砌筑工人技术水平对砌体结构的强度影响较大。另外，由于其抗拉、抗弯、抗剪强度低，砌体结构的整体性、抗震性能差，易于产生各种裂缝，在长期使用过程中会发生程度不同的损伤和破坏。因此，对砌体结构房屋定期进行检测，及时采取维护措施，可消除隐患，延长房屋使用寿命，对确保结构安全、发挥房屋的经济效益具有重要意义。

砌体强度是由组成砌体的砌块强度和砂浆强度以及砌筑质量来决定的。对使用多年的砌体结构进行检测，首先要检测它的强度。

砌体结构的强度检测，传统的方法是直接截取标准试样法，即直接从砌体结构上截取试样进行抗压强度试验。但由于砌体结构的特点，直接取样会对试样产生较大的损伤，影响试验结果。因此，砌体结构的原位非破损和半破损试验等现场检测技术，越来越受到人们的重视。目前，我国进行砌体结构现场检测的主要依据是自 2012 年 3 月 1 日开始实施的《砌体工程现场检测技术标准》（GB/T 50315—2011）。该标准规定了 11 种可供选择的砌体工程现场检测方法，有原位轴压法、扁顶法、切制抗压试件法、原位单剪法、原位双剪法、推出法、筒压法、砂浆片剪切法、砂浆回弹法、烧结砖回弹法、点荷法等。

砌体结构的现场检测方法，按测试内容可分为以下 5 种。

（1）检测砌体抗压强度：原位轴压法、扁顶法。

（2）检测砌体工作应力和弹性模量：扁顶法。

（3）检测砌体抗剪强度：原位单剪法、原位双剪法。

（4）检测砌筑砂浆强度：推出法、筒压法、砂浆片剪切法、砂浆回弹法、点荷法。

（5）检测砖的抗压强度：烧结砖回弹法。

以上检测方法应根据检测的目的、内容、设备及环境条件进行选用。

2.3.1　切制抗压试件法

切制抗压试件法是使用切割机直接从砌体结构上锯切出标准抗压试件，然后进行抗压强度试验的测试方法。该方法切出的抗压试件，几何尺寸较为规整，切割过程中对试件扰动相对较小，与人工打凿制取试件的方法相比，该方法的测试结果更能反映被测砌体的实际强度。

根据我国《砌体基本力学性能试验方法标准》（GB/T 50129—2011）的规定，对于外形尺寸为 240mm×115mm×53mm 的普通砖和外形尺寸为 240mm×115mm×90mm 的各类多孔砖，其标准砌体抗压试件的横截面尺寸应采用 240mm×370mm 或 240mm×490mm，试件的高度应取砌体厚度的 3～5 倍（即 720mm、960mm 或 1200mm）。对于主规格尺寸为 390mm×190mm×190mm 的混凝土小型空心砌块砌体，其标准砌体抗压试件的厚度应为砌块厚度，试件宽度为主规格砌块长度的 1.5～2.0 倍，试件高度应为 5 皮砌块加灰缝厚度。对于中型砌块砌筑的砌体建筑，其标准砌体抗压试件的厚度应为砌块厚度，试件的宽度为主规格砌块的长度，高度为 3 皮砌块高加灰缝厚度，且中间 1 皮砌块应有 1 条竖向灰缝。

在切取试件时，竖向切割线应尽量选择在竖向灰缝上下对齐的部位，可增加试件中整块砖的数量，使之尽量接近人工砌筑的标准抗压试件。在切割过程中，锯片应始终垂直于墙面，且不得移位。当被测砌体的砌筑砂浆低于 M7.5 时，可采用 8 号钢丝事先捆绑试件，以预防切割过程和试件取出过程造成试件的松动或断裂。

采用上述方法，在被测砌体上取样不少于 3 个，经过适当的加工制作，然后进行受压承载力测试。被测砌体试件的抗压强度按式（2-38）计算：

$$f_{uij}=N_{uij}/A_{ij} \tag{2-38}$$

式中　f_{uij}——第 i 个测区的第 j 个测点切得的抗压试件的实测抗压强度，MPa；

　　　N_{uij}——第 i 个测区的第 j 个测点切得的抗压试件的受压破坏荷载值，N；

　　　A_{ij}——第 i 个测区的第 j 个测点切得的抗压试件的受压面积，mm²。

测区砌体的抗压强度平均值，应按下式计算：

$$f_{mi}=\frac{1}{n_1}\sum_{j=1}^{n_1}f_{mij} \tag{2-39}$$

式中　f_{mi}——第 i 个测区的砌体抗压强度平均值，MPa；

　　　n_1——抗压试件的数量；

　　　f_{mij}——第 i 个测区的第 j 个测点的标准砌体抗压强度换算值，MPa。

2.3.2　砖砌体强度的直接测定法

2.3.2.1　原位轴压法

原位轴压法适用于测试 240mm 厚的普通砖砌体和多孔砖砌体的抗压强度，其测试装置由扁式千斤顶、自平衡反力架和液压加载系统组成，测试工作状况如图 2-27 所示。

采用原位轴压法进行测试时，先沿砌体测试部位垂直方向在试样高度上下两端各开凿一个水平槽孔，上下槽孔之间的净距以 450～500mm 为宜。之后，在两个水平槽内各嵌入 1 个扁式千斤顶，并用自平衡拉杆固定。通过加载系统对试样分级加载，直到试件受压开裂破坏，最终求得砌体的极限抗压强度。

槽间砌体的抗压强度，应按式（2-40）计算：

$$f_{uij}=N_{uij}/A_{ij} \tag{2-40}$$

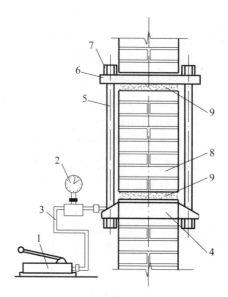

图 2-27　原位压力机测试工作状况

1—手动油泵；2—压力表；3—高压油管；4—扁式千斤顶；5—拉杆；

6—反力板；7—螺母；8—槽间砌体；9—砂垫层

式中　f_{uij}——第 i 个测区的第 j 个测点槽间砌体的抗压强度，MPa；

　　　N_{uij}——第 i 个测区的第 j 个测点槽间砌体的受压破坏荷载值，N；

　　　A_{ij}——第 i 个测区的第 j 个测点槽间砌体的受压面积，mm^2。

　　单个测点的槽间砌体抗压强度，除以换算系数 ε_{1ij}，即为标准砌体的抗压强度：

$$f_{mij} = f_{uij} / \xi_{1ij} \tag{2-41}$$

$$\varepsilon_{1ij} = 1.25 + 0.60\sigma_{0ij} \tag{2-42}$$

式中　f_{mij}——第 i 个测区的第 j 个测点的标准砌体抗压强度换算值，MPa；

　　　ε_{1ij}——原位轴压法、扁顶法的无量纲的强度换算系数；

　　　σ_{0ij}——该测点的墙体工作压应力，MPa。

　　测区砌体的抗压强度平均值，应按下式计算：

$$f_{mi} = \frac{1}{n_1} \sum_{j=1}^{n_1} f_{mij} \tag{2-43}$$

式中　f_{mi}——第 i 个测区的砌体抗压强度平均值，MPa；

　　　n_1——测区的测点数。

　　该法的最大优点是综合反映了砖材、砂浆变异及砌筑质量对抗压强度的影响；测试设备具有变形适应能力强、操作简便等特点，对低强度砂浆、变形很大或抗压强度较高的墙体，均可适用。

2.3.2.2　扁顶法

　　扁顶法适用于推定普通砖砌体或多孔砖砌体的受压弹性模量、抗压强度或墙体的受压工作应力，其测试装置是由扁式液压加载器及液压加载系统组成的。

　　试验时，在待测砌体部位按所取试样的高度在上下两端垂直于主应力方向，沿水平灰缝将砂浆掏空，形成两个水平空槽，将扁式加液压千斤顶放入灰缝的空槽内。当扁式液压千斤顶进油时，液囊膨胀对砌体产生应力，随着压力的增加，试件受载增大，直到开裂破坏。它是利用砖墙砌合特点，在水平砂浆灰缝处开凿槽口，装入扁式液压千斤顶，依据应力释放和恢复原理，测得墙体的受压工作应力、弹性模量，并通过测定槽间砌体的抗压强度确定其标准砌体的抗压强度。其测试方法如图 2-28 所示。

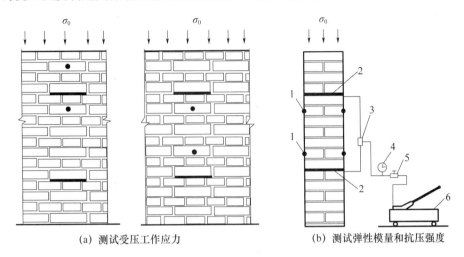

图 2-28　扁顶法测试装置与变形测点布置
1—变形测量脚标（两对）；2—扁式液压千斤顶；3—三通接头；4—压力表；5—溢流阀；6—手动油泵

槽间砌体的抗压强度，应按式（2-40）计算。

根据槽间砌体的抗压强度，除以换算系数 ε_{1ij}，即为标准砌体的抗压强度。ε_{1ij} 按式（2-42）计算。测区砌体的抗压强度平均值，按式（2-43）计算。

2.3.2.3　原位单剪法

原位单剪法适用于推定砖砌体沿通缝截面的抗剪强度，该方法是依据我国以往砖砌体单剪试验方法编制的。采用原位单剪法进行现场测试时，测试部位宜选在窗洞门或其他洞口下 3 皮砖范围，试件具体尺寸和测试装置分别如图 2-29 和图 2-30 所示。测试设备包括螺旋千斤顶或卧式千斤顶、荷载传感器及数字仪表等。

砌体沿通缝截面的抗剪强度等于抗剪荷载除以受剪面积，不需换算系数，计算公式如式（2-44）所示：

$$f_{vij} = \frac{N_{vij}}{A_{vij}} \tag{2-44}$$

式中　f_{vij}——第 i 个测区第 j 个测点的砌体沿通缝截面抗剪强度，MPa；

　　　N_{vij}——第 i 个测区第 j 个测点的抗剪破坏荷载（N），精确到 10N；

　　　A_{vij}——第 i 个测区第 j 个测点的抗剪面积，mm^2。

测区的砌体沿通缝截面的抗剪强度平均值，应按式（2-45）计算。

$$f_{vi} = \frac{1}{n_1} \sum_{j=1}^{n_1} f_{vij} \tag{2-45}$$

式中　f_{vij}——第 i 个测区第 j 个测点的砌体沿通缝截面抗剪强度，MPa。

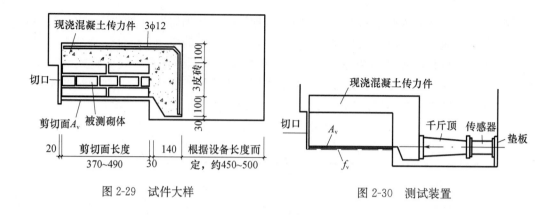

图 2-29　试件大样　　　　　　　　　　图 2-30　测试装置

2.3.2.4　原位双剪法

原位双剪法包括原位单砖双剪法和原位双砖双剪法。原位单砖双剪法适用于推定各类墙厚的烧结普通砖或烧结多孔砌体的抗剪强度，原位双砖双剪法仅适用于推定240mm 厚墙体的烧结普通砖或烧结多孔砖砌体的抗剪强度。检测时，应将原位剪切仪的主机安放在墙体的槽孔内，并应以 1 块或 2 块并列完整的顺砖及其上下两条水平灰缝作为 1 个测点（试件）。其工作原理和采用的设备分别如图 2-31 和图 2-32 所示。

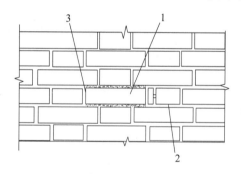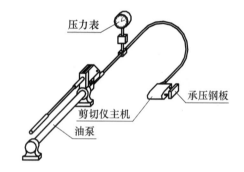

图 2-31　原位单砖双剪试验原理示意图　　　　图 2-32　原位剪切仪示意图
1—剪切试件；2—剪切仪主机；3—掏空的竖缝

烧结普通砖砌体的单砖双剪法和双砖双剪法试件沿通缝截面的抗剪强度，按式（2-46）计算：

$$f_{vij} = \frac{0.32N_{vij}}{A_{vij}} - 0.70\sigma_{0ij}$$
（2-46）

式中　N_{vij}——单个试件的抗剪破坏荷载，N；

　　　A_{vij}——单个试件的一个受剪面的面积，mm²；

　　　σ_{0ij}——该测点上部墙体的压应力（MPa），当忽略上部压应力作用或释放上部压应力时，取 0。

烧结多孔砖砌体的单砖双剪法和双砖双剪法试件沿通缝截面的抗剪强度，按式（2-47）计算：

$$f_{vij} = \frac{0.29N_{vij}}{A_{vij}} - 0.70\sigma_{0ij}$$
（2-47）

式中　N_{vij}——单个试件的抗剪破坏荷载，N；

　　　　A_{vij}——单个试件的一个受剪面的面积，mm^2；

　　　　σ_{0ij}——该测点上部墙体的压应力（MPa），当忽略上部压应力作用或释放上部压应力时，取 0。

试验时，也可采用释放上部垂直压应力 σ_{0ij} 的方法，即将试件顶部第三条水平灰缝掏空，掏空长度不小于 620mm。这样，式（2-46）和式（2-47）的等号右边的第 2 项为零，减少了一项影响因素。

2.3.3　砖砌体强度的间接测定法

2.3.3.1　推出法

推出法适用于推定 240mm 厚烧结普通砖、烧结多孔砖、蒸压灰砂砖或蒸压粉煤灰砖墙体中的砌筑砂浆的强度。所测砂浆的强度宜为 1～15MPa。

推出法利用特制的加载装置对被选定的某一顶砖施加水平推力，该顶砖及两侧面砂浆已被事先清除，当达到极限推力时，被试砖块底面水平砂浆层或砖和砂浆结合面被推出。这里极限推力实质上反映了水平砂浆的抗剪强度。

推出法主要测定墙上单块顶砖推出力和砂浆饱满度两项参数，据此推定砌筑砂浆的抗压强度。推出仪由钢制部件、传感器、推出力峰值测定仪等组成，其测力装置如图 2-33 所示。

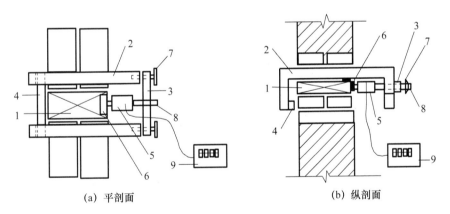

（a）平剖面　　　　　　　　　　（b）纵剖面

图 2-33　推出法测试装置示意图

1—被推出的丁砖；2—支架；3—前梁；4—后梁；5—传感器；6—垫片；7—调平螺丝；
8—传力螺杆；9—推出力峰值测定仪

1. 测点布置要点

本方法每一被推丁砖为一个测点，测点数不应少于 5 个。测试前，被推丁砖应编号，并应详细记录墙体的外观情况。测点宜均匀布置在墙上，应避开施工中的预留洞口。被推丁砖的承压面需采用砂轮磨平，被推丁砖下的水平灰缝厚度应为 8～12mm。检测前要取出被推丁砖上部的两块顺砖，清除被推丁砖上面水平灰缝及两侧竖向灰缝。在开洞及清理灰缝时，不能扰动被推丁砖。

2. 检测方法要点

安装推出仪时，传感器的作用点在水平方向应位于被推丁砖的中间铅垂方向，距被推丁砖下表面之上 15mm 处。在旋转加载螺杆对试件施加荷载过程中，如被推丁砖和砌体之间发生相对位移时，试件达到破坏状态，记录推出力 F。用于显示推出力的力值显示器或仪表应符合如下要求：最小分辨率为 0.05kN，力值范围为 0～30kN；必须具有测力峰值保持功能；仪器读数显示应稳定，在 4h 内的读数漂移应小于 0.05kN。

当测区的砂浆饱满度平均值不小于 0.65 时，测区（相当于单片墙，不应少于 5 个测点）的砂浆强度平均值，应按式（2-48）和式（2-49）计算。当测区的砂浆饱满度平均值小于 0.65 时，宜选用其他方法推定砂浆强度。

$$f_{2i} = 0.30 \ (\varepsilon_{2i} N_i / \varepsilon_{3i})^{1.19} \tag{2-48}$$

$$\varepsilon_{3i} = 0.45 B_i^2 + 0.90 B_i \tag{2-49}$$

式中　f_{2i}——第 i 个测区的砂浆强度平均值，MPa；

　　　N_i——第 i 个测区的推出力平均值，kN；

　　　B_i——第 i 个测区的砂浆饱满度平均值，以小数计；

　　　ε_{2i}——砖品种修正系数，对烧结普通砖和烧结多孔砖，取 1.00；对蒸压灰砂砖或蒸压粉煤灰砖，取 1.14；

　　　ε_{3i}——砂浆饱满度修正系数，以小数计。

2.3.3.2　砂浆回弹法

采用适宜于砂浆强度测试的专用回弹仪，通过测试砂浆表面硬度，用酚酞试剂测试砂浆碳化深度，从而推定烧结普通砖砌体中的砌筑砂浆强度。

测试技术要点：

（1）将测位处的粉刷层、污物等清除干净，将弹击点处的砂浆表面打磨干净；

（2）在每个测位内均匀布置 12 个弹击点；

（3）在每个弹击点上，使用回弹仪连续弹击 3 次，第 1、2 次不读数，仅记读第 3 次回弹值。从每个测位的 12 个回弹值中，分别剔除最大值、最小值，然后计算余下的 10 个回弹值的算术平均值；

（4）在每一测位内，选择 1～3 处灰缝，用游标卡尺和 1% 的酚酞试剂测量砂浆碳化深度。每个测位的平均碳化深度，应取该测位每次测量值的算术平均值。

单个测位的砂浆强度换算值，应根据该测位的平均回弹值和平均碳化深度值，分别按下列公式计算：

$d \leqslant 1.0$mm 时：

$$f_{2ij} = 13.97 \times 10^{-5} R^{3.57} \tag{2-50}$$

1.0mm $< d < 3.0$mm 时：

$$f_{2ij} = 4.85 \times 10^{-4} R^{3.04} \tag{2-51}$$

$d \geqslant 3.0$mm 时：

$$f_{2ij} = 6.34 \times 10^{-5} R^{3.60} \tag{2-52}$$

式中　f_{2ij}——第 i 个测区第 j 个测位的砂浆强度换算值（MPa），应根据该测位的平均回弹值和平均碳化值确定；

R——第 i 个测区第 j 个测位的平均回弹值。

d 为第 i 个测区第 j 个测位的平均碳化深度，mm。

每个测区的砂浆抗压强度平均值，应按下式计算：

$$f_{2i} = \frac{1}{n_1} \sum_{j=1}^{n_1} f_{2ij} \tag{2-53}$$

式中　f_{2ij}——第 i 个测区第 j 个测位的砂浆强度换算值（MPa），应根据该测位的平均回弹值和平均碳化值确定；

　　　n_1——测位的总数。

2.3.3.3　烧结砖回弹法

烧结砖回弹法适用于推定烧结普通砖砌体或烧结多孔砖砌体中砖的抗压强度，不适用于推定表面已风化或遭受冻害、环境侵蚀的烧结普通砖砌体或烧结多孔砖砌体中砖的抗压强度。检测时，应用指针直读式的砖回弹仪，测试烧结砖的表面硬度，并应将砖回弹值换算成砖抗压强度。

测试技术要点：

(1) 每个检测单元中应随机选择 10 个测区。每个测区的面积不宜小于 $1.0m^2$，应在其中随机选择 10 块条面向外的砖作为 10 个测位供回弹测试。选择的砖与砖墙边缘的距离应大于 250mm。

(2) 被检测砖应为外观质量合格的完整砖。砖的条面应干燥、清洁、平整，不应有饰面层、粉刷层，必要时可用砂轮清除表面的杂物，并磨平测面，同时用毛刷刷去粉尘。

(3) 在每块砖的测面上应均匀布置 5 个弹击点。选定弹击点时应避开砖表面的缺陷。相邻两弹击点的间距不应小于 20mm，弹击点离砖边缘不应小于 20mm，每一弹击点只能弹击一次，回弹值读数应估读至 1。测试时，回弹仪应处于水平状态，其轴线应垂直于砖的测面。

单个侧位的抗压强度换算值，应按下列公式进行计算：

对于烧结普通砖：

$$f_{1ij} = 2 \times 10^{-2} R^2 - 0.45R + 1.25 \tag{2-54}$$

对于烧结多孔砖：

$$f_{1ij} = 1.70 \times 10^{-3} R^{2.48} \tag{2-55}$$

式中　f_{1ij}——第 i 个测区第 j 个测位的砖强度换算值，MPa；

　　　R——第 i 个测区第 j 个测位的 5 个弹击点的平均回弹值。

每个测区的烧结砖的抗压强度平均值，应按下式计算：

$$f_{1i} = \frac{1}{10} \sum_{j=1}^{n_1} f_{1ij} \tag{2-56}$$

式中　f_{1i}——第 i 个测区的砖强度的平均值，MPa。

2.3.4　砖砌体强度的推定

每一检测单元的砌体抗压强度标准值或砌体沿通缝截面的抗剪强度标准值，应分别按下列规定进行评定：

当测区数 $n_2 \geqslant 6$ 时：

$$f_k = f_m - k \cdot s \tag{2-57}$$

$$f_{v,k} = f_{v,m} - k \cdot s \tag{2-58}$$

式中　f_k——砌体抗压强度标准值，MPa；

　　　f_m——同一检测单元的砌体抗压强度平均值，MPa；

　　　$f_{v,k}$——砌体抗剪强度标准值，MPa；

　　　$f_{v,m}$——同一检测单元的砌体沿通缝截面的抗剪强度平均值，MPa；

　　　s——按 n_2 个测区计算的抗压或抗剪强度的标准差，MPa；

　　　k——与 a、C、n_2 有关的强度标准值计算系数，应按表 2-8 取值；

　　　a——确定强度标准值所取的概率分布分位数，取 0.05；

　　　C——置信水平，取 0.60。

表 2-8　计算系数 k

n_2	6	7	8	9	10	12	15	18
k	1.947	1.908	1.880	1.858	1.841	1.816	1.790	1.773
n_2	20	25	30	35	40	45	50	
k	1.764	1.748	1.736	1.728	1.721	1.716	1.712	

当测区数 $n_2 \leqslant 6$ 时：

$$f_k = f_{mi,\min} \tag{2-59}$$

$$f_{v,k} = f_{vi,\min} \tag{2-60}$$

式中　$f_{mi,\min}$——同一检测单元中，测区砌体抗压强度的最小值，MPa；

　　　$f_{vi,\min}$——同一检测单元中，测区砌体抗剪强度的最小值，MPa。

每一检测单元的砌体抗压强度和抗剪强度，当检测结果的变异系数 δ 分别大于 0.2 和 0.25 时，不宜直接按式（2-57）和式（2-58）计算。此时，应检查检测结果离散性较大的原因，若查明是混入不同母体的样本所致，宜分别进行统计，并分别按式（2-59）和式（2-60）确定标准值。

2.3.5　砌体结构强度的非破损检测方法的比较

砌体结构强度的非破损检测方法共有 10 种，见表 2-9。上文介绍了 7 种，其他 3 种（筒压法、砂浆片剪切法和点荷法）可参看《砌体工程现场检测技术标准》（GB/T 50315—2011）。

这 10 种检测方法可归纳为直接法和间接法两类。前者为检测砌体抗压强度和砌体抗剪强度的方法；后者为测试砂浆强度的方法。直接法的优点是直接测试砌体的强度参数，能反映被测工程的材料质量和施工质量，其缺点是试验工作量大，对砌体工程有一定损伤。间接法是测量与砂浆强度有关的物理参数，再由此推定砌体强度。推定时难免增大误差，也不能反映工程材料质量和施工质量，使用时有一定局限性。因此，在进行现场工程检测时，可按表 2-9，根据各工程的特点和需要选用。

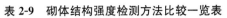

表 2-9 砌体结构强度检测方法比较一览表

序号	检测方法	特点	用途	限制条件
1	原位轴压法	①属原位检测，直接在墙体上测试，测试结果综合反映了材料质量和施工质量； ②直观性、可比性强； ③设备较重； ④检测部位局部破损	检测普通砖砌体的抗压强度	①槽间砌体每侧的墙体不应小于 1.5m； ②同一墙体上的测点数量不宜多于 1 个；测点数量不宜太多； ③限于 240mm 砖墙
2	扁顶法	①属原位检测，直接在墙体上测试，测试结果综合反映了材料质量和施工质量； ②直观性、可比性较强； ③扁顶重复使用率较低； ④砌体强度较高或轴向变形较大时，难以测出抗压强度； ⑤设备较轻便； ⑥检测部位局部破损	①检测普通砖砌体抗压强度； ②测试古建筑和重要建筑的实际应力； ③测试具体工程的砌体弹性模量	①槽间砌体每侧的墙体不应小于 1.5m； ②同一墙体上的测点数量不宜多于 1 个；测点数量不宜太多
3	原位单剪法	①属原位检测，直接在墙体上测试，测试结果综合反映了材料质量和施工质量； ②直观性强； ③检测部位局部破损	检测各种砌体的抗剪强度	①测点宜选在窗下墙部位且承受反作用力的墙体有足够长度； ②测点数量不宜太多
4	原位双剪法	①属原位检测，直接在墙体上测试，测试结果综合反映了砂浆质量和施工质量； ②直观性较强； ③设备较轻便； ④检测部位局部破损	检测烧结普通砖砌体的抗剪强度；其他墙体应经试验确定有关换算系数	当砂浆强度低于 5MPa 时，误差较大
5	推出法	①属原位检测，直接在墙体上测试，测试结果综合反映了施工质量和砂浆质量； ②设备较轻便； ③检测部位局部破损	检测普通砖墙体中的砂浆强度	当水平灰缝的砂浆饱满度低于 65% 时，不宜选用
6	砂浆回弹法	①属原位无损检测，测区选择不受限制； ②回弹仪有定型产品，性能稳定，操作简便； ③检测部位的装修面层仅局部损伤	①检测烧结普通砖墙体中砂浆强度； ②适宜于砂浆强度均质性普查	砂浆强度不应小于 2MPa
7	烧结砖回弹法	①属原位无损检测，测区选择不受限制； ②回弹仪有定型产品，性能稳定，操作简便	推定烧结普通砖砌体或烧结多孔砖砌体中砖的抗压强度	不适用于推定表面已风化或遭受冻害、环境侵蚀的烧结普通砖砌体或烧结多孔砖砌体中砖的抗压强度
8	筒压法	①属取样检测； ②仅需利用一般混凝土试验室的常用设备； ③取样部位局部破损	检测烧结普通砖墙体中的砂浆强度	测点数量不宜太多

续表

序号	检测方法	特点	用途	限制条件
9	砂浆片剪切法	①属取样检测； ②专用的砂浆强度仪和其标定仪，较为轻便； ③试验工作较简便； ④取样部位局部损伤	检测烧结普通砖墙体中的砂浆强度	
10	点荷法	①属取样检测； ②试验工作较简便； ③取样部位局部损伤	检测烧结普通砖墙体中的砂浆强度	砂浆强度不应小于2MPa

2.3.6 砖砌体结构构件的承载力评定

根据上述实测砂浆强度，砌体抗压强度和抗剪强度推定值计算砖砌体结构构件的承载力，再按《民用建筑可靠性鉴定标准》（GB 50292—2015）中规定的承载能力评级标准见表2-10，分别评定每一个验算项目的等级，然后取其中最低等级作为该构件承载能力的安全等级。

表 2-10　砌体结构构件承载能力等级评定标准

构件类别	评定等级			
	$R/\gamma_0 S$			
	a_u 级	b_u 级	c_u 级	d_u 级
主要构件及连接	≥1.0	≥0.95	≥0.90	<0.90
一般构件	≥1.0	≥0.90	≥0.85	<0.85

表 2-10 中，R 和 S 分别为结构构件的抗力和作用效应，γ_0 为结构重要件系数。

应当注意的是，当砌体结构构件已出现明显的受压、受弯、受剪等受力裂缝时，应根据其严重程度，评定为 c_u 级或 d_u 级。验算构件承载能力时，应考虑由预留洞、风化剥落、各种变形裂缝、构件倾斜等引起的有效截面的削弱和附加内力。

2.4 钢结构现场检测

由于钢材在工程结构材料中强度最高，制成的构件具有截面小、质量轻、延性好、承载能力大等优点。因此，钢结构被广泛应用于单层厂房的承重骨架和吊车梁、多层和高层大跨度空间结构和高耸结构中。在使用过程中，有的钢结构要承受重复荷载的作用，有的要承受高温、低温、潮湿、腐蚀性介质的作用。钢结构因其连接构造传递应力大，结构对附加的局部应力、残余应力、几何偏差、裂缝、腐蚀、振动、撞击效应比较敏感。因此，在鉴定钢结构的可靠性时，必须进行检测。

《钢结构工程施工质量验收规范》（GB 50205—2020）中对钢结构施工的各方面质量检测标准都做了详尽的规定，按其检测目的不同可分为三类，材料强度分析、外观尺寸检测和结构探伤。在外观尺寸检测中只需利用钢尺、塞尺和水准仪等测量设备对构件和结构的外观尺寸进行检测，然后对照规范中给定的偏差范围进行鉴定；对于材料强度分析和结构探伤方法未做详细叙述，而这两方面又是制约结构安全性的重要因素。以下将就这两方面做简单介绍。

2.4.1 钢材强度的检测

对已建钢结构鉴定和钢结构工程事故进行诊断时，为了解结构钢材的力学性能，特别是钢材的强度，最好的方法是在结构上截取试样，由拉伸试验确定相应的强度指标。但这样会损伤结构，影响其正常工作，并需要进行补强。一般可采用表面硬度法和化学成分法间接推断钢材强度。

2.4.1.1 表面硬度法

布氏硬度试验的原理是用一定直径 D（mm）的钢球或硬质合金球为压头，在一定的试验力 F（N）作用下，压入试样表面（图 2-34），经过规定的保持时间 t（s）后卸除试验力，测量压痕平均直径 d（mm），计算压痕球形表面积 A（mm^2），然后通过式（2-61）计算布氏硬度 HB：

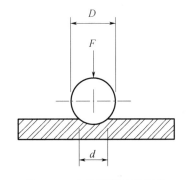

图 2-34　布氏硬度试验原理

$$HBS（HBW）=\frac{0.102F}{A}=\frac{0.204F}{\pi D（D-\sqrt{D^2-d^2}）}$$

（2-61）

式中　HBS——淬火钢球作压头的测量值（通常用于布氏硬度小于 450 的材料）；

　　　HBW——硬质合金球作压头的测量值（通常用于布氏硬度在 450～650 的材料）。

利用钢材的强度和表面硬度的比例关系，通过检测材料的表面硬度进而推算钢材的强度值，其比例关系如下：

低碳钢　　　　　　　　　　$\sigma_b=3.6HB$

高碳钢　　　　　　　　　　$\sigma_b=3.4HB$

低合金钢　　　　　　　　　$\sigma_b=3.25HB$

式中　σ_b——材料的推算强度；

　　　HB——材料的表面硬度值。

当 σ_b 确定后，根据同种钢材的屈服强度比，能够计算钢材的屈服强度或条件屈服强度。

2.4.1.2 化学成分分析法

化学成分分析法是根据钢材中各种化学成分粗略地估算碳素钢强度的方法。使用条件是知道钢材的化学成分，并按下式计算碳素钢的极限强度：

$$\sigma_b=285+7C+0.06Mn+7.5P+2Si+K$$

（2-62）

式中　　　　　 σ_b——材料的推算强度，N/mm^2；

C、Mn、P、Si——材料中碳、锰、磷、硅的含量比例（%），精确至 0.01%；

　　　　　　K——取决于轧制情况，当无冷加工现象时，可忽略不计。

2.4.2　连接构造和腐蚀的检查方法

连接构造的检查应对不同的构件有所侧重，例如屋盖系统应注意支承设置是否完整，支承杆长细比是否符合规定，特别是单肢杆件是否有弯曲、断裂及节点撕裂，铆钉或螺钉是否松动，焊缝是否开裂等；吊车梁系统中应注意检查构件间的相互连接，包括吊车梁与制动结构的连接，制动结构与厂房柱之间以及轨道与吊车梁的连接等。

腐蚀检查应注意检查构件及连接点处容易积灰和积水的部位，经常受漏水和干湿交替作用的部位，有腐蚀介质作用的构件及不易油漆的组合截面和节点的腐蚀状况等。当油漆脱落严重，残留的漆层已没有光泽时，说明钢材可能已生锈。对生锈钢材应查明钢材实际厚度、锈坑深度和锈烂的状况。

2.4.3　结构探伤

结构探伤主要是检测钢材内部的缺陷和焊缝质量。钢材缺陷的性质与其加工工艺有关：如铸造过程可能产生的气孔、酥松和裂纹，锻造过程可能产生的夹层、折叠和裂纹，焊接过程可能产生的气孔、夹渣、未熔合、未焊透和裂纹等。

结构探伤的方法有超声波法、射线法及磁力线法等，目前超声波法是工程中应用最广泛的探伤方法之一。

超声波波长很短，穿透力强，在传播过程中遇到不同介质的分界面会产生反射、折射、绕射和波形转换。超声波像光波一样具有良好的方向性，可以定向发射，犹如一束手电筒灯光，可以在黑暗中寻找到目标一样，能在被检材料中发现缺陷，超声波探伤能探测到的最小缺陷尺寸为波长的一半。

超声波探伤又可分为脉冲反射法和穿透法，脉冲反射法是根据波的反射信息来检测构件的缺陷。脉冲反射法使用一个探头，兼做发射和接收使用，操作方便，可以检出大多数缺陷，是目前最常用的一种方法。穿透法是依据脉冲波或连续波穿透试件之后的能量衰减变化规律来判断缺陷情况的一种方法，穿透法使用两个探头，一个发射，一个接收，分别放置在试件的两侧，其灵敏度不如脉冲反射法。

下面以脉冲反射法为例，介绍钢材和焊缝的探伤过程。

2.4.3.1　钢材缺陷探伤

钢材缺陷探伤采用平探头纵波探伤，探头轴线与其端面垂直，超声波与探头端面或钢材表面成垂直方向传播，如图 2-35 所示。超声波通过钢材上表面，缺陷及底面时，均有部分反射回来，超声波传播路程不同，回到探头的时间不同，在示波器上将分别显示反射脉冲，名称为始脉冲、伤脉冲和底脉冲；如钢材中无缺陷则无伤脉冲显示。示波器上各反射脉冲间距比等于试件表面到缺陷的间距比，由此可断定缺陷的位置。另外，利用这个原理，精确的数字超声波测厚仪可以方便地测出已锈蚀钢板剩余厚度，以便鉴定结构的安全指标。

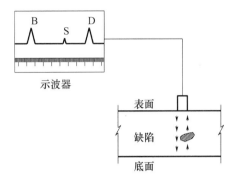

图 2-35　脉冲反射法探伤示意图

2.4.3.2　焊缝探伤

焊缝探伤主要采用斜探头横波探伤，斜探头使声波束倾斜入射，斜探头的倾斜角有多种。使用斜探头法发现焊缝中的缺陷与用直探头法探伤一样也是根据在始脉冲与底脉冲之间是否有伤脉冲来判断，常采用钢质三角试块比较法来确定具体位置。其具体方法是：预先准备截面为直角三角形的钢质试块，如图 2-36 所示，使三角形试块的一个锐角与波束入射角相等。当在被测试件上发现焊缝缺陷时，记录探头在试件上的位置及始脉冲与伤脉冲的间距，然后将探头移至三角形试块的斜边，通过移动探头，使得在三角形试块上的始脉冲与底脉冲的间距，等同于被测试件上始脉冲与伤脉冲的间距，则三角形试块上 A 点与探头的位置关系，等同于被测试件上缺陷与探头的位置关系，由此可确定焊缝中的缺陷位置。

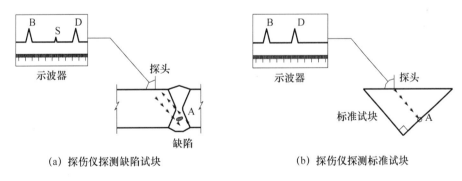

(a) 探伤仪探测缺陷试块　　　　　　　　　　(b) 探伤仪探测标准试块

图 2-36　斜向探头探测缺陷位置

超声法检测比其他方法（如磁粉探伤、脉冲反射法、射线探伤等）要有利于现场检测。钢材密度比混凝土密度大得多，为了能够检测钢材或焊缝较小的缺陷，要求选用比混凝土检测频率高的超声频率，常用的为 0.5～2MHz。

焊缝的内部质量判定参见行业标准《承压设备无损检测　第 3 部分：超声检测》（JB/T 4730.3—2005）以及国家标准《钢焊缝手工超声波探伤方法和探伤结果分级》（GB 11345—2013）的有关规定。

焊缝的外观质量检测参照国家标准《钢结构工程施工质量验收规范》（GB 50205—2020）执行。常用的外观质量名词有气孔、夹渣、烧穿、焊瘤、咬边、未焊透、未融合等。

气孔是指焊条熔合物表面存在的人眼可辨的小孔。

夹渣是指焊条熔合物表面存在有熔合物锚固着的焊渣。

烧穿是指焊条熔化把焊件底面熔化，熔合物从底面两焊件缝隙中流出而形成焊瘤的现象。

焊瘤是指在焊缝表面存在多余的（受力不起作用）像瘤一样的焊条熔合物。

咬边是指焊条熔化时把焊件过分熔化，使焊件截面受到损伤的现象。

未焊透是指焊条熔化时焊件熔化的深度不够，焊件厚度的一部分没有焊接的现象。

未融合是指焊条熔化时没有把焊件熔化，焊件与焊条熔合物没有连接或连接不充分的现象。

2.4.3.3　磁粉与射线探伤方法

磁粉探伤的原理是：铁磁材料（铁、钴、镍及其合金）置于磁场中，即被磁化。如果材料内部均匀一致而截面不变，则其磁力线方向也是一致和不变的；当材料内部出现缺陷，如裂纹、空洞和非磁性夹杂物等，由于这些部位的导磁率很低，磁力线便产生偏转，即绕道通过这些缺陷部位。当缺陷距离表面很近时，此处偏转的磁力线就会有部分越出试件表面，形成一个局部磁场。这时将磁粉撒向试件表面，落到此处的磁粉即被局部磁场吸住，于是显现出缺陷的所在。

射线探伤有 X 射线探伤和 γ 射线探伤两种。X 射线和 γ 射线都是波长很短的电磁波，具有很强的穿透非透明物质的能力，并能被物质所吸收。物质吸收射线的程度，随物质本身的密实程度而异。材料越密实，吸收能力越强，射线越易衰减，通过材料后的射线越弱。当材料内部有松孔、夹渣、裂缝时，则射线通过这些部位的衰减程度较小，因而透过试件的射线较强。根据透过试件的射线强弱，即可判断材料内部的缺陷。

钢结构的无损检测，除了超声波、磁粉和射线探伤外，还有渗透法和涡流探伤等。

当结构经受过 150℃ 以上的温度作用或受过骤冷骤热作用时，应检查烧伤状况，必要时应采取试样试验以确定钢材的物理力学性能。

2.4.3.4　钢材锈蚀检测

钢结构在潮湿、存水和酸、碱、盐腐蚀性环境中容易锈蚀。锈蚀导致钢材截面变薄，承载力下降。因此，钢材的锈蚀程度可由截面厚度的变化来反应。检测钢材厚度的仪器有超声波测厚仪和游标卡尺，精度均达 0.01mm。

超声波测厚仪采用脉冲反射波法。超声波从一种均匀介质向另一种均匀介质传播时，在界面会发生反射，测厚仪可测出探头从发出超声波到收到反射回波的时间。超声波在各种钢材中的传播速度已知，或通过实测确定，由波速和传播时间测算出钢材的厚度。在数字超声波测厚仪上，厚度值会直接显示出来。

2.4.4　钢结构承载能力和构造连接的鉴定评级

当钢结构构件（含连接）的安全性等级按承载能力评定时，按国家标准《民用建筑可靠性鉴定标准》（GB 50292—2015）中的规定，分别评定每一验算项目的等级，然后取其中最低等级作为该构件承载能力的安全性等级。评定标准见表 2-11。

表 2-11　钢结构构件（含连接）承载能力等级评定标准

构件种类	承载能力评定标准			
	$R/\gamma_0 S$			
	a_u 级	b_u 级	c_u 级	d_u 级
主要构件及节点、连接域	$\geqslant 1.0$	$\geqslant 0.95$	$\geqslant 0.90$	<0.90 或当构件或连接出现脆性断裂、疲劳开裂或局部失稳变形迹象时
一般构件	$\geqslant 1.0$	$\geqslant 0.90$	$\geqslant 0.85$	<0.85 或当构件或连接出现脆性断裂、疲劳开裂或局部失稳变形迹象时

2.5 受火（高温）后结构现场检测技术

近年来，随着社会和经济的发展，火灾已成为威胁公共安全，危害人们生命财产的一种多发性灾害。火灾每年夺走成千上万人的健康和生命，造成数以亿计的经济损失。

在社会生活中，引起火灾的因素在不断增加，且越来越复杂。随着建筑物的高层化、大规模化及用途的复合化，火灾的频率和规模都日趋扩大，火灾所造成的损失也日益严重。

统计资料表明，在各种火灾事故中，占首位的是建筑火灾。建筑物一旦发生火灾，如未能及时扑救，除了烧毁生活和生产设施，威胁人的生命以外，还可能造成建筑结构的破坏，甚至导致建筑物倒塌，造成人民生命和财产的重大损失，有时还会造成巨大的社会和政治影响。建筑火灾突出的特点是：

（1）城乡居民住宅火灾死亡人数占比大。仅 2019 年全年共接报城乡居民住宅火灾 10.4 万起，死亡 1045 人，占全年因火灾造成死亡总人数的 78.3%，远超其他场所死亡人数的总和。

（2）高层建筑火灾呈多发之势。仅 2019 年，全国就发生高层建筑火灾 6974 起，同比上升 10.6%。值得注意的是，在其他火灾类型数量均下降的情况下，高层建筑火灾数量呈上升趋势。高层建筑层数多、竖向管井密布、功能复杂、人员密集、火灾负荷大，起火后易造成大面积充烟和立体燃烧，给火灾防控和灭火救援工作带来严峻挑战。

（3）商场、住宅、宾馆饭店及公共文化娱乐场所火灾损失惨重。仅 2019 年，商业场所发生火灾 6015 起；宾馆饭店发生火灾 5872 起；学校发生火灾 722 起；医院养老院发生火灾 346 起；公共娱乐场所发生火灾 384 起。

此外，在实际的混凝土结构中，如核反应堆压力容器和安全壳，常处于 60～120℃ 的环境中；冶金和化工车间受高温辐射的混凝土吊车梁，温度可达 200℃，也会对混凝土结构造成损伤。

在各种建筑结构中，钢筋混凝土结构在工业与民用建筑中应用最广泛。同木结构、钢结构相比，钢筋混凝土结构的耐火性能较好，但在火灾作用下，钢筋混凝土结构承载

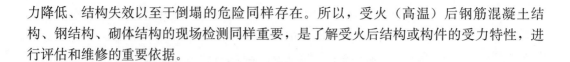

力降低、结构失效以至于倒塌的危险同样存在。所以，受火（高温）后钢筋混凝土结构、钢结构、砌体结构的现场检测同样重要，是了解受火后结构或构件的受力特性，进行评估和维修的重要依据。

2.5.1 火灾后建筑物火灾温度的确定

在对火灾后建筑结构损伤程度进行评估时，首先必须确定结构物曾达到的最高温度，进而才能确定结构构件的温度场，分析高温对材料性能和建筑结构承载能力的影响。因此，火灾后建筑物遭受火灾温度的判定是一项重要内容。但是由于火灾情况的复杂性，特别是由于火、烟、气、燃烧物、房屋结构以及消防的影响，确定建筑物的火灾温度是一项困难工作。

这里，结合有关文献，介绍几种建筑物火灾温度的确定方法。

2.5.1.1 根据火灾燃烧时间推算火灾温度

1. 标准火灾升温曲线

建筑物室内火灾的发展过程大致如图 2-37 所示。

通常，火灾的发展过程可划分为三个阶段：火灾形成阶段、火灾旺盛阶段和火灾衰减熄灭阶段。图 2-37 中的 $O—A$ 阶段即火灾形成阶段。在此阶段，因火源、着火物、起火条件等不同，呈现出不同的性状。一般情况下，这时火势不稳定，燃烧面积小，并向四周蔓延，火灾温度上升较慢。这个阶段约持续 5～20min，室内平均温度不高。

当火灾持续一定时间后，房间顶棚下充满热烟气，在某些条件下烟气将使顶棚下着火，从而导致室内绝大部分可燃物起火燃烧，全室都着火，这种现象称为骤燃。这时，室内温度迅速上升，可燃物充分燃烧，室内温度可达 1000℃ 左右。此即第二阶段，即火灾旺盛阶段（图 2-37 中的 $A—B$ 阶段）。这时燃烧已经蔓延到整个房间，可燃物充分燃烧，燃烧稳定，对建筑物损伤最为严重。这个阶段时间的长短主要同可燃物种类和数量有关，可燃物越多，燃烧时间越长；单位发热量高的可燃物越多，温度

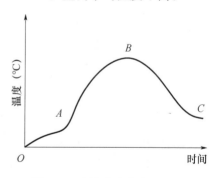

图 2-37　室内火灾的发展过程

就越高。同时这个阶段的持续时间还与燃烧条件有关。门窗开口面积大，通风条件好，氧气供给充足，火灾温度高，则火灾燃烧时间短，反之，门窗开口面积小，通风条件差，则火灾燃烧时间长而温度低。

第三阶段是火灾衰减熄灭阶段，即图 2-37 中 $B—C$ 阶段。这一阶段明火面积开始减少或可燃物已基本烧完，燃烧自行减弱或熄灭，室内温度也逐渐下降。

试验及理论分析表明，室内火灾的温度-时间关系与火灾荷载（表示可燃物的多少）、房间尺寸及形状、开口面积、壁面材料的热效应等很多因素有关。

影响火灾温度和火灾燃烧时间的因素很多，每次火灾也都不一样。由于建筑物火灾的复杂性，国际标准化组织（ISO）制定了标准的温度-时间曲线（又称标准火灾升温曲

线，图 2-38），以便对建筑结构提出统一的抗火要求，并作为建筑构件抗火试验的依据。

所谓的标准温度-时间曲线是指按特定的加温方法，在标准的试验室条件下，所表达的现场火灾发展情况的一条理想化了的理论试验曲线。这条曲线是明显的单调升温过程，在起火 30min 内升温极快，此后升温速度渐减，但没有降温阶段。它既不可能代替建筑物的真实火灾温度，又与室内燃烧试验的结果有较大差别。

国际标准化组织的标准温度-时间曲线可按公式（2-63）计算：

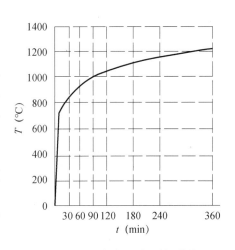

图 2-38　ISO 标准温度-时间曲线

$$T - T_0 = 345 \lg (8t + 1) \qquad (2\text{-}63)$$

式中　T——在时间 t 时的炉温，℃；

　　　T_0——加温前炉内温度，℃；

　　　t——时间，min。

我国采用国际标准化组织的标准火灾升温曲线，各种建筑材料和结构耐火性能试验都根据标准火灾升温曲线进行，从而可确定各种建筑材料和结构的耐火时间或耐火等级。

为了便于设计使用，表 2-12 中给出了国际标准化组织建议的标准火灾升温曲线中某些确定时间下的温度值。

表 2-12　国际标准化组织建议的标准火灾升温曲线中某些确定时间下的温度值

时间（min）	1	2	3	5	10	15	30	60	90	120	180
升温（℃）	329	424	482	556	659	718	821	925	986	1029	1090

2. 升温时间的确定

火灾的发生是可燃物引起的。可燃物分为固定可燃物和容载可燃物。固定可燃物可通过建筑施工图查得。原有容载可燃物应通过使用者的调查获得，然后扣除火场燃烧剩下的可燃物量即可估计出实耗可燃物数量。实耗可燃物总发热量称为火灾实耗总热负荷，由下式得到：

$$Q = \sum G_i H_i \qquad (2\text{-}64)$$

式中　Q——实耗热负荷，MJ；

　　　G_i——第 i 种实耗可烧物质量，kg；

　　　H_i——第 i 种实耗可燃物单位发热量，MJ/kg。

可燃物单位发热量可参阅有关文献。

得到火灾实耗总热负荷后，可得到换算室内燃烧时间为当量标准升温时间的计算公式：

$$t = 0.0544 \frac{Q}{\sqrt{A_w A_T}} \qquad (2\text{-}65)$$

式中　t——当量标准升温时间（min），是把一般室内火灾的燃烧时间按对结构构件的损伤程度相等为原则，换算成标准升温条件下的升温时间；

　　　A_w——房间的开窗面积，m²；

　　　A_T——天棚和墙壁的总面积（不包括窗户总面积），m²。

3. 确定火灾温度

根据上述方法求出火灾燃烧持续时间后，可按标准火灾升温曲线查出火灾温度，或根据国际标准化组织所确定的标准火灾升温曲线式（2-63）计算出火灾温度。

2.5.1.2 现场检查法判断火灾温度

通过对火灾现场残余物和结构构件的表观进行检查，可对火场温度有一个较为近似的推断。建筑物上的装饰材料，室内的设备、门窗、砖、墙等在不同的火场温度下其形态和性质会有很大的差别。根据建筑物内可燃物的数量、性质、着火位置、着火时间、通风情况等可预估火灾规模。通过混凝土构件表面颜色、表面疏松、龟裂、爆裂的变化情况以及现场残余物的性状对火场温度加以判断。外观检查的特点是直接、迅速，但由于主要依据现场经验，准确性不够。

1. 根据现场残留物的烧损特征判断火灾温度

各种材料都有各自的特征温度，如燃点温度和熔点温度。因此，通过检测火灾现场残留的各种材料燃烧、熔化、变形情况和烧损程度可估计火灾温度。

各种材料的软化点、燃点、熔化、变形、烧损情况分别见表 2-13～表 2-17。

一般火灾发生后，现场难以保存完好，因此检查现场残留物要及时，要以火灾前的位置来推断该处温度。

室内火灾温度大约以 60℃ 的角度向上分布，所以地面或楼面温度最低，楼板底、梁底和门窗洞口上方过梁处温度最高，应特别注意。

发生火灾时，建筑物各个地方受损害的程度是不相同的。在火场检查残存物时，由已烧损残留物可知火灾最低温度，即可确定火灾温度的下限，但从未燃烧物或未烧损和变形的残留物也可确定火灾最高温度的上限。如在检查中发现铝制炊具如铝锅、铝壶均有不同程度的烧损，表明火灾温度约在 650℃ 以上；检查发现钢管和支架角铁未烧损，火灾温度不超过 700℃；若发现玻璃已烧流淌，估计火灾温度大于 800℃；若发现黄铜装修材料有滴状物形成，表明火灾温度高于 950℃。

表 2-13　建筑用塑料软化点

种类	软化点（℃）	主要制品
乙烯	50～100	地面、壁纸、防火材料
丙烯	60～95	装饰材料、涂料
聚苯乙烯	60～100	防热材料
聚乙烯	80～135	隔热、防潮材料
硅	200～215	防水材料
氟化塑料	150～290	配管支承板
聚酯树脂	120～230	地面材料
聚氨酯	90～120	防水、防热材料、涂料
环氧树脂	95～290	地面材料、涂料

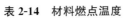

表 2-14　材料燃点温度

材料名称	燃点温度（℃）	材料名称	燃点温度（℃）
木材	240～270	麻绒	150
纸	130	树脂	300
棉花	150	粘胶纤维	235
布匹	200	涤纶纤维	390
乙烷	515	橡胶	130
丁烯	210	氯-醋共聚	443～557
丁烷	405	乙烯丙烯共聚	454
聚乙烯	342	蜡烛	190
聚四氟乙烯	550	木炭	320～370
聚氯乙烯	454	褐煤	250～450
尼龙	424	无烟煤	440～500
酚醛	571	半成焦炭	400～450
乙烯	450	重油	530～580
乙炔	299	煤油	240～290
棉布	200	汽油	280

表 2-15　金属材料变态温度

材料名称	代表物件	高温后的变态	温度（℃）
铅	铅管、蓄电池、玩具	锐边变圆、有滴状物形成	300～350
锌	生活用品、小五金、镀锌材料	有滴状物形成	400
铝及铝合金	生活用品、门窗配件、装饰材料	有滴状物形成	650
银	餐具、银币	锐边变圆、有滴状物形成	950
黄铜	小五金、门拉手、锁、装饰材料	锐边变圆、有滴状物形成	950
青铜	窗框、工艺品	锐边变圆、有滴状物形成	1000
紫铜	电线、铜币	方角变圆、有滴状物形成	1100
铸铁	管子、暖气片、机具等	有滴状物形成	1100～1200
低碳钢材	管子、支架、家具等	扭曲变形	＞700

表 2-16　油漆材料烧损情况

温度（℃）	＜100	100～300	300～600	＞600
一般调和漆	表面附着油烟和黑烟	有裂纹和脱皮	变黑、脱落	烧光
防锈油漆	完好	完好	变色	除防火涂料外均烧光

表 2-17　玻璃变态温度

名称	代表物件	变态情况	温度（℃）
玻璃器具	玻璃砖、缸、瓶、杯和装饰品等	软化、黏着	700～750
		变圆	750
		流动	800

续表

名称	代表物件	变态情况	温度（℃）
片状玻璃	门窗玻璃、玻璃板等	软化、黏着	700～750
		变圆	800
		流动	850

2. 根据混凝土表面颜色及外观特征推定火灾温度

混凝土受到高温作用后，其表面颜色和外观特征均发生变化，由此可大致推断混凝土的表面温度。外观检查包括抹灰层脱落情况、混凝土表面颜色变化、剥落及露筋程度，不同温度下混凝土表观颜色及特征见表2-18。

表 2-18　混凝土表观颜色及特征

火灾温度（℃）	混凝土表观颜色变化	混凝土表面裂纹	锤子敲击	剥落
＜300	局部有红斑，能刮掉	无裂纹	清脆响亮	无
300～400	出现均匀粉红色	少量裂纹，最宽为 0.1～0.2mm	较清脆响亮	无
500～600	暗红色和浅粉红色	表面裂纹较多，最宽为 0.3～0.4mm	局部较闷，不清脆	无
600～700	粉红色略带灰白	大量不规则裂纹，部分试件明显龟裂，最宽 0.4～0.6mm	较闷，不清脆，局部有破裂声	棱角少量剥落
700～800	灰白色为主	较长横向缝，最宽 0.5～0.7mm	声音闷、较明显破裂声	棱角少量剥落
800～900	灰白，显黄色	大量开裂，侧面有横向贯通，表面少量鼓泡，最宽 0.6～0.8mm	声音闷、较明显破裂声	棱角表面均有剥落
＞900	浅黄色	严重开裂，多处鼓泡，横向泡较多，最宽 1.0mm	声音闷、较明显破裂声	剥落、露筋严重

2.5.1.3　碳化深度检测法判断火灾温度

碳化是混凝土由碱性变成中性的标志。除了在大气环境中，混凝土受到周围环境二氧化碳影响发生碳化外，混凝土在火灾温度达 500～600℃ 时，混凝土中的氢氧化钙加速进行热分解，而使混凝土呈中性，形成火灾碳化，其反应式如下：

$$Ca（OH）_2 \xrightarrow{500℃以上} CaO + H_2O$$

$$CaO + CO_2 \longrightarrow CaCO_3$$

因此，根据试验研究的碳化速度的增长范围可推断混凝土构件的受火温度。对高温后混凝土构件进行检测时，可根据受高温后混凝土构件与同龄期未受火混凝土构件进行的碳化深度的对比，检测所得到的碳化深度比值的大小，从而推断混凝土构件的受火温度。江苏省建筑科学研究院经过模拟试验，得出了混凝土构件烧损厚度与火灾温度的关系，见表2-19。

表 2-19　混凝土构件在经历不同温度时的烧损厚度

火灾温度（℃）	556	795	857	925	986	1030
烧损厚度（mm）	1.3～1.4	4.3～5.0	6.0～9.0	11.0～16.0	20.0～26.0	26.0～30.0

2.5.1.4 热分析法判断火灾温度

热分析法是根据混凝土构件受火时发生的一系列不可逆的物理、化学变化，通过对灾后材料再受热的表现来判断混凝土构件在火灾中所受的温度范围，共有以下几种分析方法。

1. 差热分析法（DTA）

差热分析法是在程序控制温度下，测量试件和参照物的温度差与温度关系的一种技术。这里的参照物是指在一定温度下不发生分解、相变破坏的物质。当试件发生了某种物理、化学变化时，所释放或吸收的热量使试件温度高于或低于参照物的温度，从而在相应的差热曲线上可得到放热峰或吸热峰。

2. 差示扫描法（DSC）

与差热分析法相似，只是在程序控制温度下，测量的是输入被测物和参照物的功率与温度关系。如在 DSC 试验时，试样在 100℃左右无峰值出现，而在 480℃时产生了吸热峰，则说明该试样经受的温度在 100~400℃。

3. 热重分析法（TGA）

热重分析法是在程序控制温度下，测量物质质量与温度关系的一种技术。当试件发生了某种物理化学变化时，由于物相变化，例如水分、CO_2 的释放，导致试件的失重或增重。从而建立试件质量变化与温度的关系。

4. 热光试验

热光试验是通过检测遭受火灾后的混凝土构件中的砂子的残余受热发光量来实现的。在相同温度下，受热发光量降低较多，则说明混凝土的强度下降很多。从而可以建立发光量的变化与温度的关系。

以上几种方法的优点是检测结果可以很快得出，并且可靠性高，试件制作容易（只需要钻取一个很小的洞），但是这类方法需要专用设备和技术。

2.5.1.5 化学分析法判断火灾温度

化学分析主要是检测硬化水泥浆体中是否残留结合水或者混凝土中是否残留氯化物。结合水的分析方法最早由日本人提出，它是用凿子将每层厚度为 1~10cm 的混凝土表层凿掉，收集粉末，去掉试样中的砂子，将水泥粉末加热并且测定结合水的含量，根据残留结合水含量与温度之间的关系，可以估算出混凝土构件的温度梯度和强度的损失。

另外，在火灾过程中，含氯化物的物品燃烧释放出氯离子，而氯离子对混凝土有侵蚀作用。根据含氯离子的混凝土深度与温度的关系可以推测混凝土表面受火温度和持续时间。但是，氯化物最早存在于混凝土表面 5~10mm 处，随后将扩散到混凝土更深的部位，并且可能腐蚀钢筋。因此，测定结合水含量较测定氯离子含量更加准确些。

2.5.1.6 热发光法判断火灾温度

最早提出用热发光法检测火灾混凝土的是英国的 Lain Alasdair MacLeod 教授。中国科学院地质研究所将该方法应用于工程检测，取得了良好的效果。热发光是岩石、矿物受热而发光的现象。其特点是：

（1）不同于一般矿物的赤热发光（可见光），在赤热之前（一般指 0～400℃），由矿物晶格缺陷捕获电子而储存起来的电离辐射能在受热过程中又以光的形式释放出来。

（2）发光的不可再现性，即一旦受热发光，冷却后重新加热也不再重现热发光。只有当样品接受一定剂量辐照后才会重现热发光。

石英本身放射性元素含量极微，其热发光灵敏度较强，易于在环境中累积热发光能量，因而，上述热发光特性在石英矿物上尤为明显和稳定。混凝土中的天然石英颗粒，在未受火灾高温前具有的热发光量是在不同环境中经较长地质时期接受辐射剂量所累积的能量。在实验室测定石英矿物都具有反映其辐射历史和环境背景的辉光曲线和由低温、中温到高温的峰形变化特征。当经火灾高温后，石英集存的能量（热发光量）部分或全部地损失掉，而且随受热温度的逐渐升高，低温峰、中温峰至高温峰依次逐渐失掉。当遭受的温度＞400℃时，石英累积的热发光会全部损失殆尽；当温度＜400℃时，就会残存和保留部分热发光量和峰形特征。而 400～500℃恰好是混凝土是否受损的温度范围。

因此，对火灾烧伤的混凝土构件，分别由其表面向内部不同深度来取样，选取混凝土中的石英颗粒，进行热发光量测量，其热发光曲线和峰形变化特征可作为判定其受热上限温度的重要依据。

热发光法的原理是从岩相学借鉴而来的，其优点是检测中只需在构件上钻一个小洞，温度很快就能确定。但若温度＞400℃，由于石英累积的热发光全部损失殆尽，在确定受损后鉴定受损等级上这种方法还存在局限性，所以，热发光法只能判断构件是否受损。另外，热发光法也需要专门的设备和技术。

2.5.1.7 颜色分析法判断火灾温度

受火后混凝土颜色的变化是现场判断火灾温度的一种方法。但由于影响因素较多，该种方法的准确性较差。近年来，一种以色相分析定量判断混凝土温度的方法，得到了发展，完全不同于表观检测中根据表面颜色判断遭受温度的方法。该方法的特点是：引进 HIS（色调、饱和度、亮度）空间，将红光至紫光的色谱等分为 255 份，比较混凝土受火前后色谱上的变化。反射光偏振显微镜所拍摄到的图像被分析软件划分为 512×512 像素，即 262114 个像素点，每个点都有其相对应的色调、饱和度和亮度值。从图 2-39 可见，无论经历高温与否，混凝土的色调值都集中在 0～39，而 40～225 的为零。两种状态混凝土的色调值在分布上有很大差异。受高温（350℃）混凝土的色调值集中在 10～19，20～29 区间陡降，而未受损混凝土则相反。

对受火损伤深度及持续时间的检测而言，色谱分析具有破坏性小、效率高

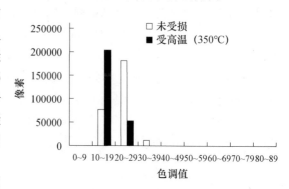

图 2-39 色调值频率变化柱状图

的特点，是一种具有研究前景的检测方法。

2.5.1.8　红外热像检测火灾温度

红外辐射也称为红外线。它是由原子或分子的振动或转动引起的，它是一种电磁波，其波长为 $0.75\sim1000\mu m$。在自然界中，所有绝对零度（$-273℃$）以上的物体都会连续不断地辐射红外能，其数量与该物体的温度密切相关，即红外辐射的数量随温度的增加而迅速增加。利用红外探测器和光学成像物镜接受被测目标的红外辐射能量分布图形反映到红外探测器的光敏元件上，从而获得红外热像图。这种热像图与物体表面的热分布场相对应。此即红外热像技术。

遭受火灾的混凝土材料因其发生一系列相变，材料表面状态和结构随作用温度不同而各不相同，从而使红外辐射发生变化，利用红外热像即可直接读取信息，检测和分析火烧混凝土的红外热像图谱，利用热像仪可以把来自目标的红外辐射转变为可见的图像，可直观分析构件表面的温度，进而推定结构受损情况。

试验表明，混凝土试件受不同温度作用后的红外热像特征及其力学性能变化规律的基本趋势是明显的。火烧温度越高，损伤越严重，红外热像温度越高，受火温度低于 $400℃$ 时混凝土损伤不明显，热像平均温升变化很小，强度略有反弹。$500℃$ 以上的高温对混凝土有较严重的损伤，强度下降迅速，热像温度也明显升高。

红外热像检测是一种新的无损检测方法，是检测与分析混凝土火灾损伤的一种有效、便捷的无损检测方法，具有直观、非接触、高分辨率、灵敏迅速等特点。

2.5.1.9　X衍射推定混凝土所受温度

火灾后混凝土结构构件截面内部的历经最高温度可根据火灾后混凝土材料 X 衍射的特征温度确定，按表 2-20 推定。

表 2-20　X衍射分析

物相特征		特征温度（℃）
水化物基本正常		<280
水泥水化产物水化铝酸三钙脱水	$C_3A(aq)\longrightarrow C_3A+nH_2O$	$280\sim330$
水泥水化产物氢氧化钙脱水	$Ca(OH)_2\longrightarrow CaO+H_2O$	580
砂石中 α-石英发生变相	$\alpha\text{-}SiO_2\longrightarrow\beta\text{-}SiO_2$	570
骨料中白云石分解	$CaMg(CO_3)_2\longrightarrow CaCO_3+MgO+CO_2\uparrow$	$720\sim740$
骨料中方解石及水泥石碳化生成物分解	$CaCO_3\longrightarrow CaO+CO_2\uparrow$	900

2.5.1.10　电镜分析推定混凝土所受温度

火灾后混凝土结构构件截面内部的历经最高温度也可根据火灾后混凝土材料电镜分析结果的特征温度确定，按表 2-21 推定。

表 2-21　电镜分析推定混凝土所受温度

物相特征	特征温度（℃）
混凝土各骨料物相基本完整，水泥浆体较密实，连续性好	<280
钙矾石分解完毕，少量水化物开始脱水，水泥浆体内部有微裂纹	280～500
石英晶体完整，水泥浆体中水化产物氢氧化钙脱水，浆体开始出现酥松，但仍较紧密，连续性好，氢氧化钙晶型缺损、有裂纹	500～650
水泥浆体已脱水，收缩成为酥松体，氢氧化钙脱水、分解，并有少量氧化钙生成，吸收空气中水分后膨胀	650～700
水泥浆体脱水，收缩成团块板块状，并有氧化钙生成，吸收空气中的水分，内部结构破坏	700～760
浆体脱水放出氧化钙成为团聚体，浆体酥松、孔隙大	760～800
水泥浆体成为不连续团块，孔隙很大，氧化钙增加	800～850
水泥浆体成为不连续的团块，孔隙很大，但石英晶体较完整	850～880
方解石出现不规则小晶体，开始分解	880～910
方解石分解成长方形柱状体，浆体脱水、收缩后孔隙很大	910～940
方解石分解成柱状体，浆体脱水、收缩后孔隙更大	980

2.5.2　火灾温度对建筑结构材料力学性能的影响

在火灾（高温）作用下，建筑材料的性能会发生重要的变化，从而导致构件变形和结构内力重分布，大大降低了结构的承载力。因此，总结与完善火灾对钢筋及混凝土材料物理力学性能的退化规律，是开展混凝土结构抗火性能及火灾后损伤评估与修复研究的基础。

2.5.2.1　高温对混凝土性能的影响

钢筋混凝土材料的高温性能主要包括钢筋和混凝土在高温下和冷却后的强度、弹性模量、变形以及钢筋和混凝土之间的黏结滑移性能等。

1. 混凝土的强度

影响高温混凝土强度的因素很多，主要有加热温度、升温速度、不同温度-应力途径、降温方式、配合比、骨料性质等。

混凝土是由粗细集料和硅酸钙凝胶体组成的。受高温作用时，混凝土将产生热分解，从而改变了混凝土的力学和热学性能。混凝土受到高温作用时脱水，将导致水泥石收缩，而骨料则随温度升高产生膨胀。两者变形不协调使混凝土产生裂缝，强度降低。在 200℃ 以内时主要是混凝土内自由水的蒸发，这对整个结构外貌没有影响。400℃ 以后，C-S-H 凝胶体开始脱水分解，此时排出的主要是层间水和化学结合水，$Ca(OH)_2$ 大量分解，生成 CaO，混凝土严重开裂。当温度高于 570℃ 时，骨料中的石英组分体积发生突变，混凝土强度急剧下降。

随着受火温度提高，混凝土抗压强度逐渐降低。高温下混凝土强度的降低系数可按表 2-22 取值。混凝土强度降低系数指在温度 T 时抗压强度 $f_{cu,T}$ 与常温下抗压强度 f_{cu} 之比。

表 2-22 高温下混凝土强度的降低系数

温度（℃）	100	200	300	400	500	600	700
降低系数 γ_n	1.00	1.00	0.85	0.70	0.53	0.36	0.20

高温作用后，混凝土的抗压强度和抗拉强度的下降规律不同，抗拉强度损失高于抗压强度。随着温度的升高，拉压比强度减小。常温下拉压比关系不再适合于高温情形。

冷却方式对混凝土的强度有很大的影响，喷水冷却比自然冷却混凝土强度有所降低。这主要是因为遭受高温后，混凝土的抗压强度与混凝土内部结构的物理化学变化有关。当喷水冷却时，混凝土在高温中脱水生成的 CaO 在高温后还会吸水重新生成 $Ca(OH)_2$，从而产生体积膨胀，加上灭火时浇水骤冷，致使混凝土内部结构进一步破坏。当温度达到 900℃后，喷水冷却时，发出很强的劈啪爆裂声，骨料剥落，整体逐渐塌落，抗压强度为零。

2. 混凝土的应力-应变曲线

研究表明，受高温作用的混凝土的应力-应变（σ-ε）曲线与常温下相似。受高温作用的混凝土的应力-应变全曲线随温度升高而渐趋扁平，峰点明显下降和右移。由图 2-40 可以看出，随温度的升高，抗压强度逐渐降低，应变峰值逐渐增大。

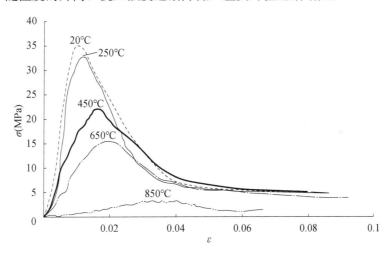

图 2-40 高温后混凝土应力-应变曲线

3. 混凝土的弹性模量

随着温度的升高，弹性模量一般迅速线性下降。因为在高温条件下，混凝土出现裂缝，组织松弛，空隙失水，造成变形过大，弹性模量降低。研究还表明，混凝土加热并冷却到室温时测定的弹性模量比热态时的弹性模量要小。

高温下和高温后混凝土的弹性模量降低系数分别见表 2-23 和表 2-24。该降低系数是指在温度 T 时的弹性模量与常温下弹性模量的比值。

表 2-23 高温下混凝土弹性模量降低系数

温度（℃）	100	200	300	400	500	600	700	800
降低系数 γ_i	1.00	0.80	0.70	0.60	0.50	0.40	0.30	0.20

表 2-24　高温后混凝土弹性模量降低系数

温度（℃）	100	200	300	400	500	600	700	800
降低系数 γ_i	0.75	0.53	0.40	0.30	0.20	0.10	0.06	0.05

2.5.2.2　高温对钢筋力学性能的影响

混凝土结构在火灾温度下的强度计算主要与钢筋在高温下的力学性能有关，所以评估火灾后建筑物的损伤程度时必须了解火灾高温后钢筋性能的变化。国内外的研究表明，钢材在高温中的强度大大低于高温冷却后测得的强度。

1. 钢筋强度

（1）高温中的钢筋强度：常用的普通低碳钢筋，当温度低于 200℃时，钢筋的屈服强度没有显著下降，屈服台阶随着温度的升高而逐渐减小；温度约为 300℃时，屈服台阶消失，此时其屈服强度可按 0.2％的残余变形确定；钢筋在 400℃以下时，由于钢材在 200～350℃时的蓝脆现象，其强度还比常温时略高，但塑性降低。当温度超过 400℃时，强度随温度的升高而降低，但是其塑性增强；当温度超过 500℃时，钢筋强度降低 50％左右；到约 700℃时，钢筋强度降低 80％以上。

低合金钢在 300℃以下时，其强度略有提高，但塑性降低；超过 300℃时，其强度降低而塑性增强。低合金钢强度降低幅度比普通低碳钢筋小。

冷加工钢筋（冷拉、冷拔）在冷加工过程中所提高的强度随温度升高而逐渐减少和消失，但冷加工所减少的塑性可得到恢复。

各类钢筋在高温中的设计强度降低系数可按表 2-25 采用。该降低系数是指在温度 T 时的钢筋强度与常温下钢筋强度的比值。

（2）高温后的钢筋强度：研究表明，高温冷却后钢筋的强度得到适当恢复，此时钢筋的强度比高温下的强度要高出许多。普通热轧钢筋在温度低于 600℃时，高温后钢筋的屈服强度、极限强度基本上与常温下的相同；但是当温度大于 600℃时钢筋表面的脱碳现象会引起钢筋强度的线性降低。冷加工钢筋在温度低于 420℃时强度没有降低，温度高于 420℃时呈线性降低。

高温后钢筋的冷却方式主要有自然冷却和喷水冷却两种，但目前一般在火灾下常用的冷却方式是喷水冷却。研究结果发现冷却方式对高温后普通钢筋强度影响不大，一般可不予考虑。

表 2-25　高温中钢筋强度降低系数

高温（℃）		100	200	300	400	500	600	700
降低系数 γ_g	普通低碳钢筋	1.00	1.00	1.00	0.67	0.52	0.30	0.05
	低合金钢筋	1.00	1.00	0.86	0.75	0.60	0.40	0.20
	冷加工钢筋	1.00	0.84	0.67	0.52	0.36	0.20	0.05

2. 钢筋的弹性模量

（1）高温中的钢筋的弹性模量：试验研究表明，弹性模量是一个比较稳定的物理量，虽然随着温度的升高而降低，但与钢材的种类及钢筋的级别关系不大。高温下钢筋的弹性模量的降低系数见表 2-26。该降低系数是指在温度 T 时的钢筋弹性模量与常温下钢筋弹性模量的比值。

表 2-26　高温下钢筋弹性模量降低系数

温度（℃）	100	200	300	400	500	600	700
降低系数 β_y	1.00	0.95	0.90	0.85	0.80	0.75	0.70

（2）高温后的钢筋弹性模量：已有研究表明，钢筋在火灾后的弹性模量无明显变化，可取常温时的值。

2.5.2.3　高温对钢筋和混凝土黏结性能的影响

钢筋与混凝土之间的黏结力主要由混凝土硬化收缩时将钢筋握裹而产生的摩擦力、钢筋表面与水泥胶体的胶结力、混凝土与钢筋接触面上凹凸不平的机械咬合力组成。当钢筋混凝土结构遭受火灾后，混凝土和钢筋间的黏结性能在高温作用下将由于混凝土表面龟裂、强度退化等因素而变劣，这对钢筋混凝土构件的刚度、裂缝和承载力都有重要的影响。高温对钢筋与混凝土的黏结性能的影响，主要与下列因素有关。

1. 高温下与高温中

在加热时，由于混凝土的热膨胀系数比钢筋膨胀系数小，则混凝土挤压钢筋，从而使钢筋与混凝土之间的黏结力增大。但加热条件下混凝土抗拉强度随温度的升高而显著降低，这样就降低了混凝土同钢筋之间的黏结力。

高温冷却后钢筋收缩，减少了钢筋与混凝土间的摩擦力和咬合力，而且由于混凝土抗拉强度的继续下降，这时黏结性能比高温中差，但其极限滑移量比高温中有所增长。

2. 变形钢筋与光圆钢筋

在高温下光圆钢筋与混凝土的黏结力比螺纹钢筋要降低得多，在100℃高温后光圆钢筋与混凝土的黏结力降低约25％；在200℃时，要降低45％；当温度在300～400℃时，钢筋与混凝土的黏结力显著下降，当混凝土处于300～400℃时，水泥凝胶体破坏，钢筋与混凝土接触面的胶着力和摩擦力将显著下降，从而引起黏结应力的陡降；到500℃高温后则完全丧失黏结力。

变形钢筋的黏结能力主要取决于钢筋表面凸出的肋与混凝土的机械咬合力，而这种咬合力的大小主要取决于钢筋外围混凝土的环向抗拉强度。变形钢筋在300℃高温后与混凝土的黏结力几乎没有降低；到450℃高温后约降低25％；500～600℃时下降幅度较大，因为温度在500～600℃时，混凝土的凝胶体和粗骨料发生显著破坏，从而引起抗拉强度的急剧下降，所以变形钢筋的黏结强度在温度550℃左右下降最快；700℃时降低80％。高温下钢筋与混凝土的黏结力降低系数可按表2-27采用。

表 2-27　高温下钢筋与混凝土之间的黏结力降低系数

温度（℃）		100	200	300	400	500	600	700	800
降低系数 τ_c	光面钢筋	0.75	0.55	0.40	0.23	0.05	—	—	—
	螺纹钢筋	1.00	1.00	0.85	0.65	0.45	0.22	0.10	0.05

3. 冷却方式

冷却方式对钢筋和混凝土的黏结强度有很大的影响，冷却方式通常分为自然冷却和喷水冷却两种。研究结果表明，随温度的升高，自然冷却和喷水冷却黏结试件的极限黏结应力都会逐渐减小，极限滑移逐渐增大，同时，与自然冷却试件相比，喷水冷却试件的黏结强度有较大幅度的降低，其能提供的滑移量也有明显的减少。

2.5.3 火灾后建筑结构的现场检测

火灾后的现场检测，是合理评估火灾后钢筋混凝土结构损伤程度的基础。现场检测的内容，包括火灾后混凝土的烧伤深度、混凝土结构的变形和混凝土的强度。由于火灾后混凝土性能的复杂性，一些检测方法需要进一步完善。

2.5.3.1 火灾混凝土损伤的特点

火灾混凝土损伤与一般混凝土的缺陷不同。火灾造成的混凝土缺陷有如下特点：

(1) 受损部位疏松，且疏松程度由表及里。在火灾过程中，混凝土结构表面遭受高温灼烧，温度梯度从外向内递减。混凝土中的砂浆和骨料在一定温度下会产生不同的物理化学变化，100℃时混凝土内的自由水会以水蒸气形式溢出；200～300℃时 CSH 凝胶（水化硅酸钙）的层间水和硫铝酸钙的结合水散失；500℃左右 $Ca(OH)_2$ 受热分解，其结合水散失；而 800～900℃时 CSH 凝胶已完全分解，原来意义上的砂浆已不复存在。骨料的变化主要是物理变化，573℃时硅质骨料体积膨胀 0.85％；700℃时碳酸盐骨料和多孔骨料也有类似损坏，甚至突然爆裂。

(2) 有纵、横向裂缝产生。裂缝产生有两个原因，即在升温和降温过程中膨胀或收缩不均匀以及受弯构件在受损后受弯部分变形过大。裂缝的数量和宽度与受损程度成正比。其大致状况为，400～500℃时，表面有裂缝，纵向裂缝少；600～700℃时，裂缝多且纵、横向均有，并有斜裂缝产生；高于700℃时，纵、横向及斜裂缝多且密，受弯构件混凝土裂缝深度可达 1～5mm。

(3) 表面有爆裂。造成火灾混凝土的爆裂主要有两个原因，即热应力机理和蒸汽压机理。混凝土在升温和降温过程中或灭火时的急速冷却，都可使混凝土形变不均，局部受压或受拉引起爆裂，这就是热应力机理。蒸汽压机理为，在混凝土升温中不断有自由水、层间水和结合水以水蒸气形式释放，而混凝土本身是一个致密结构，这个特点使得水蒸气散逸出混凝土表面有一定困难，所以当水蒸气的膨胀应力积累到一定程度后，会引起混凝土表面爆裂。

2.5.3.2 火灾后混凝土的烧伤深度

在火灾后进行截面复核时，必须扣除烧伤混凝土截面的尺寸，所以混凝土的烧伤深度是灾后现场实测的主要内容之一。

在实际工程中，通常通过实测混凝土碳化（中性化）深度来确定烧伤深度。检测时，通常采用酚酞酒精溶液检查混凝土的中性化深度即烧伤深度。检测方法和原理参见本书 2.2.5 中有关内容，这里不再赘述。

2.5.3.3　火灾后混凝土结构变形

火灾导致的混凝土结构的挠度和变形，火灾后一般情况下都能恢复。在检查时，如发现构件变形过大，说明结构经历的火灾温度很高（超过 450℃），钢筋与混凝土的黏结力已经受到明显的破坏，从而使结构产生较大的残余变形。这时，应立即采取临时加固措施，防止结构倒塌。

测量火灾后构件是否变形的方法比较简单，沿结构杆件断面的几何轴线拉一直线，直接用钢尺量取残余变形值。

2.5.3.4　火灾后混凝土的强度

高温后的混凝土强度大幅度下降，直接影响结构的承载能力。但如何检测和评定，目前还没有专门方法和检测混凝土强度的仪器。在工程实践中对它的研究是十分迫切的，这也是对火灾后混凝土构件结构进行修复和加固的前提。从混凝土无损检测方法中借鉴过来的有钻芯、回弹、超声波、回弹-超声波综合等检测方法，由于混凝土受火后的特点，难以确定检测值与混凝土构件强度之间的相关关系，从而影响检测精度。而一些新的对混凝土结构损伤评估检测方法，如颜色分析法、红外热像法、电化学分析法等仍需进一步研究。

1. 表面观测法

火灾后混凝土构件强度的表面观测方法是根据灾后混凝土构件表面颜色、表面裂纹和剥落情况，主要方法是采用锤子敲击、铁杆凿击等进行的。并且在敲击过程中，辅以听辨混凝土回声的清脆或沉闷与否，综合确定混凝土的强度。同济大学陆洲导研究了敲击法检测混凝土强度的方法，其结果见表 2-28。

表 2-28　敲击法检测混凝土强度表

混凝土强度（MPa）	检测方法	
	锤击	敲击
<7	混凝土声音发闷，留下印痕，印痕边缘没有塌落	比较容易打入混凝土内，深达 10～15mm
7～10	混凝土声音稍闷，混凝土粉碎和塌落留印痕	陷入混凝土 5mm 左右
10～20	在混凝土表面留下明显印痕，在混凝土周围打掉薄薄的碎片	从混凝土表面凿下薄薄的碎片
>20	混凝土声音响亮，在混凝土表面留下不大明显的印痕	留下印痕不深，表面无损坏，在印痕旁留下不大明显的条纹

2. 回弹法

回弹法是一种利用材料硬度来检测混凝土构件强度和质量的简易仪器，受火后的混凝土构件其内外强度存在差异，弹性模量和强度依据受火温度和持续时间，随混凝土构件受损的深度而发生改变。火灾后的混凝土结构构件，各构件不同部位受损程度各不相同，用回弹仪进行受损程度评定和强度估计时，材料变异回弹值离散较大，但可用于测定火灾后受损范围。回弹法不适于遭受火灾后出现剥落的混凝土，因为即使火灾后混凝土表面平整，也可能由于硬度的差异，导致测试结果产生较大的变异性。

回弹法建立在表面硬度和强度之间关系的基础上，而火灾混凝土表面的疏松层使表面混凝土的强度不能与整个混凝土构件的强度画等号。

3. 超声波-回弹综合法

超声波-回弹综合法在火灾混凝土检测中也常被采用。超声-回弹综合法可用于评估火灾混凝土的强度、损伤层深度及受火温度等，但由于火灾混凝土结构的特殊性和复杂性，在实际使用中还存在种种困难。

混凝土经受高温之后表层成为疏松层且有裂缝，这个状况使超声波衰减很大，无论用平测法还是对测法，常常因为两探头相距较远而使波形不稳、首波衰减过大或波形叠加而影响测试。另外，超声波检测对被检测构件的表面平整度要求较高，而表面剥落状况常常在探头的放置上给检测人员带来麻烦。

目前，超声-回弹综合法在火灾混凝土检测中只作为评定手段，还不能评估火灾混凝土的强度。

4. 钻芯法

钻芯法是检测现场未受损混凝土强度较直接和精确的方法，但对于火灾混凝土，有时因构件太小或破坏严重，难以获得完整的芯样。另外，由于火灾混凝土损伤由表及里呈层状分布，而且实际火灾情况错综复杂，在构件上某点所获芯样得到的结论不能代表整个构件其他部位的损伤状况。因此，钻芯法不能直接评估火灾混凝土的残余强度。

5. 红外热像法

火灾混凝土表面状态和组成随遭受的温度不同而发生变化。在一定的环境条件下，不同损伤的混凝土辐射不同数量的红外辐射。使用合适的热像仪能迅速地扫描建筑物或混凝土结构表面，缺陷区域将显示不同的红外辐射结果。利用红外热像仪可直接读取和分析所获信息，从而推断其损伤情况。

混凝土试件遭受较高温度后，表面变得酥松并产生微裂缝。温度越高，表面酥松越严重，微裂缝越多。对被测试件加热时（实验中用功率较大的红外灯作为热源，用强光线对被测物加热），热流在受损部位被阻滞，引起热积聚，因而其热像图与其他部位有差异。遭受较高温度（600℃和800℃）作用的混凝土试件，其红外热像图与未加热和遭受较低温度（低于500℃）试件相比，其损伤是较严重的，相应的热像测量值较高。低于500℃时热像变化不大，高于500℃热像温度明显上升。

将红外热像技术应用于火灾混凝土检测，突破了传统的检测模式，可相当精准地得到混凝土的受火温度和残余强度。但由于测平均温升时必须给被测物提供一稳定热源（实验时用红外灯的强光加热），而在实地检测时，热源加热往往受环境中空气流动的影响而影响检测结果。所以，实地检测时最好能对现场做适当的封闭处理。

6. 电化学分析法

混凝土受到灼烧时，水泥水化产物会脱水分解，尤其是 $Ca(OH)_2$，在温度高于400℃时会脱水形成 CaO，导致混凝土中性化。混凝土在高温过程中水泥水化产物的一系列物理化学变化，在电化学性能方面表现为混凝土表面电势降低，火灾损伤混凝土中性化将导致其内部钢筋钝化膜破坏，钢筋锈蚀电流增大。电化学方法正是通过现场检验火灾混凝土的表面电势来判定其损伤程度的。

同济大学张雄等得到了混凝土表面电动势 E 和混凝土损伤的规律：

$$\begin{cases} E>100\text{mV} & \text{混凝土未损伤} \\ -300\text{mV}<E<-100\text{mV} & \text{混凝土损伤深度小于保护层} \\ E<-300\text{mV} & \text{混凝土损伤深度大于保护层} \end{cases}$$

7. 颜色分析法

颜色分析法在色调值和所遭受的温度及受损深度之间建立关系，只需检测构件样本的色调值，即可推知经历高温的温度和受损深度。检测方法可参见 2.5.1。

2.5.3.5 混凝土材料的微观分析

X 射线衍射分析首先解决待测物的物相组成，并由此推知混凝土中各种成分的原始状况，经历过哪些变化。由特征峰的弥散或明锐程度（通常用峰的半高宽度）表示结晶的好坏。这些信息与混凝土构件受灾损伤的程度相关，从而为评价混凝土构件的强度提供信息。这些物相反应的特征温度（表 2-20）可以帮助判定混凝土小样所在部位的历经温度，而混凝土构件的历经温度一经确定，即可利用混凝土在高温下的折减系数评定火灾混凝土的实际强度。事实上，混凝土中的各种原始材料以及水泥水化产物、碳化产物等都能在火灾中发生各种变化，其热致相变（脱水、分解、高温相反应等）常需要一定的温度，火灾后各种相变产物的检出都可以对混凝土的历经温度提供依据。

扫描电镜观测分析也是近几十年发展起来的现代化分析手段，它着眼于待测物的显微形貌，可放大到十万倍，比普通光学显微镜的分辨率高得多。混凝土材料微观晶格结构拍照立体感极强。当用于火灾后混凝土构件分析时，用电镜分析获得的各种物相显微形貌变化，如玻璃态化、CSH 凝胶的干缩、产生微裂纹，各种水化产物的变化等与物相组成分析配合，可以从混凝土材质的微观结构变化中找出混凝土强度及混凝土破坏的实质。

X 射线衍射分析和电镜观测都采用分层切片法试验。分层切片的厚度视构件火灾损伤状况而定，如果截面温度场或火灾损伤梯度较大，切片厚度宜小，目前的切片厚度一般为 5～10mm。

2.5.3.6 高温对砌体材料力学性能的影响

根据同济大学朱伯龙等对砂浆、砖块和砌体的高温性能进行的研究，得到如下结论。

1. 砂浆

砂浆受高温作用冷却后的残余抗压强度随温度升高而降低，随温度的升高，强度等级高的砂浆，强度下降快，强度等级低的砂浆，强度下降慢。如对于 M10 的砂浆，400℃冷却后的残余强度约为常温的 70%；600℃冷却后的残余强度为常温的 45%；而对于 M2.5 的砂浆，400℃冷却后的残余强度约为常温的 63%；600℃冷却后的残余强度为常温的 33%。

2. 砖块

受高温作用冷却后的残余抗压强度随温度增高而下降。当温度不超过 400℃时，强度下降慢，超过 400℃，强度下降快。经 400℃高温冷却后的强度约为常温的 85%，经 600℃高温冷却后的强度约为常温的 71%，800℃冷却后的强度约为常温的 54%。

3. 砌体

由砖块和混合砂浆组成的砌体，在高温下的抗压强度由于砂浆的强度级别不同而呈现不同的变化规律。在高温下，强度等级低的砂浆（如 M2.5）砌体在温度 400℃ 以下时，强度增长较快，超过 400℃，强度缓慢下降，但在 800℃ 以下，比常温时的强度有较大提高。而高温冷却后，砌体的残余抗压强度在 600℃ 以下变化不大，超过 600℃ 时急剧下降，800℃ 时的残余强度为常温的 53.5%。

与低强度等级砂浆的砌体不同，对于强度等级高的砂浆（M10）的砌体，无论在高温中还是在高温冷却后，砌体抗压强度都随温度的升高而不断下降，而且冷却后的残余强度下降更多，在 800℃ 时残余强度仅为常温的 34.6%。

砌块材料表面特征与温度的关系如表 2-29 所示。

表 2-29　砌块材料表面特征与温度的关系

构件表面最高温度（℃）	外观特征							
	混凝土砌块和砖		黏土砖		水泥砂浆抹面		石灰砂浆抹面	
	颜色	裂损	颜色	裂损	颜色	裂损	颜色	裂损
低于 200	不变	无裂缝	不变	无裂缝	不变	无裂缝	不变	无裂缝
300～500	微粉色	无裂缝	不变	无裂缝	不变	无裂缝	不变	无裂缝
720～800	粉红见灰白	出现裂缝	不变	出现表面细裂缝	玫瑰色	出现细小裂缝	初现灰黄色	薄层煤烟分层
800～850	灰白	出现许多裂缝	不变	表面裂缝增多	浅灰色	出现裂缝	浅黄色	出现裂缝
850～900	浅黄色	裂缝增多、缝扩大	不变	表面裂缝增多	浅灰色	裂缝增多	浅黄色	裂缝增多
900～980	浅黄色	贯通裂缝	颜色转淡	表面裂缝增多	浅黄色	表面剥落	浅灰色	脱落
超过 980	白色	贯通裂缝增多	颜色转淡	严重裂缝	白色	表面剥落	白色	脱落

2.5.4　火灾后对混凝土结构烧损程度的评定

根据火灾后结构的检查，火灾温度及火灾持续时间的推定，可以判断构件材料的变化和承载能力。对建筑结构火灾后受损程度进行评定，是对火灾后建筑物进行修复加固的前提。

混凝土结构受损程度的评定一般按构件受损程度分为如下四个等级。

1. 一般受损的构件

抹灰层、饰面砖或混凝土表面基本完好，无露筋，无构件空鼓，表面颜色无明显变化，构件上无明显裂缝或缺边掉角现象，火灾温度在 400℃ 以下，构件仅仅是过火，对结构承载力基本没有影响的构件，不需加固。

2. 中度受损的构件

抹灰层、饰面砖基本剥落或大面积空鼓，露筋面积较少，混凝土颜色由灰色变为粉红色，构件表面有裂缝，用中等力度锤击时，可打落钢筋保护层，火灾温度为 400～600℃，构件混凝土局部爆裂、露筋，混凝土强度损失小于 30%，结构承载力有所降低，构件残余挠度不超过规范规定值，需一般的加固补强。

3. 严重受损的构件

混凝土颜色变为粉红略带灰白或灰白色，钢筋保护层剥落，混凝土爆裂严重，钢筋

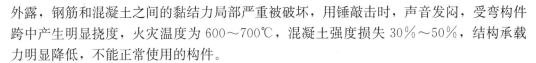

外露，钢筋和混凝土之间的黏结力局部严重被破坏，用锤敲击时，声音发闷，受弯构件跨中产生明显挠度，火灾温度为 600～700℃，混凝土强度损失 30％～50％，结构承载力明显降低，不能正常使用的构件。

4. 危险构件

混凝土表面颜色为灰白色或浅黄色，钢筋保护层严重剥落，构件表面裂缝多而密，钢筋和混凝土的黏结力破坏严重，受弯构件挠度达到破坏标准，裂缝宽度可达 1～5mm，受压区也有明显破坏特征；受压构件失去稳定，局部破坏，混凝土强度损失 60％以上，结构基本破坏，应更换新构件。

2.5.5 火灾后钢结构的现场检测

由于我国绝大部分建筑物是钢筋混凝土结构，建筑物火灾后鉴定方法也主要是针对这类结构。随着钢结构房屋增多，受火灾损伤的可能性也相对增多，本节主要总结和研究钢结构火灾后的分析和鉴定方法。

一般在大火燃烧 20min 后钢屋架、钢梁等钢结构受火灾温度即达 600℃以上，失去承载能力而坍塌。因此就修复加固而言，对坍塌的钢结构检测鉴定已无实际意义，故受火灾温度 600℃以后的钢结构材料及结构性能，这里不予讨论。

2.5.5.1 火灾后外观检查内容

火灾后钢结构外观检查的内容包括以下几个方面。

1. 涂装层

火灾后现场检查时，应注意观察结构构件表面涂装层（如油漆）受火燃烧后的颜色变化，迎火面与背火面油漆颜色的区别，为判断大火的温度及确定钢结构材料火灾后的强度提供依据。

2. 结构变形

变形对结构构件产生不利影响，过大的变形还会使结构丧失承载能力。对于工字形、槽形截面钢梁翼缘腹板、钢屋架，应观察其大火后可能发生的翘曲，侧向弯曲变形；对于钢屋架杆件、钢柱应观察其可能发生的翘曲或屈曲变形。

3. 连接与构造

火灾可能引起支承连接、节点连接损伤，高温还能引起焊缝、铆钉、螺栓产生变形、滑移、松动，这些因素对钢结构构件的整体性、承载力产生严重影响，应仔细检查，确定损伤程度、变形与否。

2.5.5.2 火灾温度的判别方法

火灾温度的判别方法在 2.5.1 中已有详细的介绍，这里仅对钢结构受火后产生的最高温度的判别简要介绍如下。

1. 根据现场燃烧残留物判定

经过一定火灾温度后，一部分材料被烧毁，一部分材料会变形。火灾温度在 200～250℃时，钢结构表面油漆涂装层被烧坏；火灾温度在 300～500℃时，引起钢构件翘

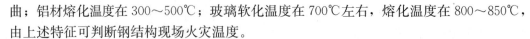

曲；铝材熔化温度在 300~500℃；玻璃软化温度在 700℃左右，熔化温度在 800~850℃，由上述特征可判断钢结构现场火灾温度。

2. 根据标准升温曲线判定

根据升温曲线判别钢结构火灾的温度的方法可参见 2.5.1.1。

3. 根据火灾现场结构混凝土烧伤程度判定

经历大火燃烧后，结构混凝土表面颜色和特征会发生变化，其表面颜色和外观特征均发生变化，由此可大致推断混凝土的表面温度，其推断方法可参见 2.5.1。

4. 根据钢结构损坏现象推算火灾温度

大火燃烧至一定温度时，钢结构中的压杆常常发生压屈破坏，可以通过结构上分布的荷载计算出压杆在高温下的临界压屈力，由此求出火灾时的材料屈服强度，再以此高温时的屈服强度与已知结构材料在常温下的屈服强度进行比较，即可推断压杆压屈时相应于该高温屈服点的构件温度。

2.5.6 火灾后砌体结构的现场检测

砌体结构之所以得到广泛使用，其原因之一就是具有良好的耐火性。砂浆、砖和砖砌体遭受火灾后的材料性能参见 2.5.3.5。

火灾后砌体结构现场检查的内容包括以下几个方面。

1. 变形

首先应检测砌体结构的表面裂缝、面层剥落或其他表面损害，以确定是否对结构造成影响。总的来说，没有过度变形、挠曲、位移或大裂缝的砌体都可以修补，而无须拆除重建。若出现上述缺陷时，表明构件的承载能力可能已经降低，需要换置新的构件。

2. 砖块损坏

在火灾温度不高时，砖块所受影响不大。当火灾温度高于 800℃时，砖块强度约为原强度的 54%，质地酥松。

3. 灰缝损坏

遭受火灾时，灰缝通常比砌块更容易受损。特别是用水冲刷时，有时会把处于脱水状态下的砂浆冲下来。在实际生活中，当遭受严重火灾时，虽然灰缝损坏部分的深度一般不超过 20mm，但灰缝会变软、粉化，400℃时冷却后的残余强度为常温的 70%，800℃冷却后的残余强度为常温的 10%。

4. 砌体的残余强度

高温会对砌体强度造成一定影响。砌体强度的检测，可直接从灾情严重的烧伤区挖取一定数量的砖块进行抗压强度试验。

2.6 现场结构试验

现场结构试验，费时费力，费用高。但是，当按照现场的材料试验结果不能充分地确定结构构件的承载能力时，必须选择这种方法，以便进行比较详细的计算，对结构的承载力进行评定。试验的主要注意力，将集中到试验结构的可疑区段或危险部位。结构物在使用条件下长期性能的监测，也是试验的一个方面。

2.6.1　现场结构试验的目的和要求

2.6.1.1　试验目的

现场荷载试验的主要目的，是说明结构物在超过设计使用荷载条件下的基本性能。结构物的基本性能，是通过施加试验荷载，并经过规定的循环周期，测试试验结构的变形，综合加以评定的。

现场结构试验有两种：鉴定性试验和研究性试验。

1. 鉴定性试验

现场荷载试验问题的提出，往往是由于怀疑施工质量或设计出现了某些问题，或者因为结构物发生了一些破坏现象。因此这种方法很有实用价值。

对具体工程现场的鉴定性试验，在进行试验设计前必须对结构物进行实地考察，对该结构物的现状和现场条件建立初步认识。在考虑试验对象的同时，还必须通过调查研究，收集有关文件、资料，包括设计图纸、计算书、施工日志、材料性能试验报告及施工质量检查验收记录等。关于使用情况则需要向现场使用者调查，了解是否遭受地震、爆炸或火灾等造成的损害，了解损害的起因、过程与结构的现状。将调查结果（如书面记录、草图、照片等）作为拟定试验方案，进行试验设计的依据。

调查工作完成以后，应对结构进行初步的计算与必要的分析。这样才能有目的地选择试验构件和结构的部位，设置观测点，选取相匹配的设备和仪表，以及确定加载程序等。

2. 研究性试验

有时对一个很难进行分析计算的复杂结构，也采用现场荷载试验，以通过单根试验构件的测试应变分析，确定荷载的传递路径，搞清楚结构的基本性能。

现场研究性试验，应首先根据研究课题，通过收集和查阅有关的文献资料，确定试验的规模和性质；根据结构的外形和尺寸，确定加载方法和加载系统；根据试验目的，选取量测项目及量测方法，制订试验计划和试验技术人员分工。

2.6.1.2　试验准备

现场结构试验准备工作十分烦琐，不仅涉及面广，而且工作量大。一般试验准备约占全部试验工作量的 $1/2 \sim 1/3$。试验准备阶段的工作质量直接影响试验结果的准确程度，甚至还关系到试验能否顺利进行。

准备阶段的工作，有些还直接与数据整理和资料分析有关（如预埋应变片的编号和仪表的率定记录等），为了便于事后查对，应每天做好工作记录。

现场试验用脚手架，要确保试验的安全，但在正常试验过程中又不能妨碍试验构件自由变形。

现场试验，受实际条件的限制，往往会影响试验准备工作，但是不管在任何情况下，都必须做好试验准备工作，必须提供足够的安全保障措施，以防止试验构件破坏时出现的危险。

现场荷载试验的方法和要求，依据实际情况各不相同。一般采用的试验方法，以及加荷和控制的技术问题，将在以下各节中加以讨论。

2.6.1.3 试验组织

参加试验的每一个工作人员都必须集中精力，各就其位，各尽其职。试验期间，一切工作都要按照试验规划规定的程序进行。

对试验起控制作用的重要数据，如钢筋的屈服应变，构件的最大挠度和最大侧移，控制截面上的应变等，在试验过程中应随时整理和分析，必要时还应跟踪观察其变化情况，并与事先计算的理论数值进行比较。如有反常现象应立即查明原因，排除故障，否则不得继续加载试验。

试验过程中，除认真读数记录外，还必须设专人仔细观察结构的变形，如结构的开裂和裂缝的出现、裂缝的走向及其宽度、破坏的特征等。试件破坏后要绘制破坏特征图，也可拍照或录像，作为原始资料保存，以便今后研究分析使用。

2.6.2 试验方法

试验构件和结构部位的选择，取决于现场试验的难易程度、构件的相对重要性、结构上不同部位荷载的性质；还要注意支承试验构件的结构部位的可靠性。试验构件的选择，通常要借助非破损试验方法和外观检查，确定最弱的结构和最弱的部位，进行综合的判断。

由于荷载分配上的差异，要使试验构件承受预定的试验荷载还是一个困难问题。被试验的构件，要求尽可能地与其相邻的构件分隔开来，一般要采用锯切的方法使试验构件分隔出来，当然，采用这种方法，费用很高，操作麻烦，而且在许多情况下，由于试验后结构恢复工作的困难，或施加试验荷载的某种麻烦而不能采用。当遇到了这样的情况，不得不把试验荷载加到足够大的面积上，以保证主要的试验构件传递到规定的试验荷载量。

如果在一个试件上，或一组试验构件上，集中加载，并控制试验构件和有效宽度以内的相邻构件之间的相对变形，这样做既方便，又可以准确地估算出试验构件上传递荷载的大小，并能够及时进行调整。应当注意，采取上述加载方法，试验荷载可能增加2~4倍，所以要求对试验构件进行详细的抗剪强度核算。除此以外，还要保证使试验构件不支承到其他的非结构构件上，如隔断墙、使用设备。但是，试验构件上的永久性装修层不必去掉，可作为荷载计算在内。

2.6.3 加载技术

2.6.3.1 加载方案

加载方案取决于现场结构的试验目的、结构形式、受荷形式等。必须针对具体的试验对象选择加载方案。

现场施加荷载，还取决于现场的实际条件，特别是在难以达到的场地和部位，要求以可能、方便、便宜的方式提供试验荷载，同时要求加荷速度可以被控制，加载值便于计算。

施加试验荷载，要按照试验规定的每级荷载进行增加，并使荷载分布均匀和对称；卸荷时也要遵守同样的原则。应当注意，不要在存放荷载的区域上堆积过多而发生超载。在试验的加载过程中，要严密注意观察变形，如果在恒载时出现了挠度值不断增加的征兆，必须立即停止加载，并尽快地卸除荷载；卸除荷载的速度，应按安全方面的考虑而确定。大块体荷载，依靠手工劳动或机械方法装卸，缺点是搬运缓慢；采用围池注水荷载时，水可以通过预先设置的排水孔被迅速排掉。

2.6.3.2 加载形式

加载形式可分为重力加载和非重力加载。非重力加载包括杠杆加载、机械力加载、真空气压加载、液压千斤顶加载以及电液伺服加载等。

1. 重力加载

水、袋装水泥、砂袋、铁块等均可以作为荷载使用。选用的条件取决于试验荷载的性质和大小，材料来源的可能性，进入现场的难易程度。应当注意的是，当试验构件的变形量加大后，要避免荷载形成起拱作用。还要注意避免因荷载材料显著的变化等原因改变规定的荷载量。在大多数情况下，都要求试验荷载沿着构件长度的一个较窄的条带上均匀分布。这时采用铁块、砖块和袋装材料作为荷载是最合适的。

如果要求把试验荷载分布在较大的面积上时，水可能是最合适的荷载。在楼板上砌筑隔墙，并铺设防水材料，就可以成为一个水池。但是，在计算荷载时要特别注意考虑起拱度和下垂度的影响。如果采用隔挡板，把水分别灌注到几个池子里，就可以大大地减少这种影响。但是，不管采用哪一种池子，都难以避免由于水的渗漏造成试验构件上装修层的损坏。对于试验场地窄小，或难以通行的工地，由于减少了人工和库房占地，采用水加荷是非常适用的。

桥梁的试验荷载，可采用质量为已知的、分布适当的卡车，或者充水的搅拌车。

2. 非重力加载

非重力加荷系统，优点是控制精确，可以实现远距离控制；缺点是费用昂贵。因此，一般只用于特殊、复杂的荷载试验上。液压加荷系统，采用地锚、压铁或者在结构的其他部位上设置支承的办法来为加荷千斤顶提供一个反力装置。这种加荷方法的优点是操作迅速、加载周期短，也适于施加水平荷载。

2.6.4 测试技术

测试方案应针对试验对象的被测参数来确定。测试方案的设计除应确定被测参数和参数的测点布置外，正确选择量测仪表，将其组成相互匹配的测试系统，对测试系统的灵敏度进行标定，都是测试方案设计的主要内容。

现场荷载试验，一般仅测量试验构件的变形和可能出现的裂缝宽度。有时要求通过荷载试验，来测定应变值和应力分布状态，或者要求观测结构物在使用条件下的长期特征。

1. 现场荷载试验的一般方法

现场荷载试验，主要测量变形。变形测量一般使用机械式百分表。测试时，百分表被固定在一个独立的刚性支座上。如果用脚手架来固定百分表，必须将该脚手架与其他脚手架分离。要保证当测量人员的质量加到脚手架上以后，不致影响仪表的读数。百分表的布置，一般布置在跨中和 1/4 处。如果试验构件的宽度小于 150mm 时，一般沿轴线上的每点只设一个百分表；当试验构件的宽度大于 150mm 时，要成对地布置百分表。

测试仪表的安装，应当使测度人员测读方便、安全，同时使仪表在试验过程中尽量避免受到干扰。试验过程中，要按试验规定，分级测量读数和记录。测量仪表的量程，通常是 50～200mm。

裂缝宽度测量，可采用读数显微镜。测读时，被紧贴到混凝土表面的裂缝处，在手电筒或内装电池灯泡光源的照射下，被放大的裂缝通过目镜观察内部刻度尺，直接测量宽度。

裂缝的出现和发展，都要在试验进行过程中，用铅笔或色笔在混凝土的表面上加以标记。标记应标在每级荷载下裂缝的末端，并在裂缝的某一固定位置处，标记每级荷载下裂缝的宽度。

试验测定的变形值、裂缝宽度，将根据各有关单位在试验前共同确定下来的极限值，直接地进行比较来加以评定。

2. 长期监测试验

如果一个构件，或一个结构的长期性能不能确定，那么，就有必要进行长期的监测试验。长期监测试验，要在每年的固定时间进行测试，这样可以排除显著的季节影响，与此同时还要进行温度、湿度的测量。

长期监测试验，一般只进行变形和裂缝宽度的测量。当结构物承受重复交变荷载时，还需要测量应变值。如果结构物的某一部位的相对变形量过大时，应设一个永久性的参考标记，采用标尺进行长期测量。如果测试面经常处于不可见状态，可在相邻的两个构件上分别固定一个标尺和一个指针，来测定它们之间的相对位移。

变形测量，采用传统的水平仪测量技术，能够测量大挠度变形。在试验构件的跨中和支座处的表面上，或者在被粘贴在跨中和支座处的标杆上，标记测点，通过水平仪测读各点读数，根据跨中和支座两处读数的对比，来计算跨中变形值。

可变电阻式电位计，或位移传感器，特别适合自动记录系统。采用此类仪器进行长期变形测量的要求是：提供一个合适的独立的刚性支座；仪器保护措施应严格，设备的长期稳定性要好。

裂缝宽度的测量，应在同一位置进行。探测裂缝开展，有一种简单易行的方法，即跨越裂缝贴石膏饼或高强度砂浆饼，一旦裂缝开展，石膏饼或高强度砂浆饼就会断裂。

如果要求精确测量裂缝宽度，或者要求自动记录，可采用电阻式位移测量装置。但是要对仪器的长期性能做仔细考虑。裂缝扩展，也同样可以用电子测宽仪进行测量。

应变测量，可在混凝土上粘贴混凝土应变片，或者凿开混凝土保护层，在钢筋上粘贴钢筋应变片。

长期监测试验的说明，一般包括荷载-变形图、荷载-裂缝宽度图、裂缝扩展图。应当指出，在试验中，必须减少由于季节温度差和湿度差带来的影响，并在试验结果的分析中加以考虑；如果进行对比试验，还必须保证加荷条件的相似性。

2.6.5 安全防护措施

由于结构试验的复杂性，在试验工作中必须始终贯彻"安全第一、预防为主"的方针。这是关系工作人员生命安全的大事，是保证试验设备不受损害，保证试验能够顺利进行的基础。

在制订试验计划时，对试验准备阶段、加载试验阶段和试验结束后的拆除阶段，都应有可靠的安全防护技术措施。在大型结构试验时，尤应给予足够重视。

2.6.5.1 试验准备与防护阶段

结构试验所发生的事故调查表明，有相当多的事故发生在试验的准备阶段。对试验环节的安全操作规定，可参照我国有关安全操作规程执行。例如《建设工程安全生产管理条例》（2003）、《建筑安装工人安全技术操作规程》等。此外，还应针对结构试验的特点，在试验方案中拟定更具体的安全操作细则。

现场试验用的载荷架、支座、支墩及支承，均应有足够的承载力、刚度和稳定性，载荷架的连接件必须可靠。

为防止结构可能产生的侧向失稳或倒塌，必须设置侧向支承或安全架。现场试验所用的支承和安全架不应与结构直接接触，以免影响结构的正常变形。

试验中，为便于工作人员读数、观察裂缝和进行加载等操作，在相应位置应设置安全可靠的工作平台。

2.6.5.2 试验阶段

试验过程中，为保证人员、设备的安全，试验区域内宜设置明显标志，非试验人员不得入内。

试验时，如结构的变形过大，可能导致安装在试件上的仪表发生松动甚至跌落，因此试验过程中，对各种机械式量测仪表，如千分表、百分表及杠杆引伸仪等，必要时拆除后再继续进行试验。

对于在试验中可能跌落的千斤顶、传感器、仪表等，均应用保护绳或铁丝扎好，悬吊在附近的固定点上。

2.6.6 试验结果分析

经过结构试验，获得了大量数据结果，如量测数据、试验曲线、变形观测记录、破坏特征等。必须将这些数据进行科学的整理、分析和计算，才能回答试验目的中提出的问题。

试验数据处理完毕后，要根据试验数据和有关资料编写总结报告。

2.6.7 检测实例

1. 检测目的

某集团办公楼在建设过程中，未履行建设和检测的手续，事后经现场实测，混凝土强度不能满足设计要求。因此，根据建设主管部门的要求，为配合现场对混凝土、钢筋等的检测，进行现场结构试验，以检测该集团办公楼建筑结构的安全性。

2. 检测依据

依照《混凝土结构试验方法标准》（GB 50152—2012），用袋装砂子为荷载进行加载检测。

3. 检测内容

检测在竖向设计荷载作用下，建筑物楼面悬臂梁、框架梁及现浇板的结构性能。具体包括（四层楼面）：

KL48（6A）中悬挑端，检测 1 次；

KL49（6A）中悬挑端，检测 1 次；

KL36（3）中ⓒ～Ⓓ轴间，检测 2 次；

KL48（6A）中③～④轴间，检测 1 次；

KL41（2）中ⓒ～Ⓓ轴间，检测 2 次；

⑤、⑥轴间ⓒ、Ⓓ轴板，检测 2 次。

具体位置详见结构平面布置图 2-41。

4. 检测方案

（1）试验荷载。

楼面活荷载取值：办公室活荷载为 2.0kN/m²；走廊活荷载为 2.5kN/m²；厕所活荷载为 2.5kN/m²；如局部未完成装修，尚应考虑装修荷载，此时，实际楼面加载按 3.0kN/m² 计算；如仅吊顶未完成，则增加荷载 0.40kN/m²。

在加载时，按纵向、横向框架分区，考虑活荷载不利布置，进行载荷堆放。

两跨以上同时检测的框架必须考虑活载的不利组合。

（2）量测内容。

量测主要包括以下内容：

梁的挠度，采用位移传感器，连接数据采集仪。

梁混凝土应变，采用应变片，连接数据采集仪。

梁受拉钢筋应变，采用应变片，连接数据采集仪。

裂缝分布及每条裂缝最大宽度，在每级荷载下量测，绘制裂缝分布图。

（3）仪表布置。

在进行检测时，仪表布置如图 2-42 所示。

（4）加载方法。

预加载：在正式试验前应进行预加载，以检查各仪表读数工作情况。

试验分五级加到使用荷载，然后进行超载试验，荷载值取为使用荷载的 1.2 倍。加载记录格式可参见表 2-30。

表 2-30　分级均布荷载加载程序

加载		加载系数 k	每级加载值（kN）	累计加载值（kN）	检验内容
等级	时间（min）				
1		0.2			
2		0.4			
3		0.6			
4		0.8			
5		1.0			
6		1.2			

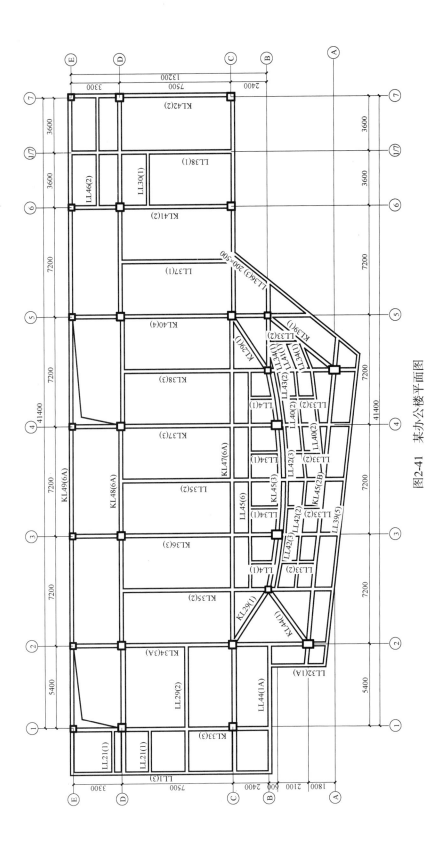

图2-41 某办公楼平面图

每级加载完成后，停留 30min，进行数据采集，用读数放大镜查找裂缝，并最终读出裂缝宽度。

进行下一级加载并检测。

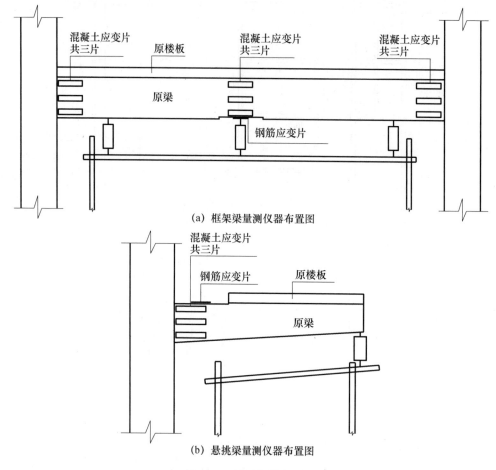

（a）框架梁量测仪器布置图

（b）悬挑梁量测仪器布置图

图 2-42　量测仪器布置图

各主要检测构件的加载布置图如图 2-43～图 2-48 所示。

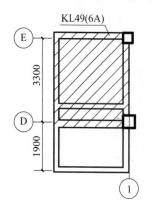

图 2-43　KL49（6A）中悬挑
梁堆载示意图

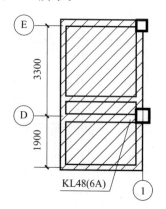

图 2-44　KL48（6A）中悬挑
梁堆载示意图

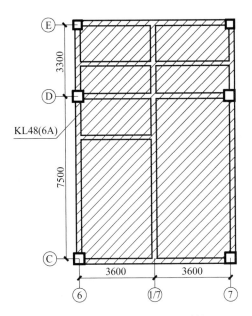

图 2-45　KL48（6A）中⑥⑦轴间
堆载示意图

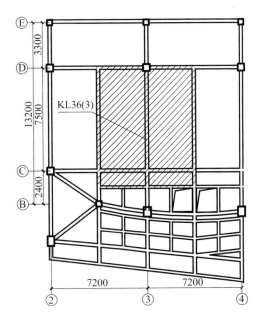

图 2-46　KL36（3）中ⓒⒹ轴间
堆载示意图

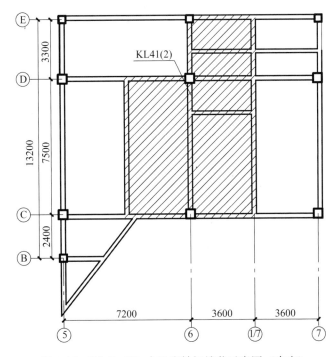

图 2-47　KL41（2）中ⓒⒹ轴间堆载示意图（支座）

5. 安全注意事项

（1）加载前，所有人员应撤离加载区域。

（2）每级加载完成后，停留 20～30min，在确保无任何异常现象时，方可进入检测区域进行检测、读数。

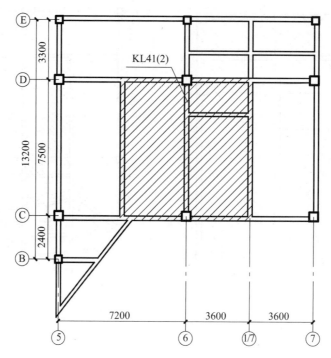

图 2-48 KL41（2）中 Ⓒ Ⓓ 轴间堆载示意图（跨中）

（3）在加载过程中，必须由技术人员指导砂袋堆放，不得猛扔砂包，避免对楼面造成冲击。

（4）在检测过程中，如发现与设计不符时，应及时与设计单位联系。

（5）必须注意安全文明施工。

6. 其他

（1）检测准备

应认真阅读检测方案，熟悉检测内容。

根据检测要求，进行放线。

（2）人员安排

现场检测人员必须明确分工，一切听从现场技术人员指挥，确保检测工作安全、有序进行。

（3）甲方配合

在进行检测前，甲方必须根据检测要求，清理有关的障碍（如梁下墙体应拆除500mm以上），以保证检测工作的顺利进行。

7. 检测结果（略）

 2.7 **建筑物的变形观测**

建筑物在使用过程中会产生变形，包括沉降、倾斜、位移等，并由此产生裂缝、构件挠曲、扭转。这些变形应控制在一定的范围内。如果这些变形超过了规定的界限，就会影响建筑物的使用，严重的还会危及建筑物的安全。因此，在建筑物现场检测时，有时有必要对建筑物的沉降、倾斜、裂缝等进行观测，以判断建筑物变形的稳定情况和变形程度。

2.7.1 建筑物的沉降观测

沉降观测是用精密水准仪，根据水准基点周期性地对建筑物上设置的沉降观测点进行水准测量，由多次测得的观测点的高程，确定建筑物的下沉量及下沉规律。

2.7.1.1 水准基点的布设

作为观测基准的水准基点，必须稳定、牢固、长久保存，应埋设在建筑物沉降影响范围及振动影响范围以外。

水准基点距观测点距离不宜大于 100m，以便安置一次仪器即可直接进行观测，且视线长度不宜超过 35m，以减少观测中的误差。

为保证水准点高程的正确性和便于互相检核，水准点一般不应少于 3 个。

为防止冻胀的影响，水准点应埋设在冰冻线下 0.5m。

水准基点可利用施工控制点或设置在沉降已稳定的旧建筑物上。

2.7.1.2 观测点的布设

沉降观测点，应设置在能够反映建筑物变形特征和变形明显的部位，标志应稳固、明显、结构合理，不影响建筑物的美观和使用。观测点应通视良好，高度适中，便于观测，并与墙面保持一定距离，能够在点位上垂直立尺。设置时，应画出点位的平面布置图，并对点位编号。

建筑物的沉降观测点，应按设计图纸，并应在下列位置埋设：

（1）建筑物四周或沿外墙每 10~15m 处或每隔 2~3 根柱基上。

（2）裂缝、沉降缝或伸缩缝的两侧，新旧建筑物或高低建筑物应在纵横墙交界处。

（3）人工地基和天然地基的交界处，建筑物不同结构的分界处。

（4）烟囱、水塔和大型储藏罐等高耸构筑物的基础轴线的对称部位，每一构筑物不得少于 4 个点。

建筑物、构筑物的基础沉降观测点，应埋设于基础底板上。

建筑场地的沉降点布设范围，宜为建筑物基础深度的 2~3 倍，并应由密到疏布置。

一般民用建筑的沉降观测点多设置在外墙勒脚处，观测点埋在墙内的部分有一定深度，以保持观测点的稳定性。常用的沉降观测点的埋设如图 2-49 所示。

2.7.1.3 建筑物的沉降观测

1. 沉降观测时间

沉降观测的时间，应根据检测目的、工程性质、地基的土质情况等确定。

沉降观测一般是在增加荷载（新建建筑物），或发现建筑物沉降量增加（已使用的建筑物）后开始。观测次数和时间应根据具体情况确定。一般情况下，对新建民用建

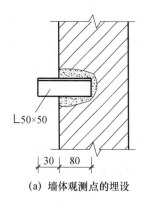
(a) 墙体观测点的埋设

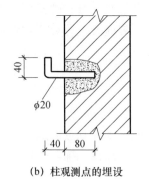
(b) 柱观测点的埋设

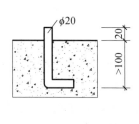
(c) 基础上的观测点

图 2-49　沉降观测点的埋设示意图

筑，每施工完一层（包括地下部分）应观测一次，当基础周围积水或暴雨后均应观测；工业建筑按不同荷载阶段分次观测，但施工期间的观测次数不应少于 4 次。已使用建筑物则根据每次沉降量的大小确定观测次数。一般是以沉降量在 5～10mm 以内为限度。当沉降发展较快时，应增加观测的次数，随着沉降量的减少，应逐渐延长沉降观测的时间间隔，直至沉降稳定为止。

2. 沉降观测方法

水准测量采用闭合法。为保证测量精度，宜采用Ⅱ级水准。测量过程中要做到固定人员、固定测量工具，观测前应严格校验仪器。

对多层建筑物沉降的观测，可采用 S_3 水准仪，用普通水准测量方法。对高层建筑物的沉降观测，则应采用 S_1 精密水准仪，用二等水准测量方法。测读各观测点的高程时，水准尺距水准仪的距离为 20～30m，水准仪距前后水准尺的距离要尽量相等，视线高度应不低于 0.3m。

观测时应同时记录气象资料和荷载变化。

3. 沉降观测的成果整理

每次观测结束后，应检查记录中的数据和计算是否准确，精度是否合格，然后把各次观测点的高程，列入沉降观测成果表中，并计算两次观测之间的沉降量和累计沉降量，同时注明日期和荷载情况。为了掌握和分析建筑物的沉降情况，应绘制时间与沉降量关系曲线和时间与荷载关系曲线。

2.7.1.4　建筑物的不均匀沉降观测

根据 2.7.1.3 的沉降观测结果，计算各观测点的沉降差，可获得建筑物的不均匀沉降结果。观测点应布置在建筑物的阳角和沉降最大处，挖开覆土露出建筑物基础的顶面上。

观测时，将水准仪布置在与两观测点等距离的地方，将水准仪置于观测点（基础顶面）上，从水准仪上读出同一水平上的数值，从而可计算出两观测点的沉降差。同理，可测出所有观测点中每两测点间的沉降差，整理计算可得出建筑物的不均匀沉降结果。

2.7.2　建筑物的倾斜观测

测量建筑物倾斜率随时间而变化的工作称为倾斜观测。建筑物产生倾斜的原因主要有：地基承载力不均匀；因建筑物体型复杂而形成不同荷载；施工未达到设计要求以至承载力不足；受外力作用（如地震、抽取地下水等）。

2.7.2.1 建筑物的倾斜率

一般用倾斜率 i 来衡量建筑物的倾斜程度，如图 2-50 所示：

$$i = \tan\alpha = \frac{\delta}{H} \qquad (2\text{-}66)$$

式中　α——倾斜角；

　　　δ——倾斜值，即建筑物上下部之间相对水平位移量；

　　　H——建筑物高度。

建筑物倾斜率的观测有直接法和间接法。

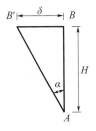

图 2-50　倾斜率计算
示意图

2.7.2.2 直接观测法

一般的倾斜率观测常采用此法。其观测步骤是先在欲观测的墙面顶部设置一标志点 M，如图 2-51 所示，置经纬仪于距墙面约 1.5 倍墙高处，瞄准观测点 M，用正倒镜分中法向下投点得 N，做好标志。隔一段时间后再次观测，用经纬仪瞄准 M 点（由于建筑物倾斜，实际 M 点已偏移到 M' 点）后，用钢尺量取 N 和 N' 点间的水平距离 δ，则根据墙高 H，即得建筑物的倾斜率：

$$i = \frac{\delta}{H} \qquad (2\text{-}67)$$

2.7.2.3 间接观测法

建筑物发生倾斜，主要是地基的不均匀沉降造成的，如通过沉降观测测出了建筑物的不均匀沉降 Δh，如图 2-52 所示，则偏移值 δ 可由下式计算：

$$\delta = \frac{\Delta h}{L} \cdot H \qquad (2\text{-}68)$$

式中　δ——建筑物上下部相对位移值；

　　　Δh——基础两端点的相对沉降量；

　　　L——建筑物的基础宽度；

　　　H——建筑物的高度。

2.7.3 建筑物的裂缝观测

当发现建筑物有裂缝时，除了要增加沉降观察次数外，应立即检查建筑物裂缝的分布情况，对裂缝进行编号，并对每条裂缝定期进行观测。观测周期视裂缝大小、性质、开裂速度而定。

为了观测裂缝的发展情况，要在裂缝处设置标志，常用的标志有石膏板标志、白铁片标志。

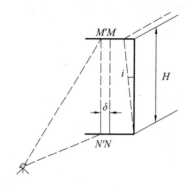

图 2-51　直接观测法测倾斜示意图

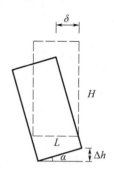

图 2-52　间接观测法测倾斜示意图

1. 石膏板标志

石膏板厚 10mm，宽 50～80mm，长度视裂缝宽度而定，在裂缝两边固定。当裂缝继续发展时，石膏板也随之开裂，这可直接反映出裂缝的发展情况。

2. 白铁片标志

用两块白铁片，一片为 150mm×150mm 的正方形，固定在裂缝一侧，使其一边与裂缝边缘对齐；另一片为 50mm×200mm 的长方形，固定在裂缝的另一侧，并使其中一部分与正方形白铁片相叠，如图 2-53 所示。然后在两块白铁片表面涂上红漆，如裂缝继续发展，两块白铁片将逐渐拉开，露出正方形白铁片上原被覆盖没有涂红漆的部分，用尺子量出宽度，即为裂缝加大的宽度。裂缝加大的宽度，连同观测时间，一并被记入观测记录中。

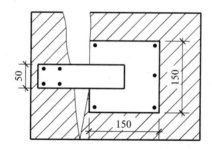

图 2-53　白铁片标志法观察裂缝宽度

混凝土结构工程事故诊断与分析

3.1 造成混凝土结构工程事故的主要原因

钢筋混凝土结构合理地利用了钢筋的抗拉强度和混凝土的抗压强度，同时具有良好的耐久性、整体性、耐火性、可模性，还可以就地取材，因而成为当今应用最广泛的一种结构。目前我国的房屋建筑仍以钢筋混凝土结构为主。

在设计、施工和使用中，由于种种原因，钢筋混凝土结构会产生各种质量问题。在设计时，荷载计算错误，计算简图选取错误及构造设计错误，都会造成工程质量事故。混凝土施工时，原材料的不合理选用，配合比控制不严，运输、浇灌、振捣和养护不按规范操作，也会导致混凝土产生各类缺陷。旧建筑物，随着使用年限的增长，结构构件的日趋老化，再加上使用维护不当，原有的各种缺陷和隐患会暴露得更为明显。有些旧建筑物，原先在浇筑混凝土时掺入了对钢筋有害的外加剂，外加剂在钢筋混凝土中缓慢地产生各种化学和物理变化，造成钢筋锈蚀，混凝土结构损坏。工业建筑或构筑物，由于常年受到各种有害气体或多种腐蚀介质的侵蚀，其混凝土结构或构件会受到损害。另外，工业建筑中生产工艺的改变、荷载的增加，以及民用建筑用途的变更，都可能会使原结构受到损伤，这些结构当遇到地震、火灾、爆炸等突发灾害时，更易受到损伤。在混凝土结构中出现工程事故的最主要表现就是混凝土构件的开裂，而导致混凝土结构倒塌的工程事故则较少。

3.2 混凝土裂缝原因、 特征和分类

一般来讲，由于混凝土的抗拉强度较低，在使用荷载作用下，钢筋混凝土构件是带裂缝工作的。我国现行《混凝土结构设计规范》（GB 50010—2010）规定，通常允许裂缝宽度是 0.2～0.4mm。如处在室内干燥环境时，一般钢筋混凝土构件的裂缝不应超过 0.3mm；钢筋混凝土屋面梁和托梁，其最大裂缝宽度不应超过 0.3mm；对处于年平均相对湿度小于 60% 的地区，一类环境下的受弯构件，其最大裂缝宽度不应超过 0.4mm；在一类环境下，对于钢筋混凝土屋架、托架及应做疲劳验算的吊车梁，其最大裂缝宽度不应超过 0.2mm；对二（a）、二（b）、三（a）、三（b）类环境下，其最大裂缝宽度不

应超过 0.2mm。

裂缝所带来的危害程度，因结构物使用、功能和环境的差异而不同。对处于有侵蚀性介质或高湿度环境中的构件，过宽的裂缝会引起混凝土中钢筋的锈蚀，影响结构的耐久性；对于某些构件，过宽的裂缝有损结构的美观，造成使用者的不安全感；同时裂缝也会导致钢筋混凝土结构刚度减小。因此，对那些超宽度或设计不允许出现的裂缝须认真对待，分析其产生的原因并妥善处理。

钢筋混凝土结构裂缝按其产生的原因和性质可以分为以下几类：材料原因引起的裂缝；荷载裂缝；不均匀沉降引起的裂缝；锈蚀裂缝；温度裂缝；干缩裂缝；施工原因引起的裂缝。裂缝产生的原因及形态分析如下。

3.2.1　材料引起的裂缝

3.2.1.1　水泥方面的原因

水泥引起裂缝的原因主要有以下两个方面：

1. 异常凝结和异常膨胀

安定性不好的水泥，其品质很不安定。混凝土浇筑后，在达到一定强度以前的凝结硬化阶段会产生短小的不规则裂缝。随着水泥品质的改善，这种裂缝目前较少见到。

2. 水泥水化热

混凝土浇筑后，在初期凝结和硬化阶段，由于水泥的水化反应，混凝土温度上升。采用普通和早强水泥，水泥用量在 $300kg/m^3$ 左右时，温度上升可达 $30\sim40℃$。在实际结构中，内部产生蓄热的同时，构件表面还放热，使得构件温度先上升再下降。

水化热引起的裂缝可分为以下两种情况：

（1）大体积混凝土。当构件的最小尺寸大于 800mm 时，通常可认为是大体积混凝土。由于上述各种因素，对于大体积混凝土，内部混凝土膨胀受到外部混凝土的变形约束，使构件表面产生裂缝。这种裂缝在构件表面通常呈直交状。对小尺寸构件，当温度影响较大时，也应引起注意。

（2）结构构件间的相互影响。大型构件与小尺寸构件共同组成的结构（如基础梁与薄墙板、大尺寸梁与薄楼板等），以及梁柱框架结构中，均可能因温差的影响产生裂缝。这种裂缝是由于先浇筑已凝结硬化的混凝土结构构件对后浇筑混凝土构件的温度变形产生约束引起的。后浇筑部分越大，其影响就越显著。但在实际工程中，由于混凝土在凝结硬化阶段因模板的刚性约束，使后浇混凝土的温度变形有所减小，构件间的相互影响程度有所缓和。

3.2.1.2　骨料方面的原因

当细骨料中含有较多的泥分时，混凝土的干燥收缩量增大。泥分增加 $2\%\sim3\%$，水泥浆的收缩率增加 $10\%\sim20\%$。此外，泥分的存在也使水泥与粗骨料的黏结强度降低。因此，泥分较多的混凝土，由于干燥收缩会产生网状裂缝。

3.2.2 荷载引起的裂缝

钢筋混凝土结构构件在荷载作用下，因变形而产生裂缝。根据构件的种类、受力性质和受力大小，有不同的变形形状和裂缝规律。

3.2.2.1 受弯构件的裂缝特征

混凝土受弯构件在荷载作用下的裂缝，有垂直裂缝和斜裂缝两种。

1. 垂直裂缝

垂直裂缝一般出现在梁、板结构受力最大的横断面上。梁跨中的裂缝由底面开始向上发展，上窄下宽，但不能贯通整个梁截面，其裂缝方向与梁轴线垂直。在集中荷载作用下，裂缝的出现比较集中，在均布荷载作用下，裂缝的出现比较分散。随着弯矩的增大，裂缝数量增多、宽度增大。裂缝在梁中间的宽度大于纵向钢筋处的裂缝宽度，多为"枣核形"裂缝。这种现象是由于纵筋以上部位的混凝土受钢筋的约束较小，回缩较大所致。如图 3-1 所示。

2. 斜裂缝

斜裂缝一般出现在剪力最大的部位及支座附近。支座附近的剪切裂缝，一般沿 45° 方向，向跨中上方延伸。这是弯矩和剪力共同作用的结果。如图 3-2 所示。

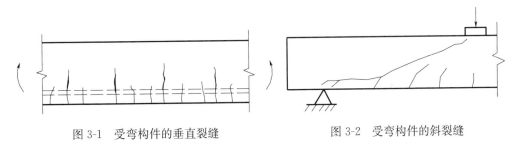

图 3-1 受弯构件的垂直裂缝   图 3-2 受弯构件的斜裂缝

3.2.2.2 受压构件的裂缝特征

受压构件的裂缝形态如图 3-3 所示。

（1）轴心受压钢筋混凝土柱的裂缝，表现为多条大致平行的竖向裂缝，如图 3-3（a）所示。在正常使用条件下是不允许出现的。因为一旦出现，就预示着混凝土结构构件开始破坏，这时，必须进行加固。

（2）小偏心受压构件的裂缝形态与轴压柱相似，只是受力较小边的裂缝少些，如图 3-3（b）所示。

（3）大偏心受压钢筋混凝土柱的裂缝，如图 3-3（c）所示，在受拉边出现类似受弯构件的横向裂缝，裂缝和柱轴线相垂直。由于受拉区配筋较多，竖向裂缝的出现和破坏发生在受压区一侧，裂缝和柱轴线相平行。

3.2.2.3 冲切裂缝的特征

冲切裂缝主要发生在柱下钢筋混凝土基础底板上或无梁钢筋混凝土楼盖上，从柱的

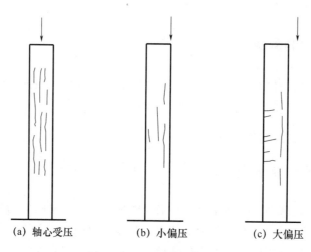

(a) 轴心受压   (b) 小偏压   (c) 大偏压

图 3-3　受压构件的裂缝形态

四周开始沿 45°斜面拉裂，形成冲切面。主要是底板或楼面厚度不足，或混凝土质量强度不足，导致冲切面上的剪力超过了钢筋混凝土的抗拉强度。一旦出现这类裂缝，结构就已临近破坏。在正常使用条件下，结构是不允许出现这类裂缝的。

3.2.2.4　牛腿裂缝的特征

设计牛腿的目的是在不加大柱截面的情况下，加大支承面积，保证构件可靠连接，有利于构件安装。

1. 应力状态与破坏类型

牛腿在荷载作用下大体经历弹性阶段、裂缝出现与开展阶段以及破坏阶段。

（1）弹性阶段：混凝土开裂前牛腿中应力基本上处于弹性阶段，其主应力迹线如图 3-4 所示。

（2）裂缝出现与开展阶段：在荷载达到极限荷载的 20%～40% 时，在牛腿根部出现裂缝①（图 3-5），但其发展缓慢，不影响牛腿的受力性能。当荷载达到极限荷载的 40%～60% 时，在加载板内侧附近出现裂缝②。继续加载，随 a/h_0 值的不同，牛腿的裂缝开展形态和破坏形态都会有所不同。

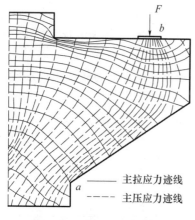

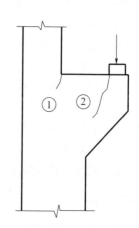

图 3-4　主应力迹线示意图   图 3-5　裂缝出现时示意图

2. 几种破坏形态

（1）弯压破坏，如图 3-6（a）所示。

当 $0.75 < a/h_0 < 1$，且纵筋配筋率较低时，在斜裂缝出现②后，荷载增加，裂缝延伸，同时纵筋拉应力不断增加，以致屈服，直至受压区混凝土压碎而破坏。

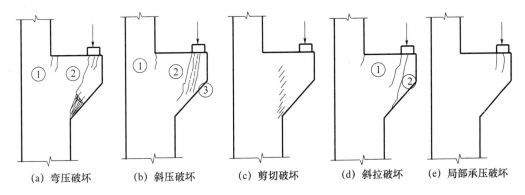

(a) 弯压破坏 (b) 斜压破坏 (c) 剪切破坏 (d) 斜拉破坏 (e) 局部承压破坏

图 3-6　破坏形态示意图

（2）斜压破坏，如图 3-6（b）所示。

当 $a/h_0 = 0.1 \sim 0.75$ 时，在斜裂缝②出现后，继续加载至破坏前，斜裂缝②以外靠近荷载一侧出现大量短而细的混凝土斜裂缝，当其相互贯通时，在②③间的斜向主压应力超过混凝土的抗压强度，牛腿发生破坏。有时可出现通长斜裂缝③而破坏。

（3）剪切破坏，如图 3-6（c）所示。

当 $a/h_0 \leqslant 0.1$ 时，在牛腿与下部柱的交接面上出现一系列短而细的裂缝，最后在竖向荷载作用下，牛腿沿此裂缝由上而下切下而破坏。

（4）斜拉破坏：由于存在垂直荷载和较大水平荷载的共同作用，而牛腿外侧高度过小，导致在加载板内侧发生根部受拉破坏，如图 3-6（d）所示。

（5）局部承压破坏，如图 3-6（e）所示。

传力垫板尺寸过小，导致加载板底部混凝土压碎而出现破坏。

3.2.3　钢筋锈蚀引起的裂缝

混凝土中的钢筋，在正常使用条件下，经过一段时间后会产生锈蚀，如果搅拌混凝土时掺入有害的外加剂，则钢筋锈蚀更快。同时，由于钢筋锈蚀而产生体积膨胀，导致混凝土保护层开裂，不但降低整体结构的受力性能，而且会加剧钢筋的锈蚀。

3.2.3.1　钢筋锈蚀的机理

钢筋的锈蚀是一个电化学反应过程。

完好的混凝土保护层在没有腐蚀介质的情况下，具有防止钢筋锈蚀的保护作用。这是因为，混凝土中水泥水化产物的 pH 为 $12 \sim 13$。在这样强碱性的环境中，钢筋表面形成钝化膜。该钝化膜是厚度为 $2 \sim 6 nm$ 的水氧化物（$nFe_2O_3 \cdot mH_2O$），阻止钢筋进一步腐蚀。但是，当钢筋表面的钝化膜受到破坏，成为活化态时，钢筋就容易腐蚀。

成为活化态的钢筋表面所进行的锈蚀反应的电化学机理是：当钢筋表面有水分存在时，就会发生铁电离的阳极反应和溶解态氧还原的阴极反应。其反应式如下：

阳极反应：
$$Fe-2e^- \longrightarrow Fe^{2+}$$

阴极反应：
$$4e+2H_2O+O_2 \longrightarrow 4OH^-$$

腐蚀过程的全反应是阳极反应和阴极反应的组合，在钢筋表面析出氢氧化亚铁，其反应式为：

$$2Fe+O_2+2H_2O \longrightarrow 2Fe^{2+}+4OH^- \longrightarrow 2Fe(OH)_2$$

钢筋锈蚀的反应过程参见图3-7。

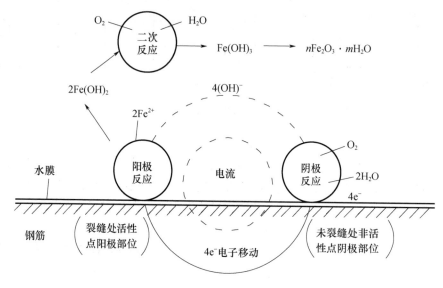

图 3-7　钢筋的锈蚀反应

钢筋锈蚀产生的化合物被溶解氧化后生成 $Fe(OH)_3$，并进一步生成 $nFe_2O_3 \cdot mH_2O$（红锈），一部分氧化不完全的变成 Fe_3O_4（黑锈）。铁转化为锈，伴随着体积发生相当大的膨胀。而体积的这种膨胀，随铁的氧化程度变动。氧化程度越高，体积膨胀越大（图3-8）。从理论上说，如果有足够的水分，铁锈体积可达到钢材体积的7倍。在缺氧环境中，铁锈的体积至少也比钢材的体积增大 1.5～3 倍。

钢筋锈蚀必须具备下列四个条件：

（1）钢筋表面有电位差，即一部分钢筋表面为电化学氧化反应的阳极区，另一部分表面为电化学还原反应的阴极区。

（2）在阳极区，钢筋表面要处于活性状态，使铁能氧化成金属离子。

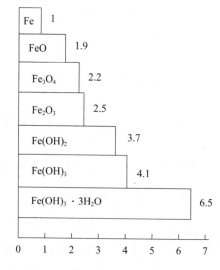

图 3-8　钢筋锈蚀产物体积膨胀系数

（3）在阴极区，钢筋表面要有足够数量的氧和水分，使还原反应得以进行。

（4）在阴极与阳极之间须有电解质联系，构成完整的电路。

3.2.3.2　钢筋锈蚀的主要影响因素

1. 钢筋表面的钝化膜

如前所述，在潮湿而不饱水，即具有适当湿度与氧的混凝土中，钢筋之所以不腐蚀，是因为在高碱性介质中钢筋钝化。所以，钢筋钝化膜的破坏，即去钝化，是钢筋腐蚀的先决条件。钢筋钝化膜破坏后，如果混凝土具有适当湿度和氧，那么即使环境介质对混凝土无侵蚀破坏作用，混凝土中的钢筋也会开始腐蚀。

众所周知，二氧化碳和氯化物对混凝土本身都没有严重的破坏作用。但是，这两种环境介质都是混凝土中钢筋钝化膜破坏的最重要又最常遇到的环境介质。因此，混凝土中钢筋钝化膜的破坏机理有混凝土的碳化和氯化物的侵入两种。

2. 混凝土的碳化

空气中的二氧化碳气体不断地透过混凝土中未完全充水的毛细孔道，以气相扩散到混凝土内部分充水的毛细孔中，与其中的孔隙液所溶解的氢氧化钙进行中和反应。反应产物为碳酸钙和水，碳酸钙溶解度低，沉积于毛细孔。该反应式为：

$$Ca(OH)_2 + CO_2 \longrightarrow CaCO_3 \downarrow + H_2O \uparrow$$

反应后，毛细孔周围水泥石中的羟钙石补偿溶解为 Ca^{2+} 和 OH^-，反向扩散到孔隙液中，与继续扩散进来的 CO_2 反应，一直到附近水泥石中的羟钙石和水化硅酸钙 C-S-H 凝胶体均与 CO_2 发生上述中和反应，反应产物将周围毛细管堵塞，不再有更多的水泥水化产物能扩散进来参与这种中和反应。此外，该层混凝土的 pH 值降为 8.5～9，即所谓"已碳化"。另外，凡是能与 $Ca(OH)_2$ 进行中和反应的一切酸性气体，如 SO_2、SO_3、H_2S 以及气相 HCl 等，均能进行上述中和反应，使混凝土碱度降低，使其中的钢筋去钝化，故混凝土碳化应广义地称为"中性化"。这层混凝土碳化后，大气中的 CO_2 继续沿混凝土中未完全充水的毛细孔道向混凝土深处气相扩散，更深入地进行碳化反应。由于钢筋钝化膜在 pH 值小于 11.5 时就不稳定了，因此当混凝土碳化深度达到钢筋表面时，钢筋钝化膜就会遭到破坏，形成 αFeOOH 相。

大气中结构混凝土的碳化通常是一个缓慢过程。根据大量实验室内试验和现场观察，碳化速度取决于混凝土渗透性与大气的 CO_2 浓度，大体上符合费克扩散定律。表示未受氯化物污染的混凝土碳化深度与时间的关系的经验公式为：

$$x = \sqrt{2CD_k \cdot b^{-1}} \cdot \sqrt{t} = K\sqrt{t} \tag{4-1}$$

式中，x 为碳化深度（m）；K 为碳化系数（$m \cdot s^{-0.5}$）；D_k 为通过已碳化混凝土的 CO_2 扩散系数（$m^2 \cdot s^{-1}$）；C 为混凝土表面 CO_2 浓度（$g \cdot m^{-3}$）；b 为单位体积混凝土碳化所需的 CO_2 量（$g \cdot m^{-3}$）；t 为碳化时间（s）。K 值取决于混凝土渗透性和环境条件。混凝土渗透性取决于水泥品种，水灰比，浇筑、捣实与养护质量等；而环境条件包括温度、湿度和 CO_2 浓度等。

最适于混凝土碳化的空气相对湿度是 50%～70%。

一般情况下，"中性化"是一个较慢的过程，只有在酸性气体浓度较大时，"中性化"才是突出的问题。通常认为，"中性化"是导致钢筋锈蚀的普遍因素之一。但对于

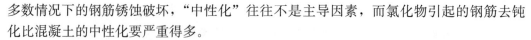

多数情况下的钢筋锈蚀破坏，"中性化"往往不是主导因素，而氯化物引起的钢筋去钝化比混凝土的中性化要严重得多。

3. 氯化物的侵入

钢筋混凝土结构在使用寿命期间可能遇到的各种暴露条件中，氯化物算是一种最危险的侵蚀介质。它的危害是多方面的，这里只评述它促进钢筋腐蚀方面的机理与影响因素。

Cl^- 是极强的阳极活化（去钝化）剂。在水泥的浸出液中，即使其 pH 值还很高（如为 13），只要有 $4\sim6$mg/L 浓度的氯离子，就足够破坏钢筋钝化膜，使钢去钝化（即使外加很大的阳极电流，也难以极化）。关于氯离子去钝化机理，有人认为是氯离子易渗入钝化膜，有人认为是迁移较慢的氯离子优先于氧和 OH^- 被钢吸附。

Foley 等提出 Cl^- 与 OH^- 争夺腐蚀产生的铁离子 Fe^{2+}，形成易溶的 $FeCl_2 \cdot 4H_2O$，它为浅绿蓝色，故俗称为"绿锈"。绿锈从钢筋阳极区向含氧量较高的混凝土孔隙液迁移，分解为 $Fe(OH)_2$，$Fe(OH)_2$ 为褐色，故俗称为"褐锈"。褐锈沉积于阳极区周围，同时，放出 H^+ 和 Cl^-，它们又回到阳极区，使阳极区附近的孔隙液局部酸化，再带出更多的 Fe^{2+}。这样，氯离子虽然并不构成腐蚀产物，在腐蚀中也不消耗，但是作为促进腐蚀的中间产物，会对腐蚀起催化作用。反应式如下：

$$Fe^{2+} + 2Cl^- + 4H_2O \longrightarrow FeCl_2 \cdot 4H_2O$$
$$FeCl_2 \cdot 4H_2O \longrightarrow Fe(OH)_2 \downarrow + 2Cl^- + 2H^+ + 2H_2O$$

如果在大面积的钢筋表面上具有高浓度氯化物，则氯化物所引起的腐蚀可能是均匀腐蚀。但是，在不均质的混凝土中，常见的是局部腐蚀。首先是在很小的钢筋表面，混凝土孔隙液具有较高的氯化物浓度，形成钝化膜的局部破坏，成为小阳极。此时钢表面的大部分仍具有钝化膜，成为大阴极。这种特定的由大阴极、小阳极组成的腐蚀电偶，由于大阴极供氧充足，小阳极上的铁迅速溶解而产生坑蚀，小阳极区局部酸化；同时，由于大阴极区的阴极反应，生成的 OH^- 使 pH 值增高；氯化物提高了混凝土的吸湿性，使阴极与阳极间的混凝土孔隙液的欧姆电阻降低。这三方面的自发性变化，将使上述局部腐蚀电偶得以自发地以局部深入形式继续进行（图 3-9）。这种局部腐蚀被称为点蚀或坑蚀。点蚀对于断面小、应力高又比较脆的预应力钢筋危害特别大，特别是预应力高强钢丝，对应力腐蚀敏感，危害就特别大。

还不至于引起钢筋去钝化的钢筋周围混凝土孔隙液的游离 Cl^- 最高浓度，被称为混凝土的氯化物临界浓度。由于影响因素太多，氯化物浓度测定方法还没有一个统一的标准，因此对混凝土的氯化物临界浓度的认识尚不相同。同时，根据钢筋钝化与 Cl^- 去钝化的机理，如果钢筋周围混凝土孔隙液的 OH^- 浓度高（即 pH 值高），则钝化占优势；如果局部 Cl^- 浓度高，则去钝化占优势。所以，氯化物引起混凝土中钢的去钝化并不单纯取决于钢筋混凝土孔隙液中的游离 Cl^- 浓度，更重要的参数是 $[Cl^-] / [OH^-]$ 值。再者，高效减水剂吸附于水泥和粉煤灰表面，会显著降低水泥和粉煤灰结合氯化物的能力，从而增加混凝土孔隙液的游离 Cl^- 浓度。表 3-1 列出了不同情况下混凝土中氯化物的临界浓度值。

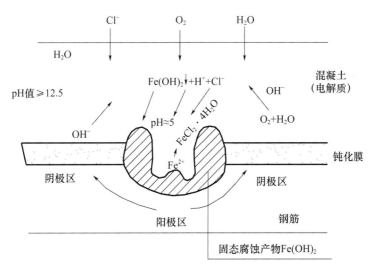

图 3-9　氯化物引起钢筋点蚀的腐蚀电偶示意图

表 3-1　不同情况下混凝土中氯化物的临界浓度值

氯化物引起混凝土中钢的去钝化方式	拌制时掺入	硬化后渗入
混凝土孔隙液的 $[Cl^-]\,/\,[OH^-]$ 临界值	0.6	3.0
Cl^- 临界浓度指标	混凝土临界浓度（对水泥质量，％）	环境 Cl^- 临界浓度（$\times 10^{-6}$）
中等强度混凝土	1.15	5000
高强度混凝土	0.85	10500
粉煤灰高效减水剂双掺高性能混凝土	0.35	10000

我国现行《混凝土结构设计规范》（GB 50010—2010），规定设计使用年限 50 年的混凝土结构，环境等级一至三类的结构预应力构件混凝土中最大 Cl^- 含量为混凝土中最大 Cl^- 含量为 0.1％～0.3％（相对于胶凝材料总量），预应力构件混凝土中的最大 Cl^- 含量为 0.06％（相对于胶凝材料总量）。该规范限定的最大 Cl^- 含量只是粗略区分了暴露条件，对于其他可能影响 Cl^- 临界浓度的因素并未做辨别，所限定的最大 Cl^- 含量较为保守。

4. 氧和水

氧和水是钢筋锈蚀的必要条件。由于混凝土材料的多孔性，以及微裂缝的存在，氧和水的渗入是难免的。水还起着电解质的作用，并溶解氧和有害离子，加快腐蚀速度。在大多数情况下，氧扩散到钢筋表面的速度决定了钢筋腐蚀的速度，因此，阻止或减少氧气扩散到钢筋表面的措施，对防止钢筋锈蚀将发挥有效的作用。

此外，氧还可以造成浓度差异，从而产生腐蚀电池作用。如浸在海水中的钢筋混凝土结构在水面附近的钢筋腐蚀最严重。这是由于水面以上空气中含氧量高，而水面以下含氧量突然降低，形成因浓度差异导致的电池作用，使水面以下含氧量低的部位作为阳极而腐蚀。

3.2.3.3 钢筋锈蚀的破坏过程

随着钢筋锈蚀的发生，混凝土开裂、剥落，使钢筋和混凝土的黏结力丧失，或者由于钢筋截面积的减小，承载力下降。

混凝土中钢筋锈蚀造成构件破坏可分成以下几个过程：

（1）钢筋钝化膜破坏。

（2）钢筋锈蚀把混凝土保护层胀裂。

（3）保护层剥落，钢筋锈蚀加速。

（4）构件或结构破坏。

因钢筋锈蚀将保护层胀裂所形成的混凝土表面裂缝与混凝土其他裂缝的区别在于：

（1）裂缝下必有钢筋，而且钢筋已经锈蚀。

（2）裂缝与钢筋的方向一致。

（3）在大多数情况下，裂缝首先出现于构件的边角处。

钢筋锈蚀影响结构的耐久性，但由于锈蚀而引起结构损坏的事例也时有发生。因钢筋锈蚀造成构件的破坏大致可分成以下几类：

（1）有明显预兆的破坏。受弯构件跨中钢筋锈蚀，或者大偏压的受拉钢筋锈蚀，均属此类。这类构件在破坏前会产生一定的变形，如板或梁的跨中挠度明显可见，钢筋大面积锈蚀。

（2）无明显预兆的破坏。钢筋锚固区的破坏，受弯构件的剪切破坏，以及柱子牛腿的剪切破坏等，均属此类。

（3）无明显预兆的突然破坏。此类破坏多为预应力构件中预应力钢筋严重锈蚀所致。即当一根或几根钢筋锈蚀到一定程度时，受蚀钢筋裂断，其余预应力钢筋不足以承受荷载应力，相继断裂，造成构件破坏。

3.2.4 碱-骨料反应引起的裂缝

碱-骨料反应一般是指水泥中的碱和骨料中的活性氧化硅发生反应，生成碱-硅酸盐凝胶并吸水发生膨胀压力，致使混凝土出现开裂现象。即

$$2Na_2O+SiO_2 \xrightarrow{H_2O} Na_2O \cdot SiO_2+H_2O$$

碱-硅酸盐凝胶吸水膨胀体积增大3～4倍，膨胀压力为3.0～4.0MPa。碱骨料反应通常进行得很慢，所以由碱骨料反应引起的破坏往往要经过若干年后才会出现。其破坏特征为：表面混凝土产生杂乱无章的网状裂缝，或者在骨料颗粒周围出现反应环。在破坏的试样里可以检测出碱-硅酸盐凝胶的存在，在裂缝或空隙中，碱-硅酸盐凝胶失水后硬化成白色的粉末。

发生碱-骨料反应的必要条件是水泥中含有较高的碱量，而同时骨料中含有活性氧化硅，水泥中的含碱量从小于0.4%（Na_2O+K_2O）到1%以上，大部分碱都能很快析出到水溶液中。总碱量（K_2O）常以等当量Na_2O计，即$Na_2O\%+0.66\times K_2O\%$。只有水泥中的$Na_2O$含量大于$0.6\%$时，才会与活性骨料发生碱-骨料反应而产生膨胀。

活性骨料有蛋白石、玉髓、石鳞石英、方石英、酸性或中性玻璃体的隐晶质火山

岩，如流纹岩、安山岩及其凝灰岩等，其中蛋白石质的二氧化硅可能活性最大。

碱-骨料反应的充分条件是水分，干燥状态下是不会发生碱-骨料反应的。所以，混凝土的渗透性同样对碱-骨料有很大影响。

影响碱-骨料反应的因素有如下几点：

（1）活性二氧化硅的活性。

（2）活性二氧化硅的数量。

（3）活性材料的粒径。

（4）碱的可获量。

（5）可利用的水量。

认识了影响碱-骨料反应的因素就能控制它在混凝土中的作用。可以采用以下方法：

（1）控制水泥中的碱含量或用量，应用低碱水泥。

（2）应用火山灰水泥或粉煤灰水泥，可以降低孔隙液中的 pH 值。

（3）采用低 W/C 混凝土，提高混凝土的密实度，防止水的渗入。

碱-骨料反应的破坏在美国和加拿大的部分结构中出现较多，在我国的水港工程结构物中也有发现。在一般的工业与民用建筑中还很少发现此类破坏，但由于碱-骨料反应很慢，工程中高碱水泥及活性骨料的使用应当慎重。

3.2.5 温度裂缝

温度裂缝有表面温度裂缝和贯穿温度裂缝两种。

（1）表面温度裂缝是因水泥的水化热产生的，多发生在大体积混凝土中。在浇捣混凝土后，水泥的水化热使混凝土内部的温度不断升高，而混凝土表面的热量易散发，于是混凝土内部和表面之间产生了较大的温差。内部的膨胀约束了外部的收缩，因而在表面产生了拉应力，中心部位产生了压应力。当表面的拉应力超过混凝土的抗拉强度时，就产生了裂缝。一般地讲，裂缝仅在结构表面较浅的范围内出现，且裂缝的走向无一定规律，纵横交错，裂缝宽度为 $0.05\sim0.3\mathrm{mm}$。例如，某船闸工程下闸首中部底板厚 $2.8\mathrm{m}$，平面尺寸为 $18.2\mathrm{m}\times28.7\mathrm{m}$，属于大体积混凝土。为控制裂缝的产生，一方面，采用了低水化热水泥——复合水泥；另一方面，在混凝土内部布设冷却水管。尽管如此，混凝土内部温度仍然达到了 $43℃$，在下闸首中部底板仍然发现一条上下贯通的裂缝。

（2）大多数贯穿温度裂缝是由结构降温较大，受到外界的约束而引起的。例如，对于框架梁、基础梁、墙板等，在与刚度较大的柱或基础连接时，或预制构件支承并浇结在伸缩缝时，一旦受寒潮袭击或适度降温时，就产生收缩。但由于两端的固定约束或梁内配筋较多阻止了它们的收缩拉应力，以致产生了收缩裂缝。

3.2.6 收缩裂缝

常说的收缩裂缝，实际上包含凝缩裂缝和冷缩裂缝。

所谓凝缩裂缝，是指混凝土结硬过程中因体积收缩而引起的裂缝。通常，它在浇筑混凝土 2～3 个月后出现，且与构件内的配筋情况有关。当钢筋的间距较大时，钢筋周围混凝土的收缩因较多地受钢筋约束，收缩较小，而远离钢筋的混凝土收缩较自由，收缩较大，从而产生裂缝。在实际工程中，常会遇到凝缩裂缝。图 3-10 所示的框架混凝土梁，在梁腹产生了横向的凝缩裂缝，裂缝间距基本相等。

冷缩裂缝是指构件因受气温降低影响而收缩，且在构件两端受到强有力约束而引起的裂缝，一般只有在气温低于 0℃时才会出现。

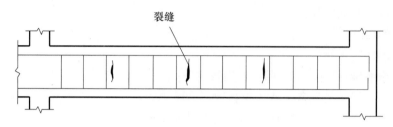

图 3-10　梁中的收缩裂缝

3.2.7　沉缩裂缝

沉缩裂缝是混凝土结硬前有沉实或沉实能力不足而产生的裂缝。新浇混凝土由于重力作用，较重的固体颗粒下沉，迫使较轻的水分上移，即所谓"泌水"。由于固体颗粒受到钢筋的支承，钢筋两侧的混凝土下沉变形相对于其他变形小，形成沿钢筋长度方向的纵向裂缝（图 3-11），裂缝深度一般至钢筋顶面。

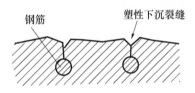

图 3-11　沿钢筋的沉缩裂缝

此外，在现浇钢筋混凝土结构中，由于梁、板混凝土几乎同时浇筑，梁的沉缩大于板的沉缩，在梁、板交接处产生了纵向水平裂缝（图 3-12），宽度为 0.1～0.3mm。再如，当柱子立浇时，如果柱子连同梁板或牛腿同时浇捣，则由于柱子的沉缩量远大于梁或牛腿的沉缩量，在柱子与梁板或牛腿的交接面处会出现沉缩裂缝。柱子与牛腿交接处的沉缩裂缝如图 3-13 所示。

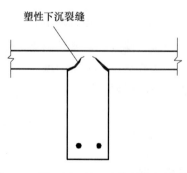

图 3-12　梁、板（柱）交接处的沉缩裂缝

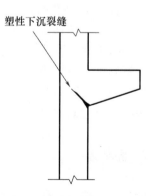

图 3-13　柱、牛腿交接处的沉缩裂缝

3.2.8 干缩裂缝

干缩裂缝（又称龟裂）发生在混凝土结硬前最初几小时。龟裂呈无规则状，纵横交错，如图 3-14 所示。裂缝的宽度较小，大多为 0.05～0.15mm。干缩裂缝产生的主要原因是混凝土表面的干燥速度不同。当水分蒸发速度超过泌水速度时，就会产生这种裂缝。与收缩裂缝不同的是，它与混凝土内的配筋情况以及构件两端的约束条件无关。干缩裂缝常出现在大体积混凝土的表面和板类构件以及较薄的梁中。

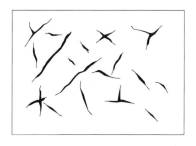

图 3-14　板干缩裂缝

3.2.9 基础沉降裂缝

由于地基的不均匀下沉，在结构构件上引起的沉降裂缝是工程中常遇到的一种裂缝。

地基的不均匀沉降改变了结构的支承及受力体系。由于计算简图的改变，有时会使计算跨度成倍增长，弯矩增长得更快。在承受沉降引起的较大弯矩的部位，原结构的配筋较小，易导致构件产生较大的裂缝。

图 3-15（a）所示为中柱下沉比两侧大时，结构的不均匀沉降引起的裂缝分布情况。这是较易出现的沉降裂缝。其主要原因有：一是在计算各基础荷载时，习惯上按负荷面积摊派，而中柱的实际受力要高出按面积摊派的荷载，从而造成中柱基础的地基净反力较边柱大；二是中柱基础的沉降因受两边柱的影响，还产生附加变形；三是在房屋的中央部位常有电梯间、水箱等结构，它们的恒荷载所占的比重较大。

图 3-15（b）所示为另一种较易出现的不均匀沉降（局部沉降）所引起的裂缝分布情况。当局部地基有古墓、废井、暗浜等情况时，均有可能导致基础局部沉陷过大，引起框架梁、柱开裂。

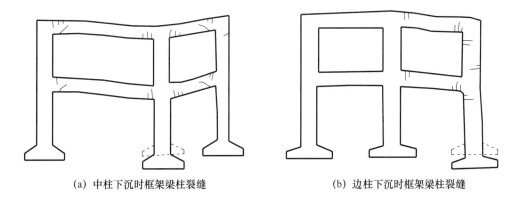

(a) 中柱下沉时框架梁柱裂缝　　　　　　　　(b) 边柱下沉时框架梁柱裂缝

图 3-15　框架基础的沉降裂缝

3.2.10 施工不当造成的裂缝

施工不当造成的裂缝包括施工工艺不当和施工质量差所导致的裂缝。造成裂缝的原因有以下5种。

1. 模板变形

模板强度低，刚度不足，支承稳定性差，支承杆脚无垫板而沉陷（钢管、门架立杆脚无垫板情况下，当混凝土强度在1.2MPa时，48mm×3mm管脚断面为424mm²，只能承受509N的荷载；42mm×2.5mm杆脚断面为310mm²，只能承受372N的荷载）。施工时混凝土集中堆积，施工机具荷载过重，造成模板变形过大，支承沉陷、失稳，引起混凝土沉裂。

2. 钢筋走位，受扰松脱

施工过程中，人员踩踏、机具重压等致使保护层垫块移动、丢失或破碎，造成钢筋走位、弯折、保护层过小或过大。当构件承受拉应力时，表面混凝土就首先被拉裂；混凝土浇筑过程或之后，尤其是初凝之后，当强度较低时，由于混凝土运输管的窜动，人力或机械的扰动造成钢筋受振、摆动、松脱，使混凝土对钢筋的黏结力降低或丧失，钢筋的受拉性能不能充分发挥，构件的整体受力性能减弱，内部产生拉应力时混凝土首先出现裂缝。

3. 养护不足，收缩干裂

混凝土是水硬性拌和物，其凝结硬化过程需要有足够的水分，特别是早期，凝结硬化进展急速，需要大量的水分。如果养护过迟开始，或者措施不力，水分不足，混凝土很容易失水，造成表面收缩而出现裂缝。即使是中后期，硬化过程还在持续，仍然需要有一定的水分维持，如果过早停止养护，混凝土则会出现缺水干裂。

4. 过早拆模，太早加载

混凝土凝结硬化需要一个过程，其强度要达到可上人施工的1.2MPa，可拆模的混凝土强度要达到设计强度的75%或100%，均需经过一定时日的养护。在混凝土的实际强度未真正达到规范规定值的情况下就贸然过早上人加载抢速度施工，甚至集中堆放重物；或者过早拆模、超载、强力撬打、冲击振动等，势必超出混凝土结构当时的承受能力而出现裂缝、酥松。一旦出现这种裂缝或酥松内伤，混凝土是不会自行愈合的，将会造成永久的缺陷、长期的隐患。

5. 使用不当，超载损伤

长期无人居住，关门闭户，密不通风，内外温差过大，混凝土会出现温差裂缝；改变使用功能，随意在楼板上加墙、过多堆放重物超载，均会使混凝土结构超出原设计承受能力而出现超载裂缝。任意在混凝土结构上刨槽、切割、挖坑、开洞，这种随意打凿、强力冲击，势必会损坏或损伤混凝土构件，造成混凝土开裂。

3.3 商品混凝土引起的工程质量问题

商品混凝土是水泥使用方式和混凝土生产方式的重大变革，是实现建筑业工业化、现代化的必由之路，也是一个城市乃至一个国家经济和技术进步的重要标志。与国外相比，我国商品混凝土技术起步较晚，产量较低。20 世纪 70 年代末，我国首次从日本购进成套混凝土搅拌站、搅拌输送车和输送泵，开始了商品混凝土的生产和施工。1978 年，常州市建立商品混凝土搅拌站，以商品形式向用户提供混凝土。同年，上海宝钢购进日本成套设备，建成生产能力为 50 万 m^3 的预拌混凝土搅拌站。同时，国家对发展预拌混凝土高度重视，出台了一系列强有力的政策法规，为预拌混凝土的快速健康发展提供了保障。早在 1994 年，建设部就将预拌混凝土的生产与应用作为建筑业重点推广应用的 10 项新技术之一，国家在国民经济和社会发展"九五"计划和 2010 年远景目标纲要中明确提出提高水泥散装率，发展商品混凝土。《散装水泥发展"十五"规划》也明确指出：到 2005 年，全国预拌混凝土生产能力要达 3 亿 m^3，预拌混凝土占混凝土浇筑总量的比例达到 20%，其中大中城市要达到 50% 以上。《散装水泥发展"十一五"规划》便明确提出："十一五"期间，全国预拌混凝土产量要达到 7 亿 m^3。特别是在 2003 年，国家商务部、公安部、建设部、交通部发布了《关于限期禁止在城市城区现场搅拌混凝土的通知》（商改发〔2003〕341 号），确定了北京等 124 个禁止现场搅拌混凝土的城市，并且明确规定了城区禁止现场搅拌混凝土的时间表。此后，各地政府根据国家政策法规及本地实际情况，也纷纷出台了相关文件、法规和条例，大力支持和鼓励商品混凝土的生产和使用，大大促进了建设单位和施工单位使用商品混凝土。

迄今为止，商品混凝土在我国已经发展了几十年时间。随着"禁现"工作的推进，国家对环境保护、能源节约的重视度提高，高性能混凝土的推广，特别是基本建设和房地产投资的快速增长，商品混凝土行业不断发展。2003 年，全国商品混凝土生产企业数量从 2000 年的 726 家迅速增长至 1359 家，2006 年全国混凝土搅拌站达到 2891 个。据相关统计，1989 年全国商品混凝土年产量仅有 450 万 m^3，1996 年达到 2600 万 m^3，2006 年达到 4.76 亿 m^3，2009 年接近 8 亿 m^3，2010 年达到 11.8 亿 m^3，2018 年产量为 25.46 亿 m^3，2019 年为 25.5 亿 m^3。商品混凝土在城市建设中被广泛使用，产生了良好的社会效益和经济效益。我国商品混凝土的发展前景十分广阔，但因装备水平、技术和管理、体制等诸多因素的影响，商品混凝土行业尚存在一些问题。

3.3.1 商品混凝土的优势和特点

与现场搅拌混凝土相比，商品混凝土在质量、材料、生产效率、施工管理与人员素质等方面都具有明显的优势。从经济效益上来说，商品混凝土的生产效率高（1～1.2m^3/min），能节约水泥 10%，减少砂、石损耗 15%，降低成本 5%。商品混凝土的发展有利于建筑工业的整体发展，可以引起混凝土工业从生产工艺到质量管理等一系列科学化的变革。在改善城市环境方面，商品混凝土能减少施工噪声和扬尘污染，避免因材料堆放和搅拌占用场地和影响市容。

商品混凝土的特点主要有：

（1）水泥用量较多，强度等级 C20～C80，水泥用量一般为 350～550kg/m^3。

（2）水灰比宜为 0.4～0.6。当水灰比小于 0.4 时，混凝土的阻力急剧增大；当水灰比大于 0.6 时，混凝土则易泌水、分层、离析，也影响泵送。

（3）砂率偏高，砂用量多。为保证混凝土的流动性、黏聚性、保水性，以便于运输、

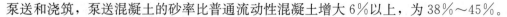

泵送和浇筑，泵送混凝土的砂率比普通流动性混凝土增大6％以上，为38％～45％。

（4）石子最大粒径。为满足泵送和抗压强度要求，与管道直径比为1∶2.5（卵石）、1∶3（碎石）。

（5）添加超细掺合料。为改善混凝土性能，节约水泥造价，混凝土中掺加粉煤灰、矿渣、沸石粉等掺合料。

（6）泵送剂。多为高效减水剂，复合以缓凝剂、引气剂等。对混凝土拌和物流动性和硬化混凝土的性能有影响，因而对裂缝也有影响。

3.3.2　目前存在的问题

虽然商品混凝土有节约施工用地、进度快、工期短、生产机械化程度高等现场拌制混凝土不可比拟的优点，但是由于商品混凝土有坍落度大、凝结时间长等特点，与现场拌制的混凝土相比存在着新的质量问题，如：离析、泌水、工作性不好，以及混凝土坍落度损失大、不能满足搅拌站的泵送需求、早期强度过低或后期强度不足、泵管堵塞等，困扰着商品混凝土搅拌站和施工单位。具体说来，在混凝土的生产、施工中，原材料（如水泥、粗细骨料及外加剂、掺合料质量的差异）、施工条件（如搅拌、运输、浇筑、振捣、养护条件和气候条件等）、试验条件（如取样方法，成型和养护条件及方法等）、生产设备与人员素质等的影响，都会造成混凝土质量的波动。工程实践表明，泵送混凝土强度不足、凝结异常时有发生，特别是裂缝普遍存在，尤其是表面系数大的板、墙以及大体积混凝土出现裂缝的问题，引起很多不必要的纠纷。

3.3.2.1　温差引起的裂缝

水泥用量较多，水泥水化过程中产生大量的热量，从而使混凝土内部温度升高。在浇筑温度的基础上，通常升高35℃左右。如果没有降温措施或浇筑温度过高，混凝土内部温度高达80～90℃的情况也时有发生。混凝土内部和表面的散热条件不同，会导致温度梯度，造成温度变形和温度应力。温度应力与温差成正比，温差越大，温度应力也越大。当这种温度应力超过混凝土的内外约束应力（包括混凝土抗拉强度）时，就会产生裂缝，尤其是大体积混凝土施工，产生裂缝的可能性更大。预防措施是尽量减少水泥用量。大体积钢筋混凝土引起裂缝的主要原因是水泥水化热的大量积聚，使混凝土出现早期升温和后期降温，产生内部和表面的温差。减少温差的措施是选用中热硅酸盐水泥或低热矿渣硅酸盐水泥，在掺加泵送剂或粉煤灰时，也可选用矿渣硅酸盐水泥。如果强度允许，可采用掺加粉煤灰来调整。国内外大量试验研究和工程实践表明，混凝土中掺入一定数量的优质粉煤灰后，不但能代替部分水泥，而且由于粉煤灰颗粒呈球状具有滚珠效应，起到润滑作用，可改善混凝土拌和物的流动性、黏聚性和保水性，并且能够补充泵送混凝土中粒径在0.315mm以下的细骨料达到15％的要求，从而改善可泵性。

3.3.2.2　材料及配合比引起的质量问题

1. 水泥

水泥是混凝土的重要组分，水泥的细度、凝结时间、安定性和强度都在很大程度上决定着混凝土的质量。商品混凝土供应商应对水泥生产厂家提供的水泥进行严格的审查，按生产厂家、品种、强度等级及进站时间按批检测强度和安定性。必须坚持先试验、后使用的原则，安定性不合格的水泥禁止使用，否则将严重影响工程质量。如宿迁某工地在使用安定性不合格的水泥后，混凝土梁板产生大面积裂缝，造成了严重的工程质量隐患。水泥的用量也对混凝土质量产生很大的影响，如对于大体积混凝土，如果水泥用量过大，产生的水化热大、温升快，极易产生温度应力而形成裂缝。

2. 水灰比

水灰比宜为 0.4～0.6。混凝土的干燥收缩受用水量的影响最大，在同一水泥用量条件下，混凝土的干燥收缩与用水量成正比，为直线关系；当水泥用量较高时，混凝土的干燥收缩随着用水量的增加而急剧增大，在泵送混凝土现浇的各种钢筋混凝土中经常出现早期裂缝，这种裂缝为断续的水平裂缝，裂缝中部较宽、两端较窄，呈梭状。裂缝经常发生在板结构的钢筋部位、板肋交接处、梁板交接处、梁柱交接处、结构变截面处。这种裂缝产生的原因主要是水灰比引起的流动性过大和流动性不足以及不均匀，在凝结硬化前没有沉实或者沉实不够，当混凝土沉陷时受到钢筋、模板抑制以及模板移动、基础沉陷所致。

防止措施：要严格控制混凝土单位用水量在 $170kg/m^3$ 以下，水灰比在 0.6 以下，在满足泵送和浇筑要求的前提下，尽可能减小坍落度；混凝土搅拌时间要适当，时间过短、过长都会造成拌和物均匀性变差而增大沉陷；混凝土浇筑时，下料不宜太快，防止堆积或振捣不充分；混凝土应振捣密实，时间以 10～15s/次为宜，在柱、梁、墙和板的变截面处宜分层浇筑、振捣。在混凝土浇筑 1～1.5h 后，混凝土尚未凝结之前，对混凝土进行二次振捣；混凝土表面要压实抹光，如果产生微细裂缝，在混凝土终凝前将混凝土裂面用木抹子重新抹平搓毛，可使裂缝愈合；在炎热的夏季和大风天气，为防止水分快速蒸发，形成内外硬化不均和异常收缩引起裂缝，应采取措施缓凝和覆盖。因此，严格控制泵送混凝土的用水量是减少裂缝的根本措施，对于浇筑墙体和板材的单方混凝土用水量的控制尤为重要。

3. 砂率

泵送混凝土宜采用合理的砂率，砂率值较低的混凝土的流动性较差，适当提高混凝土的砂率是必要的。但是砂率过大，不仅会影响混凝土的工作性和强度，而且增大收缩值和裂缝。采用级配良好的中砂为宜。实践证明，采用细度模数 2.8 的中砂比采用细度模数 2.3 的中砂，可减少用水量 20～25kg/m^3，可降低水泥用量 28～35kg/m^3，因而能降低水泥水化热、混凝土温升和收缩值。

4. 粗骨料最大粒径

根据结构最小断面尺寸和泵送管道内径，选择合理的最大粒径，尽可能选用较大的粒径，例如 5～40mm 粒径可比 5～25mm 粒径的碎石或卵石混凝土减少用水量 6～8kg/m^3，降低水泥用量 15kg/m^3，因而减少泌水、收缩和水化热。要优先选用天然连续级配的粗骨料，使混凝土具有较好的可泵性，减少用水量、水泥用量，进而减少水化热。

5. 粗骨料强度

部分搅拌站忽视了粗骨料强度对混凝土强度的影响，没有测定粗骨料强度。《普通混凝土用砂、石质量及检验方法标准》（JGJ 52—2006）规定：碎石的强度可用岩石的抗压强度和压碎指标值表示。混凝土强度等级 C60 及以上时应进行岩石的抗压强度检验，其他情况下如有怀疑或认为有必要也可进行岩石的抗压强度检验；岩石的抗压强度与混凝土强度等级之比不应小于 1.2。对于强度等级低的混凝土，粗骨料强度一般都能满足要求，也无须检验，但是对强度等级较高的混凝土，不是所有的粗骨料强度都能符合要求，因此必须检验。在实际工作中，许多搅拌站的石子检验报告中，没有列出石子压碎指标值，有的混凝土强度等级达到 C60 的也未进行检验。

6. 掺合料

矿渣、硅藻土、煤矸石、火山灰、赤页岩等粉状掺合料，掺加到混凝土中，一般都会增大混凝土的干燥收缩值。但是质量良好、含有大量球形颗粒的一级粉煤灰，由于内比表面积小，需水量少，能降低混凝土干燥收缩值。

由于市场需求量的不断提高，优质粉煤灰和矿渣已供不应求，从而市场上出现了一些人造粉煤灰和复合矿粉，这种人造灰在粉磨过程中添加了大量的非活性材料，已经丧失了粉煤灰的特性，活性较低，一般均小于 70%，有的甚至不到 60%；而有的矿渣活性只有 88% 左右，从而导致所生产的混凝土各龄期强度均偏低，有时 28 天强度甚至只有设计强度的 80%。

7. 化学外加剂

外加剂的选用要根据混凝土性能要求、施工条件和气候情况，同时结合原材料、配合比等因素综合考虑，并且选用外加剂的品种和掺量应经过试验最后确定。

掺加减水剂、泵送剂，特别是同时掺加粉煤灰的双掺技术不会增大干燥收缩值，但是某些减水剂、泵送剂，尤其是具有引气作用时，有增大混凝土干燥收缩值的趋势。因此，在选用外加剂时，必须选用干燥收缩值小的减水剂或泵送剂。在地下室和防水工程中，混凝土中掺加适量的膨胀剂可以起到收缩补偿作用，有利于防止裂缝，但是使用混凝土膨胀剂，一定要严格控制掺加量和保证混凝土有足够的强度，否则会使混凝土膨胀和开裂。多数搅拌站对细掺合料、粉状泵送剂、粉状膨胀剂称量，采用人工或容积法，使计量存在问题，影响混凝土的均匀性。

此外，当混凝土拌和物过干、过稀、运输时间过长、停留时间过长且未进行搅拌均匀前入泵时，混凝土拌和物干稀不匀。每个运输车中混凝土的坍落度相差过大，加入泵车内输送时，会使浇筑的混凝土均匀性变差，混凝土拌和物过干时，施工人员随意加水，则混凝土质量不易保证。

外加剂、掺合料的使用能有效地改善混凝土的性能，但实际使用过程中存在着误用和计量不准的现象。外加剂的用量要求计量误差在 2% 以内，但是有相当数量的搅拌站没有设置外加剂储料斗（罐），也没有计量装置，所以很难满足 2% 的误差要求。有些商品混凝土厂家对外加剂和掺合料的性质、用量不够了解，盲目使用。例如，在上海就曾出现过把高钙粉煤灰按低钙粉煤灰使用的事故，结果在工程中出现快凝、裂缝等质量问题。在四川和江苏有两个工地掺用木质素磺酸钙，因掺量失控，造成混凝土凝结时间推迟，强度发展缓慢，其中一个工地混凝土浇完 7 天后不凝固，另一个工地 28 天强度仅为正常值的 32%。

8. 配合比

原材料配合比是商品混凝土技术管理的核心，应根据不同的工程要求，进行配合比设计、试配和调整。有些搅拌站一味追求低成本，不严格按照规范要求进行取值和计算，采用低配比，造成混凝土配制强度过低。有些厂家由于技术力量不足，不能根据不同工程（如水下浇筑混凝土、补偿收缩混凝土、大体积混凝土、水工混凝土和高等公路路面混凝土）与施工环境（如雨、雪）等的具体要求针对性地选择原材料并做出配合比的合理调整。商品混凝土出厂时的强度高于现场入模时的强度，即出厂至入模的中间过程存在强度损失，幅度在8%左右，有些混凝土搅拌站的技术人员对此认识不够，没有对混凝土强度进行相应的提高，混凝土的配制强度偏低。有的厂家更是为了追求利润，偷工减料，致使混凝土强度不足。

综上所述，泵送商品混凝土，特别是在高强度、大流动性条件下，水泥用量多，单位用水量大，砂率高和掺加化学外加剂，使混凝土干燥收缩产生裂缝的潜在危险大，对此必须足够重视。

3.3.2.3 施工引起的质量问题

由于商品混凝土与现场搅拌的混凝土在生产工艺上有较大的区别，因而在物理特性上也有较大的区别。与现场搅拌的混凝土相比，商品混凝土坍落度大、用水量多、水泥用量多、砂率大、凝结时间长，如果不注意施工质量，特别是振捣、养护、拆模等较容易出现质量问题的工序以及气候条件等，商品混凝土极易出现质量问题。例如，有的工地在相同材料和天气条件下，有的梁板不出现裂缝而有的出现裂缝，这就很可能是振捣不均产生的裂缝；在气温高、风力大时，如果不注意混凝土的及时覆盖，也很容易出现塑性裂缝。

在相同的水泥强度和相同的材料及工艺条件下，混凝土的强度主要取决于水灰比，而在现场如果施工衔接不好，就容易出现临时加水的问题。向已搅拌好的混凝土中加水，不仅会降低混凝土的强度，而且在泵送、浇筑和振捣等施工过程中，会加剧混凝土的内外分层离析和泌水，影响硬化后混凝土的强度和耐久性，严重的还会造成混凝土结构胀模、跑浆，产生蜂窝、麻面、露筋等问题。

有的施工单位发现运抵现场的商品混凝土不符合要求（主要表现为离析、坍落度不符合要求、和易性不合要求、混凝土运抵现场时已超过初凝时间等）时，不是令其退场，而是继续用于工程中；个别工程中，混凝土运抵现场后根本不进行逐车检查，甚至个别项目中存在商品混凝土用错的情况。

3.3.2.4 其他方面引起的质量问题

1. 生产、运输与施工各单位的相互配合

商品混凝土由设计、生产到浇筑成型，再到最终的验收使用是一个完整的过程，需要各方的配合，然而商品混凝土的生产、运输与施工之间常常会出现许多矛盾。在施工现场经常出现生产和施工不衔接的情况，导致混凝土搅拌时间过长而使强度降低。建设单位、施工单位和商品混凝土供应商如果横向联系不够，常常会出现资金、进度、质量、责任不明等问题，一旦出现质量问题，就会相互推卸责任，影响事故的及时分析和处理。

2. 工艺设备

工艺设备是一个企业的生命，只有具备现代化生产能力的企业才能在竞争中立于不败之地。商品混凝土机械化程度高、技术要求严、生产环节紧凑，只有当这些条件成熟时，商品混凝土才具备旺盛的生命力。而现今有些商品混凝土供应站的工艺设备落后，机械老化，很多厂家是在经济利益的驱使下仓促上马，有的搅拌站长时间使用搅拌设备，没有及时对设备进行维修和校验，因而商品混凝土的质量很难得到保证。由于我国商品混凝土正处于起步阶段，除上海、北京、大连、武汉等少数几个城市外，大部分城市仍处于发展阶段，进展较为缓慢，很多城市仍在使用低质量的商品混凝土。同时，对设备的验收、检验抓得也不够，新建的搅拌站投产前验收制度尚不够健全，所以很容易出现质量事故。

3. 人员素质

商品混凝土厂家对人员素质的要求较高，技术人员一般都需经过专门的培训。但实际上有些厂家的技术人员还适应不了生产的技术要求，对设备的操作不够熟悉，在设备保护和维修等方面还有差距。

4. 管理

由于商品混凝土在我国的发展还处于发展阶段，很多政策还不够配套，机构还不够健全，而且管理力度也不足。目前，全国还没有统一的关于发展商品混凝土的法规，很多省市也还没有颁布发展商品混凝土的政策和措施，没有健全的管理机构和管理制度。在商品混凝土发展较快的地区如上海、大连，商品混凝土的产量供大于求，导致竞相压价、拖欠货款的现象时有发生。但是在一些发展较慢的地区，由于缺乏竞争和相应的监督措施，商品混凝土还存在着各种各样的质量问题。

3.4 工业建筑的腐蚀

3.4.1 工业建筑腐蚀现状

用混凝土和钢筋混凝土建造的建（构）筑物中，有很大一部分在使用期间常常受到各种腐蚀性介质的腐蚀。特别是在有色冶金、化工、纸浆、石油、纺织等工业领域，由于经常使用和加工生产对混凝土和钢筋有腐蚀作用的物质，从而使工业建（构）筑物遭受严重的腐蚀。这严重影响了建（构）筑物的耐久性和使用寿命，远不能达到设计使用年限，影响生产的顺利进行，甚至危及厂房的安全，造成了严重的损失。国内外这方面的教训有很多。因此，工业建筑的腐蚀和耐久性问题是目前人们关心的重要问题之一。下面以徐州地区工业建筑的腐蚀情况为例分析工业建筑的腐蚀状况。

据对徐州化工、城建、燃气、煤矿等工业领域的调查发现，一些用混凝土和钢筋混凝土建造的建筑物和构筑物，在自然和工业环境中受到了各种形式的侵蚀。特别是在化工、燃气等工业建筑，由于常年受到各种腐蚀性介质的侵蚀，引起结构材料的腐蚀，使建筑结构受到严重损坏。表 3-2 列出了徐州地区受到各种腐蚀介质侵蚀的部分工业建筑的腐蚀情况。

表 3-2　徐州地区部分工业建筑的腐蚀情况

工程项目名称	建筑面积（m²）	建造时间	结构类型层数	受到腐蚀的主要破坏特征	主要侵蚀介质	备注
某电化厂氯乙烯厂房	613	1970 年	框架一层	梁底面混凝土保护层全部脱落，钢筋外露，严重锈蚀；柱钢筋锈蚀，混凝土开裂	HCl 气体	1980 年停用
某电化厂蒸发车间	1384	1970 年	框架二层	混凝土和砖墙严重破坏，部分砖墙厚度已被腐蚀掉一半，部分砂浆抹面脱落	NaOH 溶液	
某化肥厂旧造气车间	1200	1958 年	砖混三层	大梁下部钢筋锈蚀严重，混凝土开裂	CO、CO_2、HS 等	1982 年停用
某化肥厂新造气车间	2300	1982 年	砖混三层	板底混凝土粉化严重，钢筋裸露，梁底钢筋锈蚀严重，混凝土胀裂	CO、CO_2、HS 等	
某电化厂盐水厂房盐库	1900	1970 年	框架二层	梁、板钢筋严重锈蚀，混凝土保护层疏松脱落	NaCl 溶液	已拆除
某化肥厂合成塔塔架	—	1973 年	框架	梁上钢筋大部分裸露，部分纵筋和箍筋蚀断，柱子均产生顺筋裂缝，局部混凝土脱落	NH_3、CO、CO_2	1986 年曾进行加固
徐州焦化厂旧办公楼	1200	1972 年	砖混三层	外走廊悬挑梁和板部分钢筋锈蚀，混凝土开裂，部分剥落		

3.4.2　工业建筑腐蚀特点

总体来讲，徐州地区工业建筑的腐蚀状况可归纳为以下几个方面。

1. 腐蚀问题的严重性

由于经常使用和加工生产对混凝土和钢筋有腐蚀作用的物质，同时也受自然环境的腐蚀；再者，工业生产的原料或产品，由于跑、冒、滴、漏而与厂房结构直接或间接接触，也严重地腐蚀着钢筋混凝土工业厂房，腐蚀发展速度惊人，有的甚至使结构达到危险的程度，远远不能达到设计使用年限。如徐州某化肥厂合成塔塔架，由于常年受到各种有害气体的腐蚀，再加上处于高温、高湿的环境下，框架梁、柱腐蚀严重，仅使用13 年就不得不用型钢进行加固，但由于腐蚀的继续发展，几年后又采用耐腐蚀混凝土进行第二次加固，造成了很大的经济损失。再如徐州某电化厂盐水车间，已不得不拆除重建。而徐州某电化厂氯乙烯厂房在建成使用 10 年后的 1980 年，就不得不进行加固。虽然如此，该厂房现已处于危险状态，为了保证生产的正常进行，只好采用槽钢进行临时加固。因此，工业建筑受到的腐蚀不仅造成经济上的重大损失和浪费，而且带来频繁的维护、检修，严重影响生产的顺利进行，威胁着生产的安全。

2. 腐蚀问题的复杂性

从调查情况看，工业建筑遭受腐蚀破坏的因素是多方面的，酸、碱、盐介质在一定条件下会对设备和厂房建筑产生强烈的腐蚀作用；腐蚀性气体、液体和固体也会对建

（构）筑物造成腐蚀破坏。腐蚀介质可分为直接腐蚀介质和间接腐蚀介质。这里直接腐蚀介质是指生产工艺反应过程中生成的介质，间接腐蚀介质是直接腐蚀介质遇到其他物质发生反应而生成的新的介质。工业建筑腐蚀的介质主要来源于生产过程中的跑、冒、滴、漏，这又受到工艺流程、设备布置、施工质量和生产管理的影响。同时，工业建筑的腐蚀往往又是多种腐蚀因素的组合，且与这些厂房结构所处的环境有关。如当碱的浓度不大（15％以下）、温度不高（低于50℃）时，对混凝土的影响很小。但在徐州某电化厂蒸发车间，由于受到高浓度的NaOH热溶液的腐蚀，混凝土和砖墙受到严重腐蚀，已停产进行加固处理。

3. 缺乏有效防腐措施

从调查情况看，由于不少土建设计人员和建设单位对工业建筑的腐蚀危害性认识不足，忽视建筑腐蚀的防护工作，因此不论在新建工程中，还是对已有建筑物的修复加固中，普遍缺乏防腐设计和防腐措施，严重地影响了建筑物的耐久性和使用寿命，以致坏了修、修了坏，直至拆除重建。

3.4.3 化学侵蚀的机理

混凝土在侵蚀性的环境中，可能遭受化学侵蚀而破坏。混凝土的侵蚀性环境差异很大，环境介质多种多样。对混凝土有侵蚀性的介质包括酸、碱、盐、压力流动水等。混凝土的化学侵蚀可分为三类：

（1）某些化学产物被水溶解流失，如混凝土在压力流动水作用下的溶出性侵蚀。

（2）混凝土的某些水化产物与介质起化学反应，生成易溶或没有胶凝性能的产物，如酸、碱对混凝土的溶解性侵蚀。

（3）混凝土的某些水化产物与介质起化学反应，生成膨胀性的产物，如硫酸盐对混凝土的膨胀性侵蚀。

本文主要介绍几种典型的酸、碱、盐介质的侵蚀和溶出性侵蚀（软水侵蚀）。

3.4.3.1 溶出性侵蚀

长期与水接触的混凝土结构物，混凝土中的$Ca(OH)_2$被溶失，使液相的$Ca(OH)_2$浓度下降，最后会导致水泥水化产物分解。

如水中暂时硬度较大，HCO_3^-与$Ca(OH)_2$产生下式反应：

$$Ca(OH)_2 + HCO_3^- \longrightarrow CaCO_3 + H_2O + OH^-$$

$Ca(OH)_2$被碳化，形成碳化保护层，阻止石灰进一步被溶出。

如水中暂时硬度很小，呈软水，则混凝土表面已碳化的$CaCO_3$也会被软水溶解，使$Ca(OH)_2$进一步被溶解。

混凝土溶出性侵蚀速度主要取决于混凝土的渗透性、$Ca(OH)_2$的含量，以及水泥熟料的矿物组成和掺合料的成分等。

对于承受水压的结构物，如果混凝土的密实性较差，渗透性较大，水化产物会不断溶出并流失。溶出的$Ca(OH)_2$受大气中CO_2作用，变成$CaCO_3$白色沉淀物，俗称"流白浆"，标志着混凝土的病变。$Ca(OH)_2$溶出，属物理作用，但导致了水泥水化产物被

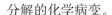

分解的化学病变。

混凝土的这类侵蚀，在各种建筑物中都能看到。我国一些服役 30 年以上的一些水电站，如新安江、佛子岭、磨子潭等水电站混凝土的大坝上，都曾发现不同程度的溶出性腐蚀，造成表面混凝土老化。

3.4.3.2 硫酸盐侵蚀

环境介质含有盐类时，通过化学或物理作用产生结晶，对混凝土有很大的膨胀破坏作用。在混凝土中，化学侵蚀最广泛和最普通的形式是硫酸盐的侵蚀。硫酸盐一般是指硫酸钠、硫酸钾、硫酸镁等。土壤的地下水是一种硫酸盐溶液，当土壤硫酸盐的浓度超过一定限值时，就会对混凝土产生侵蚀作用。在污水处理厂、化纤工业、制盐、制皂业等厂房中，经常会发现混凝土结构物的硫酸盐侵蚀破坏现象。

硫酸盐溶液和水泥石中的氢氧化钙及水化铝酸钙发生化学反应，生成石膏和硫铝酸钙，产生体积膨胀，使混凝土瓦解。可以认为硫酸盐腐蚀是个连续的过程：硫酸盐离子的渗入；石膏腐蚀；硫铝酸盐腐蚀。

硫酸盐与水化产物 $Ca(OH)_2$ 反应，生成石膏，以硫酸钠为例，发生如下的反应：

$$Ca(OH)_2 + Na_2SO_4 \cdot 10H_2O \longrightarrow CaSO_4 \cdot 2H_2O + 2NaOH + 8H_2O$$

在流动的硫酸盐水里，该反应可以一直进行下去，直至 $Ca(OH)_2$ 完全被反应完。但如果 OH^- 被积聚，反应就可达到平衡，只有一部分 SO_4^{2-} 沉淀成石膏。从氢氧化钙转变成石膏，体积增加为原来的 2 倍，从而对混凝土产生膨胀破坏作用。

硫铝酸盐腐蚀主要是单硫型铝盐形成钙矾石的过程，这种腐蚀所发生的化学反应如下：

$$2(3CaO \cdot Al_2O_3 \cdot 12H_2O) + 3(Na_2SO_4 \cdot 10H_2O) \longrightarrow$$
$$3CaO \cdot Al_2O_3 \cdot 3CaSO_4 \cdot 32H_2O + 2Al(OH)_3 + 6NaOH + 16H_2O$$

此反应形成了钙矾石，使得混凝土体积大量增加。水泥石体积膨胀，并同时产生内应力，最后导致混凝土开裂。

硫酸钠可以与氢氧化钙和水化铝硫钠同时发生腐蚀反应，硫酸钙只能与水化铝酸钙反应，生成硫铝酸钙。硫酸镁除了能侵害水化铝酸钙和氢氧化钙外，还能和水化硅酸钙反应。由于反应产物氢氧化镁的溶解度很低，上述反应几乎可以进行完全。所以，硫酸镁较其他硫酸盐具有更大的侵蚀作用。

受硫酸盐侵蚀的混凝土的特征是表面发白，损坏一般从棱角开始，接着裂缝开展，表层剥落，使混凝土成为一种易碎的，甚至松散的状态。

受硫酸盐侵蚀的混凝土强度变化一般经历两个阶段：

（1）在腐蚀初期，新生成的盐结晶体体积的增长，使混凝土空隙率变小，密实度提高，此时混凝土强度有所提高。

（2）在腐蚀后期，大量膨胀性产物在孔结构内膨胀应力的不断增长，使孔结构遭到破坏，内部微裂缝不断扩展，导致混凝土强度不断降低。

3.4.3.3 酸侵蚀

混凝土是碱性的材料，当环境水的 pH 值小于 6.5 时，就会对混凝土产生酸侵蚀。

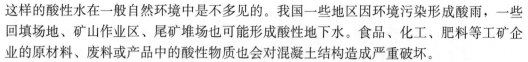

这样的酸性水在一般自然环境中是不多见的。我国一些地区因环境污染形成酸雨，一些回填场地、矿山作业区、尾矿堆场也可能形成酸性地下水。食品、化工、肥料等工矿企业的原材料、废料或产品中的酸性物质也会对混凝土结构造成严重破坏。

混凝土的酸侵蚀可分为碳酸、硫氢酸等的弱酸侵蚀和盐酸、硝酸、硫酸等的强酸侵蚀。

1. 弱酸侵蚀

绝大多数天然水中或多或少存在碳酸。一般当 pH＞8.4 时，未离解的碳酸实际上不存在；当 pH＜6.5 时，碳酸就成为主要形式。如果水中的碳酸与 H^+、HCO_3^-、CO_3^{2-} 等处于平衡状态，则对混凝土无侵蚀性；当水中的 CO_2 含量增多，超过了其平衡量，这种水就具有侵蚀性。碳酸与 $Ca(OH)_2$ 发生如下的反应：

$$CO_2 + H_2O \rightleftharpoons H_2CO_3$$
$$Ca(OH)_2 + 2H_2CO_3 \longrightarrow Ca(HCO_3)_2 + H_2O$$

可溶性的碳酸氢钙被水带走，使水泥石中的 $Ca(OH)_2$ 的浓度降低，对混凝土产生侵蚀作用。

碳酸的腐蚀程度取决于水溶液中游离二氧化碳的含量。二氧化碳含量高，腐蚀严重。

与碳酸侵蚀类似的还有硫氢酸侵蚀。硫氢酸由硫化氢气体溶于水而生成。这里不再赘述。

2. 强酸侵蚀

盐酸、硫酸、硝酸等无机酸及醋酸、甲酸、乳酸等有机酸会对混凝土产生强酸侵蚀。

在酸侵蚀的过程中，强酸将加速与氢氧化钙的反应：

$$Ca(OH)_2 + 2H^+ \longrightarrow Ca^{2+} + 2H_2O$$

如果浓度高，水化硅酸钙（C-S-H）也可受侵蚀而形成硅胶：

$$3CaO \cdot 2SiO_2 \cdot 2H_2O + 6H^+ \xrightarrow{H_2O} 3Ca^{2+} + 2(SiO_2 \cdot nH_2O) + 6H_2O$$

1% 的硫酸或硝酸溶液在数日内对混凝土的侵蚀能达到很深的程度，就是因为它们和水泥石中的 $Ca(OH)_2$ 反应，生成水和可溶性钙盐，同时能直接与硅酸盐、铝酸盐反应使之分解，使混凝土遭到严重的破坏。此外，硫酸根离子将明显地参与硫酸盐侵蚀，因而硫酸的腐蚀性特别严重。

盐酸（HCl）的 H^+ 会侵蚀混凝土，发生上述的腐蚀反应，其 Cl^- 对钢筋的锈蚀起着重要的加速作用，因此盐酸的侵蚀破坏作用也是极大的。

3.4.3.4 碱类侵蚀

固体碱如碱块、碱粉等对混凝土无明显的作用，而熔融状碱或碱的浓溶液对混凝土有侵蚀作用。但当碱的浓度不大（15% 以下）、温度不高（低于 50℃）时，影响很小。碱（NaOH、KOH）对混凝土的侵蚀作用主要包括化学侵蚀和结晶侵蚀。

化学侵蚀主要是碱溶液与水泥石中的水化硅酸钙、水化铝酸钙等水化产物起化学反应，生成胶结力差、易为碱液浸析的产物。典型的反应式如下：

$$3CaO \cdot 2SiO_3 \cdot 3H_2O + 4NaOH \rightleftharpoons 3Ca(OH)_2 + 2NaSiO_3 + 2H_2O$$
$$2CaO \cdot Al_2O_3 \cdot 6H_2O + 2NaOH \rightleftharpoons 3Ca(OH)_2 + Na_2O \cdot Al_2O_3 + 4H_2O$$

结晶侵蚀是由于碱渗入混凝土孔隙中，与空气中的 CO_2 作用，形成含 10 个结晶水的碳酸钠晶体析出，体积增加 2.5 倍，产生很大的结晶压力而引起水泥石结构的破坏。其反应式如下：

$$2NaOH + CO_2 \longrightarrow Na_2CO_3 + 2H_2O$$
$$Na_2CO_3 + 10H_2O \longrightarrow Na_2CO_3 \cdot 10H_2O$$

3.4.4 工业建筑防腐蚀对策

1. 提高对建筑防腐重要性的认识

对工业建筑进行防腐设计是确保其耐久性的重要条件，土建设计人员要充分认识腐蚀危害的严重性和建筑防腐的重要性，充分了解生产工艺，与工艺、设备等专业密切配合，周密考虑防腐设计方案，采取有效的措施消除和减少腐蚀性介质的影响。设计人员要明白，在工程设计阶段采取经济、合理的防腐措施，是最经济和有效的，而若等到厂房出现腐蚀以后再进行处理则更为困难和复杂，修复费用将会成倍增长。

2. 加强对生产过程的管理

为了防止和减轻腐蚀性介质对工业建筑的侵蚀，除了进行合理的防腐设计以外，防腐工程的使用寿命与生产管理水平也有很大关系。因此，要加强生产管理，尽量杜绝和减少腐蚀性介质的跑、冒、滴、漏，以最大限度地减少和避免厂房建筑结构的腐蚀，延长工业厂房的使用寿命。

从徐州地区部分工业建筑的调查情况可以看出，工业建筑的腐蚀和耐久性已成为人们重点关注的问题，必须进一步提高对工业建筑防腐蚀工作的认识，加强防腐蚀技术的研究，提高防腐蚀设计、施工、使用及管理水平，减少腐蚀造成的损失，提高工业建筑的耐久性和使用寿命。

3. 选用合适的水泥品种

由于工业建筑所处的腐蚀环境不同，遭受的腐蚀介质各异，因此，为了提高建（构）筑物的抗腐蚀能力，选择合适的水泥品种十分重要。抗硫酸盐水泥、火山灰质硅酸盐水泥、矾土水泥、矿渣硅酸盐水泥等对不同的腐蚀介质具有不同的抗腐蚀性能，如矾土水泥抗各种化学腐蚀能力强，而火山灰质硅酸盐水泥和抗硫酸盐水泥具有良好的抗硫酸盐侵蚀的性能，等等。因此，在防腐蚀工程中，必须选用与腐蚀环境相适应的水泥品种。几种常用水泥在不同侵蚀性介质中的抗腐蚀性能见表 3-3。

表 3-3 几种常用水泥抗腐蚀性能

水泥品种	抗化学侵蚀性能		
	硫酸盐	弱酸	海水
普通硅酸盐水泥	低	低	低
抗硫酸盐水泥	高	低	中
矿渣硅酸盐水泥	中到高	中到高	中
矾土水泥	很高	高	很高
火山灰质硅酸盐水泥	高	中	高

4. 采用耐腐蚀混凝土

常用的耐腐蚀混凝土有聚合物水泥混凝土、聚合物浸渍混凝土、水玻璃耐酸混凝土、硫黄混凝土等。这些混凝土不仅像普通混凝土一样，有很高的力学强度，而且对各类酸、碱、盐等化学介质，具有相当可靠的腐蚀稳定性。

5. 采用耐腐蚀钢筋

对于处于恶劣环境中的钢筋混凝土结构应考虑使用耐腐蚀钢筋。常用的耐腐蚀钢筋有环氧涂层钢筋、镀锌钢筋等。

6. 结构构造措施

钢筋混凝土结构应从构造上采取一些措施，来防止侵蚀性介质作用而产生腐蚀破坏。如加大混凝土保护层厚度；控制混凝土的裂缝宽度；提高混凝土的密实度；适当选用强度等级较高的混凝土；增加混凝土中的水泥用量等等，以保证工业建筑的耐久性。

3.5 含钢渣骨料混凝土质量问题

3.5.1 概述

建筑工程每年需使用数十亿吨的骨料。由于数量巨大，再加上近年来环保要求的提高，导致优质天然骨料锐减，市场价格猛涨，致使众多商品混凝土企业将目光转移到再生骨料、低品质骨料、冶金渣骨料等。由于再生骨料的后续处理成本高、易给混凝土性能带来影响等，商品混凝土企业更易选择不需要处理或只需稍作处理的冶金渣骨料。

钢渣是炼钢过程中排放的工业废渣，排放量大、利用率低，国内钢铁企业产生的钢渣不能及时处理，致使大量钢渣占用土地，污染环境。目前我国钢渣堆积量超过 3 亿 t。将工业废渣（包括粉煤灰、矿渣、钢渣等）在混凝土中应用（用作掺合料或骨料），既能够减少工业废渣对土地的占用和对环境的污染，又可以降低混凝土的材料成本，故而得到很多商品混凝土企业的使用。钢渣作为混凝土的骨料使用时，由于钢渣强度高且具有一定的活性，因而替代部分天然骨料很容易达到混凝土的强度要求，有利于降低混凝土生产成本。特别是近年来，随着环境保护要求越来越高，打击非法采砂、河道禁采、矿山整治等力度日益加大，导致砂、石骨料紧缺，价格暴涨，部分地区甚至影响到重要的建筑工程施工，钢渣作骨料显得更有市场。

将工业废渣应用于土木工程，是土木工程可持续发展的一个重要途径。但工业废渣综合利用的前提是要确保土木工程的质量与安全。钢渣数量在冶金工业渣中仅次于高炉渣。但钢渣成分复杂多变，使得钢渣的综合利用困难。目前的现状是，在没有足够的基础研究和相关标准的情况下，我国很多地区滥用钢渣作为混凝土的骨料（有的是在混凝土制造商不知情的情况下被动加入的），导致在很多地区已经发生了钢渣骨料膨胀导致硬化混凝土损伤的问题，有些问题非常严重，造成巨大的损失。近年来典型的用钢渣作骨料引起混凝土工程质量问题的典型案例见表 3-4。

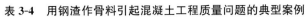

表 3-4　用钢渣作骨料引起混凝土工程质量问题的典型案例

工程项目名称	建筑面积（m²）	混凝土浇筑时间	结构类型及层数	出现问题位置	出现问题的时间	混凝土主要破坏特征
江苏某市小区住宅楼	9851	2017年5月	剪力墙结构，30层	底层剪力墙	2017年8月	每面混凝土墙上发现数量不等的爆裂点，一般在2～5个。爆裂处混凝土表面发生弧状脱落，中心位置深度在10mm左右，爆裂点中心出现淡白色、黄色粉状固态物质
江苏某镇幼儿园	2188	2019年3月	框架结构，3层	2层西边教室、走廊、楼梯间	2020年7月	爆裂处混凝土梁、板底表面发生大块脱落，部分尺寸超过200mm×300mm，脱落部位中心位置深度达10～30mm，爆裂点中心出现黄色、褐色粉状固态物质
江苏某市4栋小区住宅楼	27000	2018年3至4月	框架剪力墙，11层	3～5层	2020年9月	楼板底部分脱落部位中心位置深度达10～20mm，平面尺寸最大为50mm×100mm，爆裂点中心出现淡黑色或褐色粉状固态物质
江苏某市2栋小区住宅楼	12200	2018年3至4月	框架剪力墙，11层	5～7层	2020年11月	楼板部分脱落部位中心位置深度达10～20mm，最大尺寸100mm×120mm，爆裂点中心出现淡黑色或褐色粉状固态物质
江苏某市5栋小区住宅楼	45600	2018年3至4月	框架剪力墙，18、32层	4～11层	2020年10月	楼板部分脱落部位中心位置深度达10～15mm，最大尺寸80mm，爆裂点中心出现淡黑色、褐色、灰白色粉状固态物质
江苏宜兴某交易市场	21000	2015年3月	5层	大量梁、板	2015年9月	上千根梁几乎每一根都有混凝土爆裂的情况，地面起翘
江苏宜兴10栋住宅楼	65680	2015年3月	2014年11月开盘	大量梁、板、剪力墙	2015年9月	楼面、大梁、柱大面积爆裂，受雨水影响，顶层楼面和梁开裂最为严重，局部约占柱断面尺寸1/3面积完全酥掉。爆裂处混凝土中夹杂着红黑色的粉末，混凝土中的钢渣比例接近20%
湖南某小区7号、8号楼	60000	2018年10月	16～32层	外墙、楼板底面、剪力墙、梁	2020年6月	外墙、楼板底面、剪力墙、梁表面大面积鼓包，混凝土损伤面近似圆形，直径多为20～100mm，最大达270mm；深度最大达30mm
江苏某中学操场跑道		2017年3月	跑道	混凝土跑道	2017年9月	混凝土地面鼓包、爆裂

3.5.2 钢渣的来源及成分

3.5.2.1 钢渣的来源

钢铁的冶炼过程是：采矿（获得铁矿石）—选矿（将铁矿石破碎、磁选成铁精粉）—烧结（将铁精粉烧结成具有一定强度、粒度的烧结矿）—冶炼（将烧结矿运送至高炉，热风、焦炭、石灰石使烧结矿还原成铁水，即生铁，并脱硫）—炼钢（在转炉内高压氧气将铁水升温，通过加入白灰等原料脱磷、去除夹杂，变成钢水）—精炼（用平炉或电炉进一步脱磷、去除夹杂，提高纯净度）—连铸（热状态下将钢水铸成具有一定形状的连铸坯，也叫钢锭）—轧钢（将连铸坯轧制成用户要求的各种型号的钢材，如板材、线材、管材等）。

简单来讲，就是用铁矿石、焦炭、石灰石在高炉中冶炼得到生铁，生铁是含有碳、硅、磷、硫等元素的铁的合金。生铁经进一步冶炼，除去过多的碳、磷、硫等得到钢。

钢渣就是生成铁水、钢水后剩余的废渣，是炼钢过程中的一种副产品，是转炉、电炉、精炼炉在冶炼过程中排出的由金属原料中的杂质与助熔剂、炉衬形成的渣，其产生率为粗钢产量的 $8\%\sim15\%$。我国的钢渣产生量随着钢铁工业的快速发展迅速增长，目前全国钢渣年产生量接近 7000 万 t，堆积量超过 3 亿 t。因此，钢铁企业废渣的处理和资源化利用问题越来越受到重视。

3.5.2.2 钢渣的形态与颜色

钢渣是一种由多种矿物和玻璃态物质组成的集合体，钢渣致密，较耐磨。由于化学成分及冷却条件不同，钢渣外观形态、颜色差异很大。某钢厂钢渣的形态和颜色如图 3-16 所示。

图 3-16　典型钢渣的形态和颜色

1. 钢渣的形态

钢渣按形态有水淬粒状钢渣、块状钢渣和粉状钢渣。钢渣外观形态的差异是由其成分及冷却条件不同所造成的。钢渣在温度 1500～1700℃下形成，高温下呈液态。钢渣在高温熔融状态下水淬急冷形成粒状钢渣，自然冷却则形成块状和粉状钢渣。

2. 钢渣的颜色

碱度较低的钢渣呈黑灰色、褐灰色，碱度较高的钢渣呈灰白色。渣块松散不黏结，质地坚硬密实，孔隙较少。渣坨和渣壳结晶细密、界限分明、断口整齐。自然冷却的钢渣堆放一段时间后发生膨胀风化，变成土块状和粉状。

3.5.2.3 钢渣的组成与成分

1. 钢渣的组成

钢渣的主要成分来源于以下几个方面：金属炉料中各元素被氧化后生成的氧化物和硫化物；金属炉料带入的杂质，如泥沙、侵蚀的炉衬和补炉材料；为调整钢渣性质所加入的造渣材料，如石灰、铁矿石、白云石、菱镁矿和含二氧化硅的辅助材料等。

钢渣是由生铁中的硅、锰、磷、硫等杂质在熔炼过程中氧化而成的各种氧化物，以及这些氧化物与熔剂反应生成的盐类组成的。钢渣含有多种有用成分，如金属铁 2%～8%，氧化钙 40%～60%，氧化镁 3%～10%，氧化锰 1%～8%，故可作为钢铁冶金原料使用。

钢渣的主要矿物组成为硅酸三钙（C_3S）、硅酸二钙（C_2S）、钙镁橄榄石、钙镁蔷薇辉石、铁酸二钙、RO（镁、铁、锰的氧化物，即 FeO、MgO、MnO 形成的固熔体）、游离氧化钙（f-CaO）等。钢渣的矿物组成不尽相同，其影响因素在于钢渣本身的化学成分及碱度。

由于钢渣的成分波动较大、极不稳定，迟迟未能得到实际应用。例如，用钢渣作为混凝土的骨料，一段时间后混凝土会起鼓、爆裂。钢渣高温下呈液态，缓慢冷却后呈块状，一般为深灰、深褐色。有时因所含游离钙、镁氧化物与水或湿气反应转化为氢氧化物，致使渣块体积膨胀而碎裂；有时因所含大量硅酸二钙在冷却过程中（约为 675℃时）由 β 型转变为 γ 型而碎裂。如果用适量的水处理液体钢渣，则能淬冷成粒。

2. 钢渣的化学成分

钢渣的主要化学成分与硅酸盐水泥熟料和高炉矿渣的化学成分基本相似，其含量依炉型、冶炼钢种的不同而不同，化学成分主要为 CaO、MgO、Fe_2O_3、Al_2O_3、SiO_2、MnO 和 P_2O_5（五氧化二磷）等。以某钢渣为例，其化学成分为 CaO（36.65%）、MgO（5.91%）、Fe_2O_3（12.70%）、Al_2O_3（8.49%）、SiO_2（15.33%）、MnO（5.51%）、f-CaO（4.82）。此外，钢渣内还含有少量其他氧化物和硫化物，如 TiO_2（二氧化钛）、V_2O_5（五氧化二钒）、CaS 和 FeS 等。CaO 是钢渣的主要成分之一。SiO_2 的含量决定了钢渣中硅酸钙矿物的数量。Al_2O_3 也是决定钢渣活性的主要成分，在钢渣中一般形成铝酸钙或硅铝酸钙玻璃体，对钢渣活性有利。MgO 的存在形式主要有三种：化合态（钙镁橄榄石、镁蔷薇辉石等）、固熔体（二价金属氧化物 MgO、FeO、MnO 的无限固熔体，即 RO 相）和游离态（方镁石晶体）。以化合态存在的氧化镁不会影响钢渣水泥的长期安定性。P_2O_5 含量较低时，可以促进硅酸盐矿物的生成；P_2O_5 含量过高时，会与氧化钙和氧化硅反应生成钠钙斯密特石（$7CaO\text{-}P_2O_5\text{-}2SiO_2$），阻碍胶凝性矿物 C_3S 和 C_2S 等的生成。

3.5.3 钢渣的安定性及危害

钢渣应用于混凝土中，通常有钢渣粉和钢渣骨料两种方式，所以在工程中应对这两种方式进行区分。

3.5.3.1 钢渣粉的安定性

钢渣通常是磨成细粉，作为混凝土改性材料使用。钢渣磨到合适的细度并科学配方，能够起到使混凝土整体均匀地"微膨胀"的作用，继而带来常规水泥没有的低水化热、低坍落度、高抗渗、高强度、高抗冻、高耐磨、高抗海水腐蚀、高抗碳化以及100年以上的寿命等一系列极其宝贵的性能。

对于钢渣粉，我国已经颁布了多个相关的国家标准或行业标准。以国家标准《用于水泥和混凝土中的钢渣粉》（GB/T 20491—2017）为例，对钢渣粉的安定性设置了严格的限制：游离氧化钙含量≤4.0%，当钢渣中MgO含量大于5%时压蒸膨胀率≤0.50%。其他涉及钢渣粉的标准中，也均对钢渣粉的安定性做出了严格的限制。大多数钢渣粉会使混凝土的初凝时间延长，即使钢渣粉掺量为10%，胶凝材料的初凝时间也会延长1h以上，而当钢渣粉掺量为50%时，初凝时间延长接近6h，如图3-17所示。此外，钢渣掺量增大会导致混凝土的早期强度明显降低。因此，在实际工程中使用钢渣粉时，往往需要适当降低水胶比才能够获得设计要求的强度，如图3-18所示。这里需要强调的是，当钢渣粉的掺量较大时，即使采用降低水胶比的措施，仍然会造成混凝土的初凝时间明显延长，并且也无法获得满意的早期强度（也无法获得满意的28天强度）。因此，实际工程中钢渣粉在混凝土中的掺量通常是比较小的（一般不超过20%），并且考虑到我国有关钢渣粉的标准都对钢渣粉的安定性做了严格的限制，所以钢渣粉的安定性问题造成混凝土工程事故的情况是非常少的。

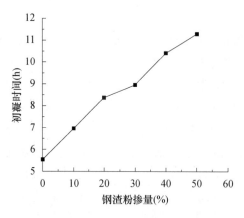

图3-17　钢渣粉对初凝时间的影响

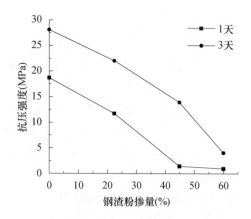

图3-18　钢渣粉对砂浆早期强度的影响

3.5.3.2 钢渣骨料的安定性

钢渣作为骨料受多种因素的影响，其安定性问题突出。钢渣中通常含有游离氧化钙和游离氧化镁。游离氧化钙与水反应生成氢氧化钙，体积增大 1.98 倍，该部分氧化钙经过 1600℃ 高温煅烧，结晶良好，水化速率缓慢，这是产生钢渣体积稳定性不良的主要物质。游离氧化镁遇水反应生成氢氧化镁，过程较慢，体积增大 2.48 倍。此外，钢渣中的硫化亚铁、硫化亚锰也可以导致体积膨胀，当硫含量大于 3% 时，其水化分别生成氢氧化铁和氢氧化镁，体积分别增大 1.4 倍和 1.3 倍。

另外，钢渣的安定性还与钢渣的冷却方式（急冷、慢冷）有关。一般钢渣都是缓慢冷却下来的，它们结晶后会生成游离的氧化钙，如果通过急冷的手段对钢渣进行处理，就不会产生游离的氧化钙与其他的结晶氧化物，而这就从根本上解决了钢渣骨料体积稳定性不良的问题。钢渣预处理工艺不同，其安定性也可能不同。钢渣经湿水或一段时间的自然存放后，游离氧化钙含量降低，安定性问题将有所缓解，如果所有的钢渣颗粒都反应完了，安定性问题就不存在。但在实际堆放过程中，往往新鲜钢渣堆放在最外层，因而在使用前自然存放的时间往往最短，因此安定性问题最严重。

理论上钢渣经过预处理后可以应用到混凝土中。因钢渣本身易磨性差，在实际操作中容易出现预处理过程较短、游离氧化钙陈化消解不完全等现象，钢渣骨料安定性的离散性非常大。而且，钢渣中的游离氧化钙、氧化镁等与水反应的速度和程度受到骨料周围提供水分的多少、骨料粒径的大小、周边约束的大小、骨料在构件中的深度、环境温度等多重复杂因素的影响，因此，由膨胀反应导致的开裂出现的时间、严重程度以及最终反应完成的时间都具有很大的不确定性，且难以预测。因此，在钢渣骨料预处理措施不甚完善的条件下，不建议使用钢渣作为骨料。

如果工程上使用了存在严重安定性问题的钢渣骨料，这些钢渣颗粒还未与水发生反应，会逐渐与水分接触，发生反应；此外，如果钢渣中活性组分的活性低、非活性组分的含量大，影响安定性的游离氧化钙和游离氧化镁含量较高等，都可能使硬化混凝土发生表面损伤或结构性破坏，导致钢渣骨料周围混凝土的剥落与开裂。钢渣掺量越多（取代石子越多），开裂问题越严重。

而事实上我国的钢渣适合作混凝土骨料的非常少，在工程中通常严禁使用未经处理且检验不合格的钢渣。

3.5.3.3 钢渣骨料混凝土劣化的原因

钢渣粉安定性合格不代表钢渣骨料安定性合格。在钢渣粉的粉磨和混合过程中，钢渣中安定性不良的组分在钢渣粉中较均匀地分散，而这些安定性不良的组分在钢渣骨料中的分布是不均匀的，有可能某些颗粒中安定性不良组分的含量极少，而部分颗粒中安定性不良组分的含量过高。所以，钢渣粉的安定性合格不能作为钢渣骨料合格的依据。

游离氧化钙是导致钢渣骨料安定性不良的突出因素。从最近几年暴露出的工程问题来看，绝大多数是钢渣粗骨料混凝土使用半年到 2 年内，明显出现混凝土表面爆裂或开裂。钢渣中游离氧化镁矿物的活性很低，反应非常缓慢，因此可以认为引发这些工程事故的主要原因是钢渣粗骨料中的游离氧化钙发生反应造成膨胀。

浸水膨胀率和压蒸粉化率均不能作为钢渣骨料在混凝土中应用的参照指标。混凝土是一种密实度比较高的建筑材料，这就意味着钢渣骨料在混凝土中是紧密"镶嵌"的，自由膨胀的空间很小，因此，钢渣骨料在混凝土中膨胀所引发的膨胀应力通常比较大，能够比较轻易地将混凝土胀裂。压蒸粉化率采用了比较严格的实验条件，在这种实验条件下，钢渣中的绝大部分游离氧化钙和氧化镁会发生反应，因此压蒸粉化率能够比较好地反应钢渣中安定性不良组分对钢渣颗粒的破坏作用。然而，压蒸粉化率的表征指标"粉化后小于 1.18mm 的颗粒所占的比率"并不能显示出有多少比例的钢渣颗粒会发生膨胀（或发生能够使混凝土产生裂缝的膨胀）。还有一个重要的问题不能忽视，即取样的代表性，钢渣颗粒中的安定性不良组分的分布是随机的，在钢渣堆场中，钢铁生产工艺（或原材料）或存放时间等因素的变化使钢渣颗粒的差异性很大。

总之，钢渣骨料在水泥混凝土中应用的危险性很大，应尽量避免。目前使用钢渣骨料导致工程问题主要是由钢渣中的游离氧化钙造成的，随着游离氧化镁的缓慢反应，已出现问题的钢渣骨料混凝土的问题势必会更严重，暂时没有出现问题的钢渣混凝土也可能在将来出现问题。如果钢渣骨料在压蒸（至少 2.0MPa 且不少于 3h）条件下发生开裂或破坏的颗粒非常少，那么说明这种钢渣骨料中安定性不良的组分含量很少，应该是安全的，但是取样是否具有代表性是值得注意的问题，因此为确保工程质量，应尽量避免钢渣骨料使用在水泥混凝土中。

3.5.3.4　钢渣的预处理

由于钢渣骨料存在安定性不良问题，因此如果需要使用钢渣，必须在使用前进行预处理，并经安定性检验合格后方可使用。常用的预处理方法有：

（1）陈化、消解。陈化处理是消除钢渣中膨胀组分的最简单有效也最常用的方法，此举不但能降低游离氧化钙的含量，而且能使硫化钙遇水生成的不稳定高价硫离子氧化。但陈化时间较长，需要大面积的堆放场地，容易对渣场环境造成污染。

（2）直接风化或者经振动筛、圆筒筛处理并经高压水枪冲洗掉表面杂质后再风化。此方法同样需要时间较长，需要约一年时间。

（3）碳化处理。为降低骨料陈化、风化时间，可将长时间浸水钢渣骨料烘干，并置于 70℃、−0.3MPa 负压反应容器中，并引入气体二氧化碳，直至气压达到 0.3MPa。此方法虽然时间较短，但处理过程成本较高。

（4）蒸汽或蒸压处理。8～12h 热水、蒸汽处理或者 3h×2.0MPa 蒸压处理。此过程同样成本较高。

3.5.4　国内外钢渣的利用状况

3.5.4.1　国外钢渣的利用

日本目前的钢渣有效利用率已达到 95% 以上，转炉渣和电炉渣的利用方向分为外销、自使用和填埋。德国目前的钢渣有效利用率达 98% 以上，其主要利用方向为土建、农肥以及配入烧结和高炉进行再利用。德国已将转炉渣用于加固莱茵河港口。

美国目前的钢渣有效利用率达 98%，其主要利用方向（烧结和高炉再利用、筑路）的钢渣用量占总钢渣利用量的 65% 以上。美国的 8 条主要铁路均用钢渣做铁道砟。美国研究机构对氧气顶吹转炉渣性能进行研究，开发出利用钢渣去除土壤含水层中有机物与无机物的使用途径。

瑞典通过向熔融钢渣中加入碳、硅和铝质材料对钢渣进行成分重构，在回收渣中渣钢后将钢渣用于水泥生产。加拿大将处理后的钢渣用于道路建设。阿拉伯地区利用电弧炉钢渣（分级）作为混凝土掺合料配制出性能更好的混凝土。

3.5.4.2 国内钢渣的利用

我国在"十一五"发展规划中提出，钢渣的综合利用率应达 86% 以上，基本实现"零排放"。然而，我国钢渣综合利用的现状与该规划相差甚远，尤其是素有"劣质水泥熟料"之称的转炉钢渣的利用率仅为 10%～20%。

钢渣作为二次资源，其综合利用有两种主要途径：一种是作为冶炼熔剂在本厂循环利用，不但可以代替石灰石，而且可以从中回收大量的金属铁和其他有用元素。另一种是作为生产水泥、筑路材料、新型建筑材料或农业肥料的原材料。这里简单介绍部分方面的应用。

1. 钢渣用于冶金原料

（1）回收废钢铁。钢渣中含有较大数量的铁，平均质量分数约为 25%，其中金属铁约 10%。磁选后，可回收各粒级的废钢，其中大部分含铁品位高的钢渣作为炼钢、炼铁原料。

（2）钢渣用作烧结材料。由于转炉钢渣中含 40%～50% 的 CaO，用其代替部分石灰石作为烧结配料，不仅可回收利用钢渣中的残钢、氧化铁、氧化钙、氧化镁、氧化锰、稀有元素（V、Nb）等，而且可提高转鼓指数（反映烧结矿机械强度的物理性能指标）和结块率，有利于烧结造球及烧结速度的提高。

（3）钢渣用作高炉熔剂。转炉钢渣中含有 40%～50% 的 CaO、6%～10% 的 MgO，将其回收作为高炉助熔剂可代替石灰石（$CaCO_3$）、白云石 $\left[CaMg(CO_3)_2\right]$，从而节省矿石资源。

另外，由于石灰石、白云石分解为 CaO、MgO 的过程需耗能，而钢渣中的 Ca、Mg 等均以氧化物形式存在，从而节省大量热能。

（4）钢渣用作炼钢返回渣料。钢渣返回转炉冶炼可降低原料消耗，减少总渣量。对于冶炼本身还可促进化渣，缩短冶炼时间。

2. 生产水泥掺合料

钢渣中含有具有水硬胶凝性的硅酸三钙（C_3S）、硅酸二钙（C_2S）及铁铝酸盐等活性矿物，符合水泥特性。因此，可以用作无熟料水泥、少熟料水泥的原料以及水泥掺合料。钢渣水泥具有耐磨、抗折强度高、耐腐蚀、抗冻等优良特性。

3. 钢渣用于道路工程

钢渣代替碎石和细骨料，钢渣碎石具有强度高、表面粗糙、耐磨和耐久性好、表观密度大、稳定性好、与沥青结合牢固等优点，相对于普通碎石还具有耐低温开裂的特性，因而可广泛用于道路工程的回填。

4. 新型建筑材料

（1）新型混凝土。通过磨细加工，使工业废渣的活性提高并作为一种混凝土用掺合料成为混凝土的第 6 组分——矿物细掺料。细磨加工不仅使渣粉颗粒减小，增大其比表面积，使渣粉中的游离氧化钙进一步水化以提高渣粉的稳定性，还伴随着钢渣晶格结构及表面物化性能变化，使粉磨能量转化为渣粉的内能和表面能，提升钢渣的胶凝性。利用钢渣微粉与高炉矿粉相互间的激发性，加以适当的激发剂，可配制出高性能的混凝土胶凝材料。

同时，根据不同的使用要求，还可配制出道路混凝土（抗拉强度高、耐磨、抗折、抗渗性好）、海工混凝土（良好的渗水、排水性，海洋生物附着率高）等系列产品。

（2）碳化钢渣制建筑材料。造成钢渣稳定性不好的主要因素是游离氧化钙和游离氧化镁，它们都可以和 CO_2 进行反应，且钢渣在富 CO_2 环境下，会在短时间内迅速硬化。利用这种性质，可利用钢渣制成钢渣砖。与此同时，可有效控制 CO_2 的排放，改善温室效应。

我国将钢渣用作工程材料的基本要求是：钢渣必须陈化，粉化率不能高于 5%；要有合适级配，最大块直径不能超过 300mm；最好与适量粉煤灰、炉渣或黏土混合使用；严禁将钢渣碎石用作混凝土骨料。

3.5.4.3　钢渣需进一步研究的问题

虽然钢渣的应用广泛，钢渣资源化应用技术的开发也取得了一定的进展。但总体而言，我国钢渣的利用率仍然较低，这源于钢渣应用的众多制约因素。

根据我国钢渣的利用情况，应对以下几个方面进行更为深入的研究：

（1）对钢渣成分和性能进行深入了解，为钢渣的开发利用提供理论依据。

（2）加强钢渣处理技术的研究，以解决钢渣内所含的游离氧化钙和氧化镁遇水后易膨胀的问题，以及由于钢渣中的 Ca、Si、Al 三大元素相对偏低所形成的硅酸盐总量与水泥熟料相差过大（近 45%）的问题。

（3）加强将钢渣用作冶炼（烧结、高炉、炼钢）熔剂的应用技术研究，充分利用其中所含的铁、钙、镁、锰等成分的同时，还可以节省大量能源。

（4）由于钢渣中的硅酸二钙和硅酸三钙矿物结晶完整，晶粒粗大致密，粉磨的细度难以达到要求。所以，制备高性能钢渣微粉的难点在于开发针对钢渣的特殊粉磨工艺和设备。

钢渣是一种"放错了地方的资源"。钢渣的综合利用不但可以消除环境污染，还能够变废为宝创造巨大的经济效益，是可持续发展的有效途径，对国家、社会都具有十分重要的意义。

3.5.5　含钢渣骨料混凝土的损伤及处理方法

3.5.5.1　含钢渣骨料混凝土的损伤

近年来，随着基建规模的扩大，混凝土骨料用量越来越大，同时随着环保力度的加大，打击非法采砂、河道禁采、矿山整治等力度日益加大，砂石骨料越来越紧缺，导致一些混凝土生产企业将目光投向了钢渣。而事实上我国的钢渣适合做混凝土骨料的非常少，在工程中通常严禁使用未经处理并检验不合格的钢渣。既然钢渣当作骨料用在混凝土中会带来如此大的破坏且又被严禁，那为何施工方还要"冒大不韪"来使用呢？使用钢渣做骨料，既能够减少工业废渣对土地的占用和环境的污染，又可以降低混凝土的材料成本，同时钢渣能够显著提高混凝土的强度，故而很多混凝土企业在没有足够的基础研究和相关标准的情况下，在拌制混凝土过程中擅自掺入一定量的钢渣代替石子作为粗、细骨料，或者在不知情的情况下混入了钢渣。如宜兴市某混凝土有限公司，擅自在混凝土中加入钢渣，导致项目出现质量问题的工程共有 19 处，建筑面积达 473224m²，造成了巨大损失。

由于钢渣骨料安定性、离散性非常大，少量存在严重安定性问题的骨料就可能使硬化混凝土发生表面损伤或结构性破坏，在很多地区发生了钢渣骨料膨胀导致硬化混凝土损伤的问题。

含钢渣混凝土出现质量问题的形式，主要是板、梁、柱上混凝土出现鼓包、胀裂、掉块、表层剥离等。剥落处见有黑色、黄褐色、棕褐色、黄色、灰白色骨料及粉末。鼓包平面尺寸小的不超过 5mm×5mm，大的有 200mm×300mm。楼板和梁爆裂深度最深可达 35mm，柱最严重的断面尺寸的约 1/3 完全酥掉。

含钢渣混凝土开裂出现的时间、严重程度以及最终反应完成的时间都具有很大的不确定性，且难以预测。在实践中发现，当浇筑混凝土时，也有出现混凝土爆裂的情况。当混凝土硬化后，含钢渣骨料混凝土出现损伤的时间多在混凝土浇筑后的半年至两年内发生。

典型的含钢渣骨料混凝土的损伤情况如图 3-19 所示。

(a) 剪力墙

(b) 剪力墙

(c) 剪力墙　　　　　　　　　　　(d) 剪力墙

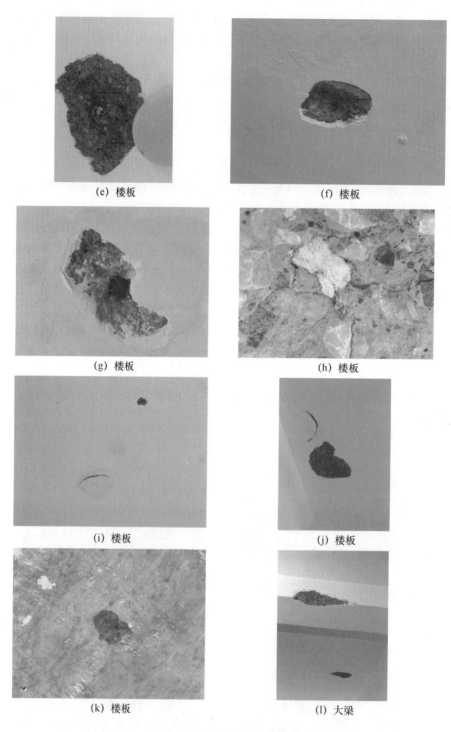

(e) 楼板

(f) 楼板

(g) 楼板

(h) 楼板

(i) 楼板

(j) 楼板

(k) 楼板

(l) 大梁

图 3-19　含钢渣骨料混凝土的损伤情况

3.5.5.2　含钢渣骨料混凝土的损伤处理方法

通常，当发现疑似含钢渣骨料混凝土的损伤时，首先应对含钢渣骨料混凝土结构（构件）进行全面检测和现场调查，分析钢渣骨料体积不安定组分是否水化完毕，对钢渣骨料对房屋主体结构（构件）的影响进行评估。根据评估结果分类进行处理。

1. 混凝土结构（构件）破损严重，影响安全的

针对钢渣掺量较多，混凝土鼓包（爆裂）数量过多，混凝土爆裂部位过大、过深，已造成混凝土墙、板露筋，钢渣骨料体积不安定组分仍未水化完毕，导致混凝土结构（构件）损伤严重，影响结构（构件）安全的，需将混凝土结构（构件）进行全部或部分拆除。

对部分拆除的混凝土结构（构件）进行修复时，首先应将板爆裂部位劣质混凝土全部凿除，使钢筋露出，整理并绑扎好板内原有钢筋，并重新支设模板、浇筑混凝土。新浇混凝土需比原设计混凝土强度提高 1～2 个等级，并掺加微膨胀剂，保证新混凝土与原有混凝土的有效结合。

2. 混凝土结构（构件）破损一般，不影响结构（构件）安全的

针对钢渣掺量不多，混凝土鼓包（爆裂）数量较少，混凝土爆裂尺寸不大、较浅，未发现混凝土墙、板露筋，混凝土结构（构件）损伤不严重，不影响结构（构件）安全的，可采用以下方法进行处理：

（1）铲除混凝土结构（构件）表面抹灰。

（2）用喷雾器对混凝土进行喷水湿润，使钢渣骨料体积不安定组分充分水化，持续时间根据水化情况确定，直到表面钢渣骨料全部水化为止。连续喷洒一般不少于 10 天。

（3）待混凝土中骨料完全水化后进行清理，将爆裂部位引起爆裂的材料（鼓包、残留颗粒、疏松混凝土及粉面）剔凿干净，使用高压气泵吹干净。

（4）用结构胶、灌浆料或聚合物砂浆修复混凝土爆裂部位。

（5）基层干燥后，在修复的混凝土表面刷 1.5mm 厚 JS（聚合物水泥）防水涂料两遍，阻断水分渗入混凝土内。

（6）按原设计重新进行混凝土面层施工。

3.6 典型的钢筋混凝土结构工程事故诊断与分析

3.6.1 受氯离子侵蚀的建筑物

3.6.1.1 工程概况

某银行办公楼建成于 1982 年 8 月，建筑面积约为 1800m²，总高为 18m，其中部 5 层为钢筋混凝土框架结构，两端 4 层为砖混结构，并在四角设有构造柱，基础采用毛石基础并设地基圈梁。1982 年底，使用单位发现底层框架柱与建筑物底层角柱出现纵向裂缝，虽经多次进行粉刷修补，纵向裂缝仍继续发展，1993 年初，由于底层柱子纵向裂缝最大缝隙宽度达 20mm，钢筋锈蚀严重，因此，使用单位不得不停止使用该办公

楼，进行鉴定和加固处理。

3.6.1.2　检测与分析结果

1993 年 9 月，受使用单位的委托，根据有关标准、原设计图纸和实际使用资料，对该办公楼进行了综合检测和分析，以便分析底层框架柱、底层角柱出现裂缝、钢筋出现锈蚀的原因，并在此基础上制定加固方案。

检测表明，底层框架柱与建筑物底层角柱均产生纵向裂缝，钢筋锈蚀严重，混凝土开裂，部分剥落。在混凝土保护层已出现开裂或剥落的柱中，纵向受力钢筋因锈蚀而使直径减小 2mm 以上，最大者减小 4mm 以上，截面损失率达 20％以上。

根据混凝土中取样分析结果，混凝土内氯离子含量为混凝土质量的 0.294％。但是，混凝土的质量较好，用回弹仪测得底层柱混凝土强度仍达 27.2MPa，超过其设计强度。

现场检测还表明，2 层以上框架柱及角柱均完好无损，没有发现任何裂缝，钢筋也未发现锈蚀。而据施工单位介绍，底层柱子施工时正值 1981 年冬季，掺有氯盐作为早强抗冻剂，而其他柱子于 1982 年开春以后才继续施工。所以，综合上述情况，可以认为造成底层柱子严重破坏和钢筋锈蚀的原因是混凝土内掺入过量氯盐，导致钢筋锈蚀，柱子出现裂缝。此后由于风雨的侵蚀，裂缝逐渐扩展，保护层大块剥落，钢筋锈蚀日趋严重，最终使该建筑物不得不停止使用。

3.6.1.3　加固方案与材料

1. 柱下基础加固

经核算，柱下基础基本满足要求，但考虑到上部柱子加固的需要，采用整体围套方法对柱下基础进行加固。基础加固时采用普通混凝土，强度等级采用 C25。

2. 柱子加固

柱子的加固采用增大截面法。

框架底层柱与建筑物底层角柱钢筋锈蚀原因已经查明，是由于混凝土内含有过多的氯盐。已有资料表明，采用普通混凝土对其进行加固，不能有效地防止氯离子的进一步侵蚀，很多试验也证明了这一点。因此，为了保证加固效果，采用中国矿业大学建筑工程学院研制的 HPSRM-1 型高效能结构补强材料对其进行加固，以有效防止柱内部混凝土中氯离子的进一步侵蚀。HPSRM-1 型补强材料属于聚合物水泥混凝土，其主要技术指标如下：

（1）高强度。结构补强材料的抗压强度应大于原有混凝土的抗压强度，HPSRM-1 型补强材料的强度可达 C50，基本能满足各类钢筋混凝土结构的补强要求。该工程原混凝土强度为 C25，HPSRM-1 型补强材料的设计强度为 C30，实际取样试验结果为 C34.2。

（2）高抗渗透性。表 3-5 显示了 C30 普通混凝土与 HPSRM-1 型补强材料在 2.5MPa 水压下，持续 8h 所测得的水在标准试件中的渗透高度。从表中可以看出，普通混凝土的平均渗透深度是 HPSRM-1 型补强材料的 4.2 倍。

表 3-5　普通混凝土与 HPSRM-1 型补强材料的抗渗性

混凝土种类	配比		渗透深度（mm）	
	聚合物（%）	活性材（%）	最大	平均
普通混凝土	0	0	140	110
HPSRM-1	5	10	30	26

（3）高黏结性能。C30 的 HPSRM-1 型补强材料与旧混凝土的黏结强度，比同样强度的普通混凝土高 40.3%。这使 HPSRM-1 型补强材料与原混凝土可以形成良好的工作性能。

（4）良好的流动性。HPSRM-1 型补强材料良好的黏结性与流动性保证了工程加固的施工质量。该工程的 HPSRM-1 型补强材料的坍落度为 80～110mm。

（5）良好的抗氯盐渗透能力。试验结果表明，与普通混凝土相比，该种混凝土具有良好的抗氯盐渗透能力。这将使该工程加固后的结构耐久性能大为提高。

3.6.1.4　加固技术措施

对于柱下基础的加固，主要是采用整体围套法，对于底层柱子，主要是增大截面。具体做法和注意事项如下：

（1）对于基础，先将原基础表面清理干净，原灰缝剔除 20mm 深，然后安放钢筋网，预留角钢并与钢板和连接角钢焊接，最后浇筑混凝土至基础顶面。

（2）对于底层柱子，加固前，每层框架梁下设临时支承，对框架柱进行卸载。然后剔除角部混凝土，并清除角部四根钢筋锈蚀；焊接型钢骨架，并与角部四根钢筋焊接。逐根剔除其他钢筋周围混凝土，并除锈；焊接缀板，分层浇灌 HPSRM-1 型混凝土。

3.6.2　屋面挑篷扭转引起的工程事故

3.6.2.1　工程概况

某地安全局技术综合楼为 7 层框架结构，建筑面积约 7880m²，高度为 28.3m，现浇钢筋混凝土结构、桩基础。于 2004 年 12 月开工，2006 年 11 月主体封顶。屋面四周为挑篷结构，柱高度为 3.0m。挑篷结构的平面如图 3-20 所示，挑篷结构如图 3-21 所示。

在主体完工后，施工单位发现，在Ⓑ轴上靠近平面中部的挑篷柱上产生横向裂缝，且随着时间的推移，裂缝数量不断增多，且裂缝长度向受压区不断延伸。经测量，柱顶向挑篷方向倾斜 30mm 以上。同时，发现柱顶产生斜向裂缝。现场检测还表明，越靠近中部的柱子裂缝越严重，而靠近两端的柱子裂缝相对较轻。同时，现场观测还表明，Ⓓ轴上的挑篷柱未出现裂缝。Ⓑ轴上⑨轴柱的裂缝如图 3-22 所示。

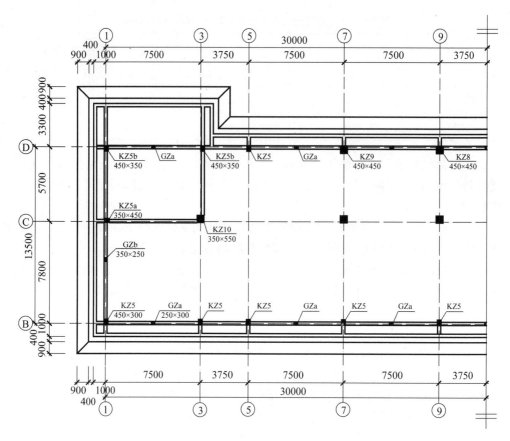

图 3-20　屋面挑篷平面图

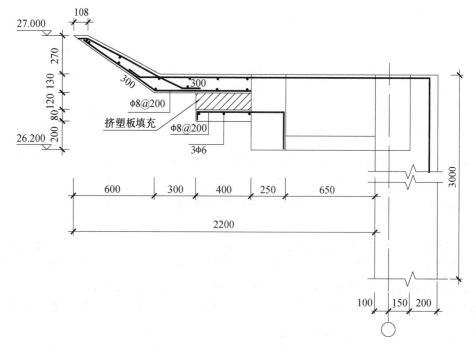

图 3-21　屋面挑篷结构图

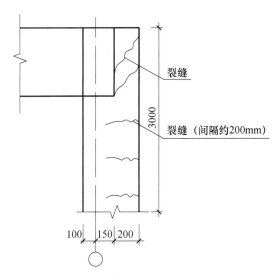

图 3-22　Ⓑ轴上⑨轴柱的裂缝示意图

3.6.2.2　事故原因分析

经现场检测，混凝土强度和钢筋数量、直径等都符合设计图纸。但在检测时发现，挑檐柱截面仅为 300mm×450mm，其截面相对于混凝土挑檐来说明显偏小。经验算，柱配筋满足要求，但把柱作为悬挑构件进行变形验算时发现，计算挠度值是规范允许值的 2 倍多，抗弯刚度严重不足，导致在垂直于柱的纵向上产生横向裂缝。同时，由于整块挑篷在垂直于Ⓑ轴的方向上产生了扭矩，导致柱顶产生斜裂缝。而对于挑篷荷载产生的这些作用，设计中未予考虑。验算结果与现场情况基本吻合。

从柱身裂缝程度来看，其深度已经超过钢筋加保护层厚度，明显为柱内侧纵筋受拉力过大，导致裂缝出现；而柱上部的挑梁在柱身出现裂缝和倾斜后并不会出现卸载情况，反而会随倾斜的出现有加剧趋势，这将进一步导致柱内侧受拉纵筋的应力上升，裂缝进一步发展。

因此，在考虑加固方案时必须改变挑檐柱的受力状态，方能彻底解决问题。

3.6.2.3　加固方案

1. 原加固方案

根据现场发现的情况，设计单位提出了加固方案，如图 3-23 所示。经加固单位、监理单位和甲方共同研究，认为该方案存在以下缺陷：

（1）难以施工。由于在柱顶处除存在柱钢筋外，还有挑梁的锚固钢筋 7Φ22，在柱内从柱顶向下锚固长度达 1100mm 以上，而柱的断面尺寸只有 300mm，因此植筋难以在柱的上部进行。

（2）该方案仅能改善柱的受弯和倾斜状况，不能增强柱顶的抗扭能力，也不能改善挑篷板端部的下垂情况。

（3）在植筋施工时易对柱顶造成新的损坏，可能导致挑篷的垂度继续增大，有可能导致柱顶的裂缝继续扩展。

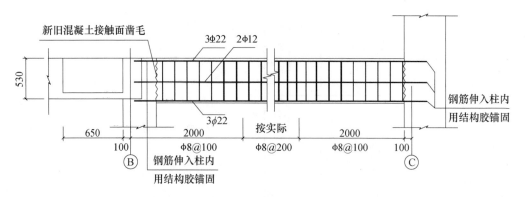

图 3-23　原加固方案

2. 新加固方案

从事故分析可知，引起事故的最根本起因是外侧挑檐结构悬挑较大，且荷载作用在一排悬臂柱上，在横向上为静定结构，在出现裂缝等不利情况后，无法进行内力重分布，所以加固措施应尽量针对原结构设计上的不足，在挑篷上侧柱顶新增大梁，改变原结构的受力状态，是合适和可行的办法。考虑到原方案的缺陷，经与设计单位协商，采用图 3-24 所示的加固方案。该方案的优点是施工方便，安全可靠，不会对原结构造成新的损伤。这样做的目的是，将新加大梁延至挑梁的顶部，使挑梁与新加大梁共同工作，改变原结构的受力状态，将原挑檐柱所承担的弯矩及扭矩，转由挑梁承担，从而保证结构的安全。

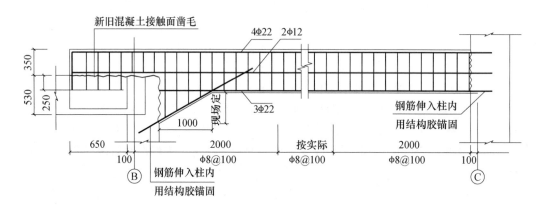

图 3-24　新加固方案

3. 施工方案

在加固方案确定后，如何安全可靠地实施，是加固施工时首要考虑的问题。因此，必须制定详细的施工方案。施工方案如图 3-25 所示。根据该施工方案，加固施工应按如下程序进行。

（1）首先进行钢丝绳张拉。具体步骤是：在挑檐上及对应柱上的预定位置钻孔；在孔内穿钢丝绳；在技术人员的指导下张紧钢丝绳。

（2）柱张紧施工。具体步骤是：在需要张紧的挑檐柱相对应的内柱上预植螺栓（为加快施工进度采用进口结构胶进行植筋）；在需要张紧的挑檐柱上部（挑梁根部）设置

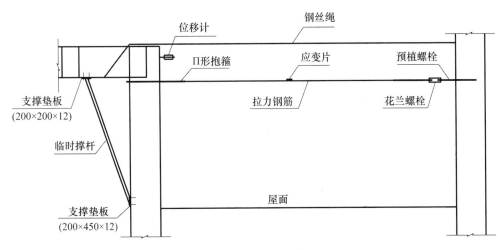

图 3-25　施工方案示意图

Ⅱ形抱箍；用钢筋连接Ⅱ形抱箍和柱上的预植螺栓，并用花兰螺栓拧紧。在张紧钢筋时，必须在监测的情况下进行，钢筋的应变和柱顶位移应控制在一定范围内。同时，必须对柱进行对称张拉，从偏移最大的柱开始。根据监测结果，必要时应反复张拉，直到钢筋应变和柱顶位移控制在一定范围内。

（3）柱张拉施工完成后，再进行临时支承施工。具体步骤是：在挑梁底面和柱根部上方预植螺栓；在相应位置紧固支承杆件的钢垫板；在钢垫板上焊接临时撑杆。

（4）施工监测。为保证施工时的安全性，设置如下的测点：在张拉钢筋上贴一个钢筋应变片，测量钢筋张拉时钢筋内的拉应力，钢筋应变应控制在一定范围内；在每个柱顶安置一个 YHD-30 型位移计，测量柱顶位移；采用 YE2539 数据采集仪进行数据采集。

（5）按设计图纸植筋，支模，绑扎钢筋，浇筑混凝土等。

经过近一年的监测，加固后的混凝土柱及挑檐结构未出现新的裂缝和倾斜，证明加固方法是安全和可靠的，能保证结构的正常使用。

3.6.3　梁板开裂事故

3.6.3.1　工程概况

某市邮政局生产附属楼采用钢筋混凝土框架结构，建筑平面为 L 形（图 3-26），层数为三层，层高为 3.9m，基础为独立基础，总建筑面积约为 3026m²。梁、板均为现浇，混凝土设计强度等级均为 C35。板中主筋为 φ8@150，厚度为 120mm。一层楼板浇筑前后天气晴好，气温为 −4～6℃。该工程于 2002 年 1 月 24 日上午 8 点开始浇筑一层楼板，25 日凌晨 4 点浇筑结束，在 25 日上午便发现有部分板面出现大面积的网状裂缝，经人工表面揉搓，裂缝仍继续发生，且发生裂缝的面积大、速度快，与正常施工中的商品混凝土表面裂缝有明显区别。2 月 19 日拆模后发现板底也有相应的网状裂缝并有明显的渗水现象，梁当时发现少量裂缝。2 月 9 日二层楼板开始施工，施工方法与一层相同，10 日完工，第二天下午即发现 13-15/K-N 轴楼板有大量裂缝，而其他部位没有明显的裂缝。4 月 10 日左右发现混凝土梁上也出现大量裂缝，裂缝为间距基本相等、沿梁全长分布较均匀的垂直裂缝，裂缝间距与箍筋间距基本相等。裂缝形状如图 3-27 所示。

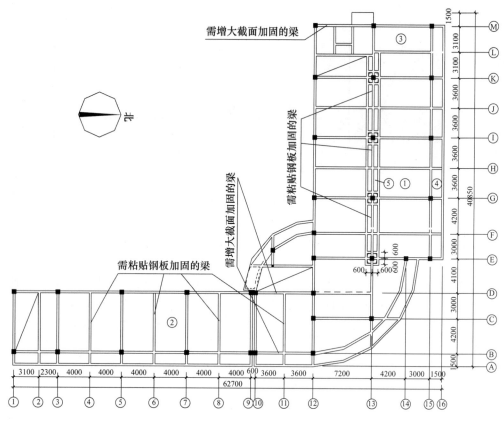

图 3-26 标准层平面图

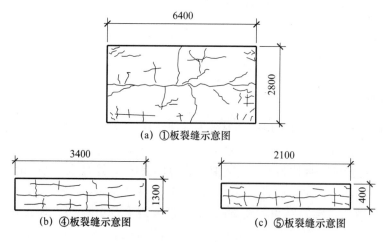

图 3-27 裂缝情况示意图

3.6.3.2 混凝土检测

1. 裂缝特征检测

根据平面布置情况，首先对该工程混凝土裂缝进行了检测。混凝土裂缝检测的项目主要包括：裂缝的部位、数量和分布状态；裂缝的宽度和深度；裂缝继续发展的可能性。在现场检测后发现裂缝有以下规律（图 3-26）：

（1）在一层楼板中，整层楼板都分布有不规则的网状裂缝，在各板中沿楼板纵向都有一条明显的贯穿裂缝，在楼板的中部和四个角裂缝密集。二层楼板西北角有大量不规则裂缝，其余部位未发现裂缝。

（2）利用读数显微镜测得各板最大裂缝宽度为 0.6～1.3mm，且裂缝大部分都是贯穿裂缝，有明显的漏水现象。

（3）取 3～5 条较大裂缝处粘贴砂浆饼，每隔 7 天观测一次，未发现裂缝继续发展。

（4）梁上裂缝总体分布较为规则，局部出现不规则网状裂缝，裂缝宽度约为 0.2～0.7mm。该工程梁板的裂缝数量多、宽度大，是较为严重的工程质量问题。

2. 混凝土强度检测

采用回弹法，对楼板和梁的混凝土强度进行抽样检测。经检测，一层混凝土板 G-I/13-15、B-D/5-7、D-E/12-13 轴线间的混凝土强度推定值分别为 39.9MPa、47.1MPa、39.2MPa。一层混凝土梁 H/13-15、6/B-D、D/12-13 轴线间的混凝土强度推定值分别为 40.7MPa、43.9MPa、41.7MPa。这些测定结果的混凝土强度是基本满足要求的。同时，依据《钻芯法检测混凝土强度技术规程》（CECS 03：88），采用钻芯取样法，对部分梁、板的混凝土强度进行了抽样检测。在一层楼面 G-I/13-15 轴板取三个芯样，其强度换算值分别为 26.2MPa、41.1MPa、33.0MPa，板的混凝土强度代表值为 26.2MPa。在一层楼面 6/B-D 轴梁取三个芯样，其强度换算值分别为 48.0MPa、45.7MPa、35.6MPa，梁的混凝土强度代表值为 35.6MPa。取芯结果表明，混凝土强度的离散性较大，不能满足设计要求。

3. 水泥安定性检测

根据东南大学工程结构与材料试验中心的检测报告，采用两种方法对结构混凝土安定性进行综合分析和判断。第一种方法是测定混凝土试饼经沸煮和压蒸后的体积线膨胀率。第二种方法是检测混凝土芯样经过压蒸后是否下降。试验结果见表 3-6 和表 3-7。

表 3-6　混凝土体积线膨胀率

编号	线膨胀率（%）	编号	线膨胀率（%）
1	0.048	5	0.048
2	0.053	6	0.042
3	0.040	7	0.045
4	0.032	8	0.055

表 3-7　混凝土芯样的抗压强度

条件	未经压蒸芯样				经过压蒸芯样			
芯样编号	1	2	3	4	5	6	7	8
抗压强度（MPa）	38.9	43.9	35.7	35.0	31.8	40.1	35.0	30.6

由以上两表可知，该结构混凝土经压蒸后，其线膨胀率范围为 0.032%～0.055%。与未压蒸混凝土相比，经压蒸后混凝土芯样强度有所下降。按国家标准《水泥压蒸安定性试验方法》（GB/T 750—1992）规定，水泥净浆试件经压蒸后，线膨胀率不得超过 0.50%，换算成混凝土的线膨胀率应不超过 0.06%。因为梁板的混凝土强度离散性较大，而混凝土线膨胀率已较接近规范所规定的限值，所以不能排除水泥安定性存在问题的可能。

3.6.3.3 裂缝原因分析

混凝土产生裂缝的原因十分复杂，有时还是几种因素混合在一起，因此在分析时要充分利用结构布置上的特点并结合各种裂缝的产生条件，确定实际裂缝的产生原因。首先对原有设计进行复核验算，计算结果表明设计满足使用要求。根据平面布置情况，选取有代表性的①②③④⑤板进行分析，具体分析过程如下：

（1）在荷载方面，在①板端部的那一小块板⑤（图 3-26 和图 3-27）中，因其宽度仅为 400mm，在结构上并未承受较大荷载，理论上应该有较好的稳定性；悬挑板④〔图 3-27（b）〕和①〔图 3-27（a）〕和③板的裂缝为不规则网状。这些不同部位的板裂缝特点相似，且在拆模前便有大量裂缝，所以可以认定不是荷载方面的原因。

（2）由基础不均匀沉降引起的裂缝，一般在建筑物底部出现较多，裂缝位置大多在沉降曲线率较大处附近。根据该建筑的结构特点，如果基础产生不均匀沉降，则中部板应比端部板破坏严重，而板①与板③的破坏类似，无明显差别，而且基础梁也没有产生裂缝，所以也可以排除基础沉降裂缝的可能。

（3）在环境方面，二层只有西北角部分楼板产生裂缝，而如果是温度裂缝，则整层楼板都应有裂缝，因此不是温度裂缝。

（4）碱-骨料反应是混凝土原材料中的水泥、外加剂、混合材料及水中的碱性物质与骨料中的活性成分发生的化学反应。碱-骨料反应通常在混凝土浇筑成型若干年后逐渐进行，而在短时间内是不可能发生碱-骨料反应的。

根据以上的分析并结合裂缝的形态、混凝土强度检测结果、水泥安定性检测结果，推测裂缝可能是由于水泥安定性和塑性收缩引起的。板的裂缝在混凝土初凝时即产生，收面抹光后裂缝继续出现。板的塑性裂缝产生的一个特点是裂缝出现时间早，例如苏州工业园区某地下室顶板就出现过类似情况。梁的裂缝间距基本相等，且和箍筋所在位置基本一致，应是混凝土收缩时钢筋阻止其收缩而在钢筋处产生应力集中而产生的塑性裂缝。

3.6.3.4 加固处理方案

常用的加固方法有增大截面法、预应力加固法、改变受力体系法、粘贴钢板加固法、化学灌浆法等，从经济和使用等方面考虑，板、梁分别采用增大截面法和粘贴钢板加固法。

1. 楼板

在原楼板上补浇一定厚度的混凝土，在使用方面可以达到防渗的效果，在结构上可以提高构件的有效高度，从而提高构件的抗弯、抗剪承载力，增强构件的刚度，并能有效地发挥后浇混凝土层的作用，其加固的效果是很显著的。加固方法有新旧混凝土截面独立工作和整体工作两种情况，由于新旧混凝土截面独立工作时的承载能力较其整体工作时低，对构件的加固应尽力争取新旧混凝土截面整体工作。加固时施工要点及注意事项如下：

（1）为使新旧混凝土板整体受力，将原板面凿毛，使板面的凹凸不平度大于 4mm，且每隔 500mm 凿出宽 30mm、深 10mm 的双向凹槽作为剪力键。

（2）混凝土强度等级应比原构件设计的强度等级 C35 提高一级，并考虑到防渗的要求，浇筑 50mm 厚 C40 抗渗（抗渗标号 S8）细石混凝土，石子粒径不大于 20mm。

（3）板的支座负筋为 φ8@100，分布筋采用双向 φb4@200 钢筋网。

（4）在浇筑后浇层之前，原构件表面应保持湿润，但不能有积水；后浇层用平板振动器振动出浆，或用辊筒滚压出浆；加固的板应随即加以压光抹平，不再另做面层，以减小恒载。

2. 梁、柱

因为楼板进行了加固，梁承受荷载增大，所以要对部分梁、柱进行加固。经过对各种加固方案的经济、技术进行综合比较，决定对部分无隔墙的梁采用粘贴钢板法加固，梁加固应在混凝土后浇层浇筑之前完成。对部分有隔墙的梁、柱采用增大截面法加固。新浇部分的箍筋采用搭接焊的方法与原梁、柱钢筋焊接，钢筋焊接长度为 10d。施工时注意混凝土强度达到设计强度后才能拆除模板和临时支承。

3.6.3.5 结语

通过对该工程商品混凝土裂缝事故的检测、分析和处理，可以看出：

（1）应结合结构平面布置特点，选取有代表性的楼板进行分析，以便于在众多可能的裂缝原因中确定实际的破坏因素。

（2）必须充分认识水泥安定性不合格对工程质量的危害，加强对水泥安定性的检验；特别是对新出厂的水泥，必须坚持先检验后使用的原则，避免因水泥质量问题给工程造成损失。

（3）与现场拌制的混凝土相比，商品混凝土存在着新的质量问题，必须加大对商品混凝土的生产、使用和施工等各方面的管理力度。

3.6.4 某污水处理厂沉淀池上浮移位的事故

3.6.4.1 工程概况

某污水处理厂一期工程内需要建设两个圆形沉淀池，净直径均为 25m，池壁高 4.50m，钢筋混凝土结构。沉淀池周边基础底部标高 -3.27m，下设 100mm 厚素混凝土垫层。池中间设有排泥管，排泥管中心标高为 -4.10m。沉淀池的剖面示意图如图 3-28 所示。

3.6.4.2 事故发生过程

事故发生时北沉淀池已施工完毕，正在进行南沉淀池施工，池壁约建至 2/3 高度处。2005 年 7 月 30 日突降暴雨，厂区围墙外水位高于围墙内水位 500～600mm，导致厂区内排水沟倒涌水。发现情况后，施工队项目部立即组织围堤排水，并调增水泵排水，同时向水池内注水，但由于外来水特别大，瞬间造成厂区内水位迅速上涨 300mm，使南、北沉淀池及消毒池基坑内水爆满，南、北沉淀池浮起。

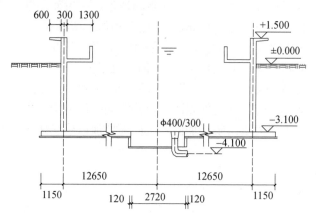

图 3-28　沉淀池剖面图

事发后，项目部增加人员、机具继续排水，测量标高回落。8 月 4 日，北沉淀池基本回落原位，但池底面已发生高差，具体相对标高为：北池壁＋20mm，南池壁＋5mm，西池壁＋30mm，东池壁 0。排泥管口＋317mm。南沉淀池：整体回落基本原位。相对标高：北池壁＋20mm，南池壁＋60mm，西池壁＋90mm，东池壁＋100mm。

9 月 7 日，项目部决定对南沉淀池进行处理，顺排泥管方向往池中心挖掘，查看池底回落情况，并跟踪测量和观察，至 9 月 19 日挖至中心排泥管弯头下，南池再次测量相对标高为：东南池壁＋85mm，西北池壁＋30mm，西南池壁＋60mm，东北池壁＋5mm，中心＋113mm。经测定相对标高回落不到位，池底板下有空隙，池底板上出现裂缝。南沉淀池底板及板底松散区示意图如图 3-29 所示。

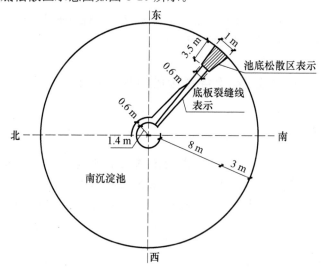

图 3-29　南沉淀池底板及板底松散区示意图

3.6.4.3 事故原因分析

1. 地质情况

根据勘察报告，该工程范围内土层自上而下分为6层，地质特征见表3-8。沉淀池底位于③层，该层承载力特征值 $f_{ak}=250kPa$，地质条件较好。

其地下水主要为孔隙潜水和风化裂隙水，空隙潜水赋存于②层，主要由大气降水、地表和河流入渗补给，排泄以蒸发为主。风化裂隙水赋存于④、⑤、⑥层中，补给排泄主要靠侧向渗透。勘察测得混合地下水水位在0.60m左右。地质勘察时在10月份，开挖时正值多雨季节，地下水丰富，地下水位也接近地勘报告所述的最高水位。施工时采用放坡开挖基坑，坡降比为1∶1，基坑降水采用坑边挖排水沟加集水坑的方式。

表3-8 工程地质特征

层号	名称	描述	层厚（m）
①	耕植土	灰色，夹植物根系	0.30～1.00
②	黏土	黄-黄褐色，软塑-可塑，分布稳定	0.70～1.70
③	黏土	黄-黄褐色，可塑-硬塑，土质不均，局部为粉质黏土，层底普遍见薄层粉砂质黏土含碎石	2.50～6.60
④	强风化片麻岩	黄褐色-黄绿色，片麻状构造，分布稳定	0.60～9.20
⑤	中风化片麻岩	褐色-黄绿色，片麻状构造，风化裂隙发育	8.00～10.60
⑥	微风化片麻岩	局部为中风化，褐色-灰绿色，稍有风化裂隙	—

2. 事故原因分析

下暴雨时，厂区围墙外水位高于围墙内水位500～600mm，导致厂区内排水沟倒涌水，周围区域内的水均进入厂区，使得基坑内大量积水，而沉淀池中仅进入雨水。在很短的时间内，积水产生的浮力就大于沉淀池与池中雨水的重量和上底板与基底的黏着力，沉淀池上浮。底板与基底的黏着力被破坏，大量泥沙冲入基底面，在底板和基底的结合面上形成了一个厚度不均匀泥沙质的垫层。而且，因为沉淀池下部存在排泥管，排泥管周围存在修理通道，这样基坑内积水从一开始就直接作用在池底部，使事故发生非常突然，现场再往池中灌水已晚。

沉淀池的整体刚性较好，当基坑水排空后沉淀池不会受太大的影响。但是由于沉淀池在上浮的同时，基底与土体之间存在黏着力，在浮力和黏着力共同作用下，部分基础素混凝土垫层被撕裂、破碎，被大水一冲，堆积到一起，使得底板下局部出现空洞，局部存在素混凝土垫层与碎块堆积现象，还有一部分被雨水从基坑周边冲下的零星材料和建筑垃圾也堆积在底板下，导致沉淀池底受力不均匀，出现裂缝。

施工时正值雨期，降雨量较大，施工单位只注意到厂区内的排水，而忽略了厂区地势较低，突降暴雨时，厂区围墙外水位高于围墙内，厂区内排水沟倒涌水，水不仅没有排出去，反而大量倒涌。这说明在工程施工中充分预测到各种可能状况，做好完备的预防措施是非常必要的。

3.6.4.4 事故处理

沉淀池正常使用时，池中需要注入污水，如果池底板下存在空隙，会使底板受力不

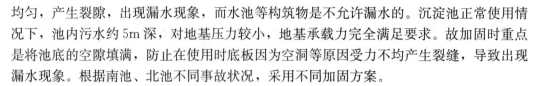

均匀，产生裂隙，出现漏水现象，而水池等构筑物是不允许漏水的。沉淀池正常使用情况下，池内污水约5m深，对地基压力较小，地基承载力完全满足要求。故加固时重点是将池底的空隙填满，防止在使用时底板因为空洞等原因受力不均产生裂缝，导致出现漏水现象。根据南池、北池不同事故状况，采用不同加固方案。

1. 南沉淀池处理方案

对池底进行详细检查，绘图标出板下空洞位置：

（1）清理沉淀池底板下淤泥、杂物及混凝土碎块。

（2）用碎石垫层（碎石：中砂＝50：50）回填池底下的地下通道。

（3）凿除池地面上碎裂混凝土。

（4）用C30微膨胀防渗混凝土（抗渗等级：S8）修复池底人工凿除的洞口。

（5）用砖、水泥砂浆或混凝土封堵水池外边缘的所有缝隙。

（6）进行第一次注浆。具体方法是：注浆材料为水泥单注浆，水泥为P·O32.5。浆液比按水灰比为0.5：1～1：1的浓度配制，一般选用0.6：1，并适当加入粉煤灰，水泥：粉煤灰＝1：1，并加入适当的早强剂。本工程选用0.5% NaCl及0.05%的三乙醇胺。施工时，先在底板上钻孔，然后用静压或锤击等方法，下入注浆钻具，然后进行注浆。

（7）待水泥浆达到一定强度后，进行第二次注浆，具体方法同（6）。

2. 北沉淀池处理方案

（1）用砖、水泥砂浆或混凝土封堵水池外边缘的所有缝隙。

（2）进行两次注浆，具体方法同南沉淀池处理方案。

3.6.5 长江某穿越工程沉井事故

3.6.5.1 工程概况

长江某穿越工程，在南北岸分别设出发井和到达井，均为钢筋混凝土沉井结构。采用盾构法施工。井筒平面净尺寸为长×宽＝15.0m×7.5m，井壁厚度1.2m，混凝土设计强度等级为C25，钢筋级别为HRB335，最大下沉深度为23.1m。刃脚采用钢靴刃脚，高度为3m，刃脚根部壁厚1.45m，混凝土设计强度等级为C30；在沉井南侧井壁1.94m处设有直径为3.8m的盾构机镜面。

在2003年5月上旬第二井段下沉过程中，当下沉至离原设计标高1.5m左右时，在沉井东、西井壁下部刃脚出现大量裂缝，且有明显变形，裂缝的形态和位置如图3-30所示。

为了查明该工程施工过程中出现裂缝和变形的原因，采用无损超声探伤仪、裂缝读数仪和激光测位仪，对该结构的裂缝和变形进行了检测；并依照《钻芯法检测混凝土强度技术规程》（CECS 03：88）规定进行取芯、加工和试验，对井壁混凝土强度进行了检测。根据《混凝土强度检验评定标准》（GBJ 107—1987），按统计方法评定混凝土强度为30.3MPa，满足设计要求。

由于检测时底板已浇筑完成，该区域裂缝、刃脚裂缝已不可见，西侧井壁大部分裂缝靠近底部区域已经封闭，图 3-30 中表示裂缝宽度仅是未封闭部分最大裂缝宽度，可见，井壁裂缝开展比较严重，除已经封闭的裂缝外，检测到的裂缝宽度多在 0.1～0.7mm，而最大裂缝宽度约为 1.35mm。

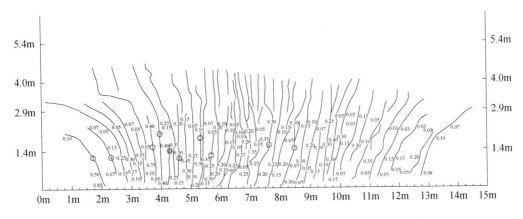

图 3-30　东面墙体裂缝分布图（离井底 1.4m 和 2.5m 处裂缝最大宽度，mm）

表 3-9 所示为沉井底部和离底部 1.6m 高度处实测井孔尺寸。从测试结果可见，井壁底部产生明显变形，跨中最大相对变形接近 100mm。

表 3-9　实测井孔尺寸

位置	东西向内径（m）				南北向内径（m）			
	北端	北 1/4 跨	跨中	南 1/4 跨	南端	东端	跨中	西端
底部	7.414	7.325	7.298	7.371	7.429	15.016	14.993	15.015
离底部 1.6m 高度处	7.456	7.380	7.382	7.415	7.443	15.032	14.989	15.032

3.6.5.2　事故原因分析

经各方人员对原始结构计算书、原始地质报告、开挖地质报告、原始施工图纸及其变更图纸、施工记录和监理日志共同进行了核查和分析，基本排除施工因素，认为主要原因在于设计，具体如下：

（1）计算假定不准确。设计中假定沉井长边和短边均为两端完全嵌固，与实际受力不符。

（2）配筋方式与计算假定不符。假定沉井长边和短边均为两端完全嵌固计算，配筋却是按支座处简支配置（实配 8Φ25，为跨中的 1/4）。

（3）配筋总量偏少。支座配筋按简支配置，支座必然开裂。开裂后，由于塑性内力重分布，使跨中实际弯矩增大，而又未加大跨中配筋，导致跨中大量裂缝的产生，如图 3-31 所示。

（4）构件截面设计有误。同一高度处井壁在四面均匀荷载下，既承受压力，又承受弯矩，为压弯构件，原设计按受弯构件设计，导致配筋偏小。

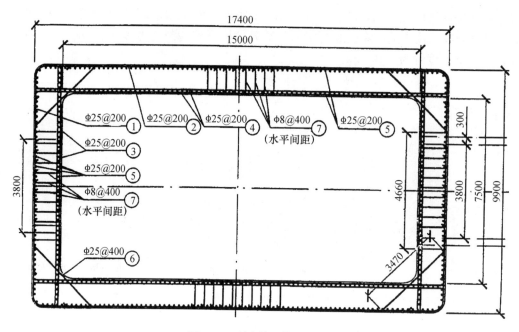

图 3-31　到达井配筋平面图

3.6.5.3　计算分析

1. 按规范进行承载力验算

在垂直方向截取单位高度的井段，按水平闭合结构进行计算，矩形沉井的结构内力计算将沉井简化为平面框架。实际配筋分三段，且最大裂缝宽度主要出现在最下端的距封底顶面 $1.5 \sim 2.4\mathrm{m}$ 处，故选距封底顶面 $1.5 \sim 2.5\mathrm{m}$ 间板带。计算简图如图 3-32 所示，板带中间位置标准值为水压力 $\overline{q_{\mathrm{w}}}=165\mathrm{kN/m}$，土压力 $\overline{q_{\mathrm{t}}}=28.8\mathrm{kN/m}$。

转角处弯矩标准值 $M_{\mathrm{A},k}=-\dfrac{ql^2}{12}\dfrac{1+\beta^2\alpha}{1+\alpha}=-0.0626ql^2$，

长边跨中弯矩标准值 $M_{\mathrm{E},k}=0.125ql^2+M_{\mathrm{Aw},k}=0.0624ql^2$，

作用在长边的轴向力标准值 $N_{\mathrm{AB},k}=N_{\mathrm{CD},k}=0.5qb$。

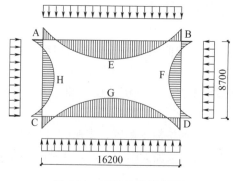

图 3-32　到达井计算简图

内力计算结果见表 3-10。

表 3-10　内力计算表

位置	水压作用			土压作用			$\gamma_0 M$ (kN·m)	$\gamma_0 N$ (kN)
	水压力 (kN/m)	M_k (kN·m)	N_k (kN)	水压力 (kN/m)	M_k (kN·m)	N_k (kN)		
转角	165.0	2324.0	816.8	28.8	405.6	142.6	3466.7	1179.8
跨中		2702.1	816.8		471.6	142.6	4030.6	1179.8

复核井壁转角处的配筋时，按实测混凝土强度 C30，钢筋 HRB335，保护层厚度 70mm，$A_s=9975\text{mm}^2$，实配 8Φ25，（$A_s=3928\text{mm}^2$，为计算所需的 3928/9975＝39%）。同样可得长边跨中处内力设计值 $M=4030.6\text{kN·m}$，$N=1179.9\text{kN}$，$A_s=12934\text{mm}^2$，实配 32Φ25，$A_s=15712\text{mm}^2$，满足要求。

但由于支座截面承载力不足，必然发生内力重分布，跨中弯矩加大，支座实际承载力 $M_u=1443\times10^6\text{N·mm}$，则 $M=3466.6-1443=2023.6\text{kN·m}$ 转移到跨中，跨中实际承受弯矩 $M=2023.6+4030.6=6054.2\text{kN·m}$，按压弯构件验算，则 $A_s=23620\text{mm}^2$，实配 32Φ25，仅为计算的 67%；跨中承载力严重不足，必然产生开裂和较大变形。

2. 采用有限元方法按双向板计算

井壁在封底后，考虑到底板钢筋和型钢并不与井壁或刃脚的钢筋或钢板连接在一起，故宜简化为在使用阶段水、土压力联合作用下左右两边固支、下部简支、上部自由的双向板计算（板厚 1.2m，可视为薄板），高度取至封底中间。计算模型如图 3-33 所示，水土压力（单位：kPa）沿井壁高度的分布如图 3-34 所示。

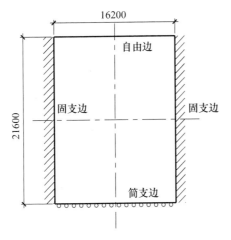

图 3-33　井壁双向板计算模型

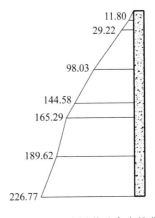

图 3-34　水土压力沿井壁高度的分布

对此模型，先采用 ANSYS 有限元软件包计算最大弯矩，然后计算配筋。为便于比较，分别计算了底边自由和底边简支条件下的纵、横向弯矩分布及其水平位移。弯矩计算结果见表 3-11。

表 3-11 井壁双向板弯矩计算结果

底边支承条件	M_x（kN·m）		M_y（kN·m）	
	最小值	最大值	最小值	最大值
自由	−4210	2250	−827.6	430.7
简支	−2840	1480	−563.2	979.6

从表 3-11 中可见，按下端简支计算时，角部弯矩最小为 2840kN·m，但仍然大于实际承载力 M_u＝1443kN·m，角部必然开裂；按下端自由计算时，跨中弯矩最大，小于跨中实际承载力 M_u＝4879kN·m，单就跨中而言，满足要求，若考虑内力重分布，总实际承载力为 1443＋4879＝6322kN·m＜4210＋2250＝6460kN·m，不安全。

总之，无论按闭合框架还是按双向板计算，总配筋量不足是导致出现较大裂缝和严重变形的主要原因。按闭合框架计算，把支座考虑成弹性嵌固比较接近实际受力，也较合理。

3.6.5.4 处理方案

对于该工程，结合实际情况，经过综合比较，提出如下处理方案：

（1）对已出现的裂缝从内侧用高压压力注浆处理。

（2）适当调整井内布置，在东西井壁间设置两道 600mm 宽的竖向剪力墙，位置在距两端 3m 处，以减小长边计算跨度，提高井壁环向抗弯能力。

该方法具有投资少、施工周期短、可靠性高等优点，但沉井内部工艺布置需做适当调整。

3.6.5.5 结语

在进行结构设计时，计算简图一定要准确、恰当，与实际受力情况符合，对于无法考虑的因素，可以通过构造措施加以弥补；同时，切实注意超静定结构的内力重分布的影响，确保内力分析正确；结构体系传力途径应当明确，结构概念清晰。

3.6.6 某大学食堂商品混凝土裂缝事故

3.6.6.1 工程及事故概况

某大学学生食堂，为四层框架结构，建筑面积约 6000m²，采用商品混凝土浇筑。混凝土强度等级为 C30。该工程浇筑三层楼板、二层楼板、地下室顶板及地下室墙体时均采用同一厂家的商品混凝土。且浇筑的二层楼板、地下室顶板及地下室墙体均未发现质量缺陷。但是，三层楼面①轴和后浇带之间，在浇筑商品混凝土后，出现严重的质量缺陷。

三层楼面①轴和后浇带之间，从 2004 年 2 月 25 日下午 3：30 开始浇筑，26 日中午

11：00 结束供料。共浇筑 C30 混凝土 430m³。浇筑从⑩轴×①轴开始，采用连续浇筑，不留施工缝。梁板同时浇筑，以每跨为一单元，由一端开始，先浇梁，当到达板底时，再与板的混凝土一起浇筑，先用振捣棒振捣梁的混凝土。梁柱节点钢筋较密，采用细振捣棒。用平板振动器先垂直于浇筑方向来回振捣，再沿浇筑方向振捣一遍。先进行第一次抹平压实，第二次压实搓毛间隔时间为 8～9h。混凝土的厚度控制在框架柱的主筋上抄好 50cm 的结构标高点，拉线找平。

26 日下午 5：00 左右开始浇水养护，发现混凝土未硬化表面起皮，不能浇水养护。因此，从 27 日上午浇水养护，使混凝土的表面保持潮湿状态。同时，27 日上午发现板面有不规则的小裂缝，虽经工人搓抹，但到 27 日下午发现板面混凝土普遍有黄色霉状粉末，并有结晶体析出，此时，裂缝更加严重。

3 月 30 日，经现场实测，划分了裂缝类别及区域，如图 3-35 和图 3-36 所示。根据裂缝类别，将裂缝划分为二类区至五类区。二类区：裂缝严重，裂缝宽度普遍在 2mm 以上，其面积约 400m²。三类区：裂缝较严重，裂缝宽度多在 1mm 以下，局部达 2mm，其面积约 700m²。四类区：裂缝宽度多在 0.2mm 以下，其面积约 600m²。五类区：裂缝很少，且裂缝宽度在 0.1mm 以下，其面积约 150m²。

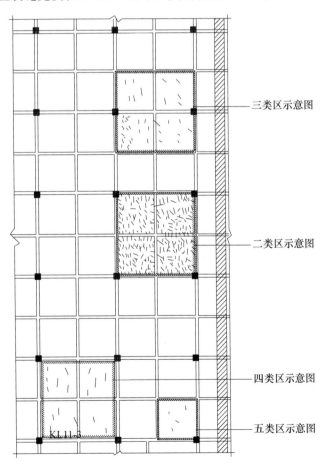

图 3-35　各类别裂缝示意图

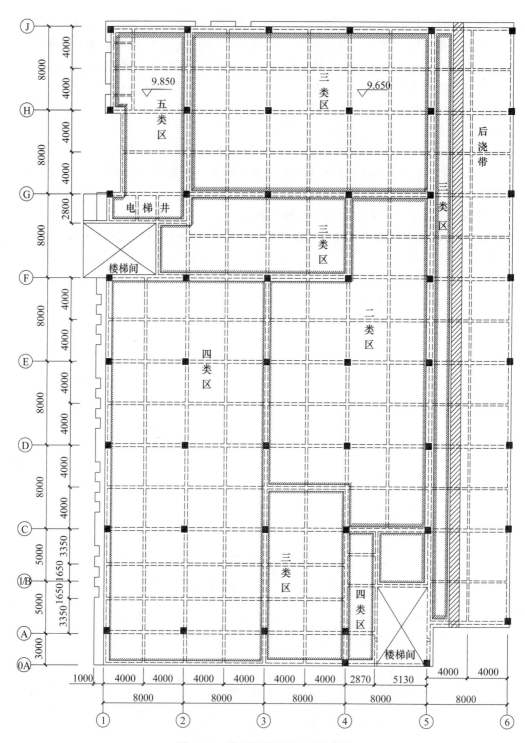

图 3-36　裂缝类别划分区域示意图

3.6.6.2　事故原因分析

分析表明，引起楼面开裂的主要原因是商品混凝土的质量。

1. 水泥原材料的质量

直到调查人员进厂，商品混凝土生产厂家也未能提供原材料的检验报告，包括水泥的安定性、水泥的生产厂家、水泥的使用情况，以及是否存在不同水泥生产厂家生产的水泥混用情况、水泥的检测资料是否符合国家标准等。

2. 外加剂的质量

商品混凝土生产厂家也未能提供外加剂的完整资料，使用的外加剂是否合格、外加剂与水泥是否相容不得而知。从查阅的资料看，外加剂的检测报告及混凝土厂家提供的商品混凝土的配合比报告中，均为 JM 系列，但从建设单位了解到，商品混凝土厂家实际使用的外加剂为另外一系列。

3. 混凝土的养护

气候干燥、风大、失水过多及养护，都对楼面的裂缝有一定的影响。早强水泥及水灰比过大，混凝土的收缩，也将影响楼面裂缝的出现和发展。

另外，现场在发现裂缝出现后处置不当，也是造成此次事故加重的主要原因。当时，使用该厂商品混凝土的另一工地，在浇筑混凝土后也发生同样的问题，但在现场技术人员的指导下，经人工表面反复揉搓，裂缝大大减少，避免了更大的经济损失。

3.6.6.3 处理方案

鉴于该项工程的重要性，并考虑到抗震、耐久等因素，经专家论证，对裂缝宽度超过 2mm 的结构进行拆除，重新浇筑混凝土。具体为：

二类区，需完全拆除，重新浇筑混凝土；三类区，对局部宽度达 2mm 以上的部分，需完全拆除，其余部分用环氧树脂胶泥填补裂缝；四类区，用环氧树脂胶泥填补裂缝；五类区，不做处理。

3.6.6.4 具体拆除施工步骤

1. 弹线

所有梁中心线弹到混凝土表面，二类区所有梁的边线全部弹到混凝土的表面。

2. 混凝土拆除

分为 8 个作业组，8 个作业组间隔布置，每作业组间距 4m。各作业组施工程序为：从每块板的中心开始向四周用风镐向梁边破碎。为减少对梁的影响，用风镐只破碎到梁边 50～70mm 处停止，余下用人工凿除。每个作业组有 1 个风镐操作手、2 个凿除工（因保留模板对不易用风镐破碎处用人工凿除）、清理工 2 人。做到拆除一块，清理一块。拆除的混凝土用塔式起重机运到指定地点。二类区板与梁交接处的混凝土用人工拆除。二类区与三类区的交接处留施工缝，施工缝留在距梁中心线处。混凝土柱与混凝土板交接处不拆除，此处留施工缝。施工缝留在离柱边 50mm 处。三类区部分混凝土需拆除，面积较小，拆除方法同二类区。后浇混凝土与原混凝土交接处做施工缝处理。

3. 混凝土浇筑

严把材料进场关。认真审核混凝土供应方提供的相关资料，必要时安排专人到混凝土搅拌站旁站，确保材料合格、资料正确。

严格按照混凝土施工规范施工。技术人员跟班作业，现场交底。

切实做好养护工作。根据当时风大、干燥的气候特点，采取相应的养护措施：混凝土终凝后立即薄膜覆盖、洒水等。

3.6.6.5 裂缝修补方案

首先将沿裂缝两侧各 40～50mm 宽度范围内的灰尘、浮渣等用压缩空气吹净，然后用环氧煤焦油涂抹。较宽的裂缝先用抹刀填塞环氧树脂胶泥。裂缝修补完毕后，经蓄水试验不渗漏为合格。

3.6.7 某氯碱集团碱包装操作楼墙体开裂地表隆起事故

1. 工程概况

某氯碱集团碱包装操作楼为二层框架结构，一层层高为 3.6m，二层层高为 3.3m，总高 6.9m，柱距为 6m，基础为独立基础，基础埋深为 1.4m，位于 2-1 层粉土上，该土层呈黄色，承载力特征值 $f_{ak}=100kPa$。操作楼柱网平面图如图 3-37 所示。

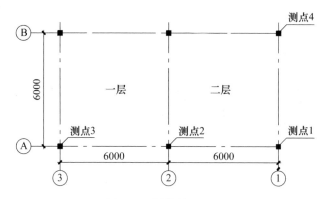

图 3-37 操作楼平面图

包装车间操作楼建于 2000 年底，2002 年底发现墙体开裂，地面变形隆起。到 2003年，墙体开裂愈发严重，墙上裂缝贯通，最宽达 10mm 以上，地面呈不均匀隆起，最大差异量达 40mm 以上。墙体变形部分观测结果见表 3-12。由于情况越来越严重，操作楼于 2003 年底停止使用。

表 3-12　墙体变形部分观测结果　　　　　　　　单位：mm

日期	观测点 1	观测点 2	观测点 3	观测点 4	观测点 5
2004 年 07 月 10 日	0	0	0	0	0
2004 年 07 月 17 日	6	2	0	2	0
2004 年 07 月 18 日	8	2	0	2	0
2004 年 08 月 04 日	9	2	0	2	0
2004 年 08 月 14 日	11	2	0	2	0
2004 年 09 月 01 日	16	4	0	4	0
2004 年 09 月 09 日	18	4	0	4	0

日期	观测点 1	观测点 2	观测点 3	观测点 4	观测点 5
2004 年 09 月 17 日	20	5	0	4	0
2004 年 09 月 28 日	21	5	0	5	0
2004 年 10 月 24 日	27	5	0	5	0
位置	东墙北柱	东墙中柱	东墙南柱	西墙北柱	东墙碱罐

2. 操作间建筑物上升隆起原因分析

经查阅图纸和 2004 年 6 月所做的工程地质勘察报告发现,本层土长期被碱水浸泡侵蚀,土质坚硬。经现场调研发现,该厂的主要产品之一为 NaOH,距该操作车间不远处有两个碱罐用于存储 NaOH,最近的只有 3m。2004 年 8 月,在距该操作楼 15m 处取水化验,发现该处地下水中 NaOH 的含量达 0.02%。

采用日本理学(Rigaku)公司生产的 D/Max-3B 型 X 射线衍射仪,利用粉末衍射联合会国际数据中心(JCPDS-ICDD)提供的各种物质标准粉末衍射资料,并按照标准分析方法进行对照分析,分析结果表明:样品含有较多的蒙脱石和非晶态物质,有伊利石、高岭石和略少的石英、长石、方解石及少量其他成分。

经查阅有关文献发现,NaOH 碱液很容易与土层中铝硅酸盐矿物,尤其与黏土矿发生反应。蒙托石压块在 5% 的 NaOH 溶液中的膨胀率可达 38.9%。

因此,综合各方面的情况,可以认为,造成碱操作间不均匀膨胀升高的原因是 NaOH 在生产、存储、使用过程中,跑、冒、滴、漏渗入地下,NaOH 与土壤中某些物质发生物理或化学反应,使土壤发生物理或化学变化,从而造成土壤膨胀,引起土层不均匀上升隆起,导致建筑物倾斜,框架梁和墙体开裂。

3.6.8 某市地下人防工程质量事故

3.6.8.1 工程概况

某市地下人防工程为框架剪力墙结构,采用筏板基础,建筑总面积为 35254m²。该工程上部为市政道路,地下室顶板上部设计覆土厚度为 1.8m,道路结构层厚度为 0.7m,结构构件混凝土强度等级采用 C35,地下一层,局部两层,一层层高为 6.0m,框架梁截面尺寸为 600mm×1300mm,次梁 500mm×1000mm,现浇板厚 300mm,框架柱为 700mm×700mm。该人防工程共分为三个区域,发生问题的区域为二区,其建筑平面布局如图 3-38 所示。

3.6.8.2 事故概况

该工程自 2013 年 7 月 21 日上午 8 时开始浇筑混凝土,直至 22 日早上 7 时全部混凝土浇筑完毕。2014 年 3 月 5 日至 18 日进行回填,依据设计要求回填至 1.8m。回填完成后,当日下午 5 时随即发现 11-13 轴交 D-M 轴个别柱柱头在与梁连接部位混凝土压溃,柱主筋压弯,箍筋挣开。个别柱根混凝土压溃,柱主筋压弯,箍筋挣开,混凝土松

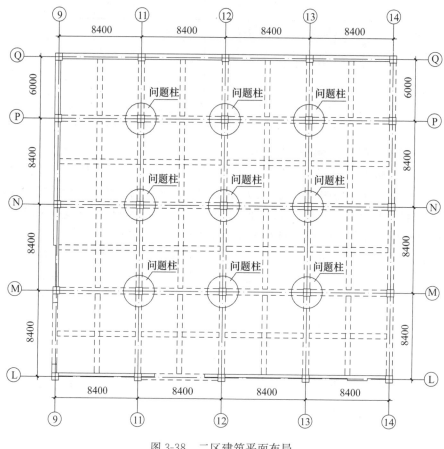

图 3-38　二区建筑平面布局

散，成形不好。当时发现柱混凝土压碎变形的柱共有 9 根，典型的混凝土压碎变形柱如图 3-39 所示。

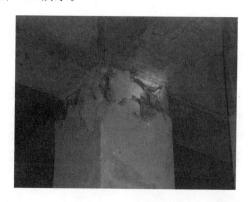

图 3-39　典型的混凝土压碎变形柱

同时，检测部门的检测报告及施工单位自查结果表明，该工程还存在构件麻面、蜂窝、孔洞、缝隙夹层、缺棱掉角、酥松脱落、露筋、锈蚀、梁底保护层不足等一般缺陷。

3.6.8.3 紧急抢险措施

由于部分待加固柱的柱顶及柱底存在混凝土被压碎现象，为保证结构安全，需要立即在压溃柱周边的板、次梁、框架梁下设置临时钢结构支承，避免压溃柱的继续受力，以免造成更严重的后果。临时支承设计需根据《钢结构设计标准》（GB 50017—2017）进行计算分析，包括承载力验算、长细比验算及稳定性验算，以保证临时支承的可靠性。

临时支承分为两类：一类是与次梁、板相连的支承，另一类是与框梁相连的支承。其主要的设计思路是依据临时支承结构的传力特性，将顶板、次梁、框梁荷载部分传递至地面，减小问题柱的负荷。而且，通过圆钢、方钢等构成的斜撑以及水平支承，将所有支承体系化，增强空间整体性，以达到增加支承系统在平面内外的整体稳定性，使得支承体系安全可靠，同时保证后续加固施工的安全。临时支承体系布置如图 3-40 所示。

图 3-40 临时支承体系布置情况

3.6.8.4 现场检测及计算分析

1. 现场检测

根据现场情况，决定对问题区域所有混凝土柱的质量进行全面检测。采用超声回弹综合法及钻芯法检测混凝土的强度，结果表明所有柱的混凝土的强度均满足原设计要求；采用超声法检测二区柱混凝土质量缺陷，结果表明部分柱压溃现象严重，表现为柱内部存在疏松空洞、混凝土不密实的现象，且部分柱存在一般混凝土质量缺陷。

2. 计算分析

针对该工程事故发生情况，为有针对性地找到工程事故原因，首先需从设计角度依据国家相关现行结构设计规范对该工程进行结构分析，分析其结构设计是否合理，结构是否具有一定的安全可靠度。

该工程恒载包括：覆土自重、道路结构层自重、地下室顶板自重、框架梁自重、框架柱自重、地下水浮力。其中由于地下水浮力对结构产生有利影响，为偏于结构安全计算，故恒荷载不考虑地下水浮力。限于篇幅，具体计算过程本文不予列出，最终恒荷载标准值见表 3-13。该工程活荷载标准值：根据甲方提供设计资料，平时使用情况下取 18kN/m²。战时顶板等效荷载标准值：根据《人民防空地下室设计规范》（GB 50038—2005），战时顶板等效荷载取值不考虑活荷载，采用考虑顶板核爆动荷载标准值与顶板静荷载（恒载）标准值的组合，并结合甲方提供的设计资料，顶板等效荷载取值为 69.20kN/m²。

表 3-13 恒荷载标准值

恒荷载（自重）	覆土自重（kN/m²）	道路结构层（kN/m²）	地下室顶板（kN/m²）	框架梁（kN/m）		框架柱（kN/m）
				主梁	次梁	
标准值大小	34.2	15.4	7.8	15.6	9.1	12.74

依据建筑施工图纸及相关结构设计规范的要求，利用专业设计软件PKPM，建立该工程的实际模型并进行试算，将最终计算所得的柱轴压比结果同《建筑抗震设计规范》（GB 50011—2010）中6.3.6条表6.3.6中给出的轴压比限值进行对比发现，按照规范中要求，该工程的框架部分按纯框架进行验算，柱轴压比限值为0.75，但本工程中所列需加固柱轴压比均大于0.75，不满足设计要求，需进行加固处理。

3.6.8.5　事故原因分析

通过对质量事故现场的观察、检测，以及对柱承载力的分析校核，认为造成工程事故的主要原因是：

（1）该位置混凝土是梁、板和柱一起浇筑的，而楼层层高6m，混凝土浇筑过程中可能会出现离析现象，从而造成柱根部的混凝土水泥浆流失严重，导致该区域未形成有效混凝土。

（2）混凝土振捣不密实，在梁柱节点位置最明显。由于该工程覆土较厚，荷载较大，处于高烈度地震区，且又是人防工程，梁的断面较大，配筋较多，造成梁柱节点钢筋密集，混凝土不容易振捣密实，所以在此区域容易形成空洞。现场有个柱头破坏严重就是因为空洞的存在造成承载力下降，一旦柱顶进行回填，荷载急剧增加，就会把该区域混凝土压碎。

（3）部分柱本身截面设计较小，不能满足抗震设计规范的轴压比要求。

3.6.8.6　加固处理方案

根据前述分析，需对问题柱进行加固处理，而柱加固方法通常可采用截面加大法和外部包角钢法两种方式。

1. 加固方案比选

针对该工程而言，由于结构处于地下，阴暗潮湿，采用外包角钢法耐久性较差，其难以适应地下环境；并且外部包角钢与原有混凝土柱属两种不同的材料，构件的整体性和受力性能较差。

而采用柱截面加大法加固，相较于外包角钢法，外包混凝土与原有混凝土的黏结性能，可以通过将原有截面凿毛、设置拉结筋等措施进行保证，整体性较好，并且随着柱截面的增大，柱本身刚度增大，抗变形能力得到提高。另外，从耐久性、耐火性的角度来说，混凝土的耐久性、耐火性优于角钢，能够更好地保证结构的安全。故本工程采用混凝土加大截面法进行加固。

2. 柱端部修复处理方案

依据前文分析，针对柱上、下端部分别出现的空洞及压溃现象，为恢复原结构柱一定的承载能力并保证加固后柱的整体性，在进行柱截面加大前需对原结构柱进行修复处理。具体修复方法如下：

（1）柱上端节点部位修复。利用高性能灌浆料对原结构柱空洞处进行填实处理，由于灌浆料强度高，早强性能、流动性好，可以有效地将空洞部位填实，在短时间内恢复原有柱的承载能力。

（2）柱下端压溃部位修复。利用高性能灌浆料对压碎混凝土进行置换。在置换灌浆料前，为确保框架柱的安全，防止其压缩变形，在柱两侧通过植筋设置反力支座，由千斤顶施加向上的荷载，具体方式如图 3-41 所示。

(a) 增设反力千斤顶　　　　　　　　　(b) 置换劣质混凝土

图 3-41　柱下端压溃部位修复

3. 整体加固方案

柱尺寸为 700mm×700mm，加固采用混凝土加大截面的方式，以达到增强柱刚度，提高承载力的目的。柱加固分为三个部分：柱身加固、柱底加固、柱顶加固，如图 3-42 所示。柱身加固，柱身截面每侧各增加 200mm，最终柱截面尺寸为 1100mm×1100mm，相对于原截面积，加大部分面积为 720000mm²。柱底加固，柱底端采用八角形，水平边与地梁垂直，且宽度同梁宽为 700mm，柱脚形心与柱形心重合，两水平边间距为

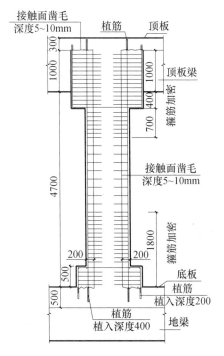

图 3-42　整体加固方案

2166mm，柱脚高度为500mm。柱顶加固，为减少柱变形对梁的影响，减小梁跨度，该工程采用在加大后的截面上增设柱帽，以增强结构的安全可靠性，柱帽采用八角形，形状同柱脚，水平边平行于柱边，宽度为600mm，柱脚形心与柱形心重合，两水平边间距1900mm，柱帽高度为1400mm。该工程加固完成情况如图3-43所示。

图 3-43　最终加固完成情况

3.6.8.7　结语

本文通过现场观察、检测及验算，分析了该工程质量事故产生的原因，提出了该工程事故紧急抢险的临时措施，并且在此基础上提出了结构受力柱的加固方案，保证了该工程的结构安全，避免了发生重大事故的可能性，可为类似工程的质量问题处理提供参考。

3.6.9　含石灰石混凝土结构表面爆裂事故

3.6.9.1　工程概况

该工程为某市小区住宅楼，1号、2号楼均为30层高层住宅，主楼结构为剪力墙结构。设计高度为90.0m，地上30层，地下2层，抗震设防烈度为8度。受力构件设计混凝土强度等级，剪力墙为C45，混凝土梁、板为C30。构件尺寸：楼板厚120mm，剪力墙厚350mm。梁截面尺寸为200mm×400mm。

工程自2012年8月开始施工，2013年4月初开始浇筑底层剪力墙混凝土。在小区住宅建设施工过程中，住宅楼陆续出现混凝土表面爆裂现象。2013年5月初发现墙体及部分板、梁混凝土表面出现裂缝，具体开裂部位包括：1号楼一层东单元17-32轴交A-P轴剪力墙、梁、板和楼梯部位；2号楼一层中单元23-31轴交B9-B16轴剪力墙、梁、板部位。并且随时间推移裂缝逐步发展，最终混凝土表面发生呈弧状的脱落。脱落部位中心位置深度达 10～45mm，爆裂点中心出现厚 2mm 左右的淡白色粉末固态物质，并呈点状分布。一经触碰，粉末状物质即脱落，内部露出白色骨料，几天之后白色骨料表面再次出现一层淡白色粉末状固态物质，严重部位分布密度达到了每平方米 7～8 个爆裂点。混凝土墙面的爆裂现象如图 3-44 所示。

 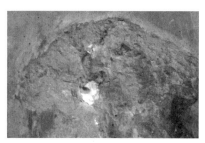

(a) 墙面爆裂状况   (b) 脱落部位状况

图 3-44   混凝土墙面爆裂现象

3.6.9.2   现场检测与测试分析

1. 现场检测

经过现场调查发现，1 号楼出现混凝土表面爆裂的部位相对集中，也较为严重。具体分布在一层东单元内的墙、梁、板上。

由于混凝土爆裂的问题主要出现在混凝土墙、板、梁的表面，为了解和掌握混凝土结构内部情况，判断构件内部是否出现了爆裂，为后续处理存在问题的已建部分工程提供科学依据，对出现混凝土表面爆裂较严重的构件进行了如下检测：

（1）超声波法混凝土缺陷检测：采用 NM-4B 非金属超声波检测仪，按照《超声波检测混凝土缺陷技术规程》（CECS 21—2000）进行内部裂缝与爆裂点检测，对出现问题严重的部位进行加密点距的声时测量，以 2mm×2mm 的网格点距组成检测网，在墙体上进行逐点测量。如果混凝土存在由于爆裂点引起的疏松，超声波声时值就会出现异常值而被发现。检测结果表明，混凝土内部未发现裂缝及爆裂点引起疏松的问题。

（2）雷达法混凝土缺陷检测：采用意大利 RISK2-Fastwave 探地雷达，1600MHz 天线，按照江苏省工程建设标准《雷达法检测建设工程质量技术规程》（DGJ32/TJ 79—2009）进行内部裂缝与爆裂点检测，对出现问题的混凝土构件部位进行雷达扫描检测。根据探地雷达的检测理论和操作经验，在可测量的频率范围内，一般能够探测到目标物直径 8～10 倍距离内的物体（质），如果混凝土内部有爆裂点引起的疏松，探地雷达在墙、板等表面测量时就能够发现异常情况。检测结果表明，混凝土内部未发现裂缝及爆裂点引起疏松的问题。

（3）混凝土强度检测：采用钻芯法依据《钻芯法检测混凝土强度技术规程》（CECS 03—2007）对混凝土强度进行检测。根据混凝土的芯样强度值，分析混凝土的质量。限于篇幅，本文仅列出 1 号楼检测结果，详见表 3-14。

表 3-14　1号楼混凝土强度检测结果

结构部位		序号	混凝土抗压强度值（MPa）	代表值（MPa）	混凝土强度等级
墙	32/B-E	①	47.4	46.3	C45
		②	46.3		
		③	47.2		
	29/B-E	①	48.2	46.7	
		②	47.4		
		③	46.7		
	26/D-E	①	45.9	45.9	
		②	46.6		
		③	47.2		
梁板	29-32/B-E	①	31.0	30.7	C30
		②	31.1		
		③	30.7		
	29-32/M-H	①	32.4	31.7	
		②	31.7		
		③	32.9		
	26-29/D-E	①	31.6	31.0	
		②	31.0		
		③	32.4		

从现场检测结果来看，墙、梁、板等受力构件的混凝土强度符合设计要求，不存在强度不足的问题。

2. 现场调研

问题部位混凝土所用的粗骨料产地位于某山区。技术人员于 2013 年 6 月初到采矿矿山实地考察和调查。经过调查发现，混凝土所用骨料的矿山装料处和生产石灰石的小窑炉非常近，相隔只有几百米的距离。小石灰窑的设备和生产工艺较落后，经煅烧后未烧透的石灰石废弃物随处可见，这就使混凝土石料中混入未烧透的石灰石成为可能。可以推测，由于当时骨料供应紧张，加之发料工人不懂生石灰废料加入混凝土中会对建筑物造成的后果，部分石料在不经意间就混装着未烧透的石灰石，掺入了混凝土中。

通过上述调查分析，可初步推断其原因是在粗骨量进场时混进了少量未烧透的石灰石骨料。

3. X 衍射分析

对淡白色粉末状固态物质样品进行 X 衍射法检验和物相分析，发现样品成分为氧化钙（主要成分为羟钙石、哈硅钙石、斜硅钙石）。上述检测结果为认定是由混凝土中所含石灰爆裂造成的工程质量问题提供了有力的科学证据。

石灰爆裂产生过程可分为两步，即石灰石的分解和分解后的水化。

过程一为石灰石分解过程，即碳酸钙（$CaCO_3$）经过高温（1000～1200℃）焙烧吸收大量热能，然后分解成生石灰（CaO 和 CO_2），其反应式为：

$$CaCO_3+177.73kJ/克分子=\!\!=\!\!=CaO+CO_2\uparrow$$

过程二为生石灰的水化反应，即形成生石灰后，生石灰与水发生作用，迅速水化成氢氧化钙，并放出大量热能，同时出现体积急剧膨胀的现象，其反应式为：

$$CaO+H_2O=\!\!=\!\!=Ca(OH)_2+64.79kJ/克分子$$

3.6.9.3 原因分析

通过工程现场勘察、调查，根据多种方法、技术的检测结果综合分析可得：

（1）混凝土墙、板、梁处出现的爆裂问题，属于局部现象。可以排除是水泥安定性和材料碱活性质量问题所造成，而是原材料碎石子中混入了少量的生石灰，在商品混凝土浇筑后与水作用，体积急剧膨胀所导致。

（2）所有混凝土墙、板、梁的爆裂点均在混凝土表面，深度未超过 45mm，但在混凝土构件更深范围内应该同样概率地分布着生石灰，经过超声波、探地雷达等方法的无损检测，未发现混凝土内部出现爆裂和混凝土疏松的问题。

（3）通过检测可以认定，表面混凝土爆裂状态不会带来结构性的安全隐患。

3.6.9.4 修复处理方案设计

基于上述分析认为，对该工程仅需对开裂部位混凝土外部保护层进行修复处理即可。考虑到原有结构混凝土内部石灰石熟化程度情况未知，故先对问题部位混凝土中的石灰石进行充分的熟化处理。熟化处理方法：对同一批次的混凝土构件保护层进行剔凿处理，剔凿深度为 10~15mm，用喷雾器对凿开构件进行喷水湿润，让未经熟化的石灰石熟化。

1. 剪力墙修复处理方案

将原有保护层凿除。由于剪力墙面积较大，具体石灰石熟化程度不能确定，因而采取在表面喷水的方法，让未完全熟化的石灰石完全熟化。等到石灰石完全熟化后，吹去浮灰，然后进行保护层的恢复。

保护层恢复之前，要先对墙面进行甩毛处理，保证后期砂浆的粉刷不会空鼓，使粉刷层与结构层黏结牢靠。甩毛处理后，进行挂网，使得恢复后的保护层具有一定的抗拉、抗裂能力，防止裂缝的再次发生。保护层最外侧砂浆需采用防水砂浆，保证空气中的水分不再浸入结构层，避免混凝土中可能残留的石灰石发生熟化反应。

具体施工流程如下：

（1）混凝土表面剔凿完成后表面喷水湿润，让混凝土表面石灰石充分熟化。持续时间根据熟化情况而定，直到表面石灰石全部熟化为止。

（2）用电动钢丝刷进行表面处理，用高压气泵吹去浮灰。

（3）表面继续喷水湿润。

（4）用水泥掺 907 胶对混凝土表面进行毛化处理。

（5）满挂镀锌钢丝网，钢丝网应固定牢靠。

（6）表面喷水湿润。

（7）保护层恢复。将 8mm 厚 1∶3 水泥砂浆压入钢丝网格中，使其与现有墙体紧密结合；1∶2.5 防水砂浆找平，厚度与现有内外剪力墙齐。

（8）养护。待表面硬化后洒水养护，养护时间为 7 天，要保持墙面湿润。特别是外墙，不能暴晒干裂。

2. 框架梁处理方案

一般开裂的框架梁，处理方式同剪力墙。针对个别部位破损严重的情况，需先对开裂严重部位的劣化混凝土进行置换处理。具体修复步骤如下：

（1）将局部劣化混凝土剔除干净。

（2）在剔除部位支设模板。

（3）使用灌浆料进行灌注，修复破损严重部位。

（4）其余步骤同 3.6.9.4（1）中施工流程。

图 3-45 所示为混凝土墙面及梁表面现场挂网施工情况。

(a) 剪力墙表面挂纤维网

(b) 混凝土梁表面挂纤维网

图 3-45　施工中悬挂钢丝网

3. 楼板处理方案

由于楼板的厚度为 120mm，相较于梁、墙更容易引起内部产生水化作用，要特别加以重视。为确保安全，应对楼板局部比较严重处予以拆除并重新浇筑。因此，根据混凝土板开裂程度的不同，处理方法分为一般开裂板处理方法与局部爆灰破损严重板处理方法。

（1）一般开裂楼板的处理。

由于板厚度较小，混凝土中石灰石已经完全熟化的概率较大。根据板底熟化程度的不同，处理方式有所区别。

对完全熟化混凝土板：由于混凝土中石灰石已经完全熟化，无须进行湿润熟化处理，可直接进行板底凿毛，经挂钢丝网处理后恢复保护层即可。

对未完全熟化混凝土板：处理方法同剪力墙。凿毛后进行洒水湿润，对混凝土中石灰石进行熟化处理，待表面混凝土中石灰石完全熟化后进行表面清理，然后进行挂网抹灰操作即可。抹灰层做法如下：8mm 厚 1：3 防水砂浆打底；12mm 厚 1：2.5 防水砂浆抹面。

（2）局部爆灰破损严重板的处理。

局部爆灰后破损严重的楼板，其表面爆裂点较多，每平方米范围内有数个爆裂点。在进行混凝土板的修复时，首先应将板爆裂部位劣质混凝土全部凿除，使钢筋露出，整理并绑扎好板内原有钢筋。重新支设模板、浇筑混凝土楼板。新浇板混凝土强度需比原设计提高 1～2 个等级，加微膨胀剂，保证新混凝土与原有混凝土的有效结合。

具体施工流程如下：

（1）将破损严重部位全部凿除，保留原有结构钢筋。

（2）整理原有结构钢筋。使用钢丝刷将原钢筋上松散混凝土及浮浆清理干净，如有钢筋损坏重新进行植筋处理（植筋深度为 100mm），植筋完成后进行拉拔试验，合格后方可进行后续施工工作。

（3）植筋完成后，对新旧混凝土接槎处进行凿毛处理，并留出企口，企口深度不小于 3cm，使用高压气泵和钢丝刷清理干净。

（4）重新支设模板，使用 C35 微膨胀混凝土进行浇筑，要求振捣密实，分两次收光，确保混凝土密实度满足质量要求。安装工程采取成品止水预埋件进行预埋。

浇筑注意事项：浇筑前，提前 1d 使用自来水对新旧混凝土接槎处进行洒水湿润（面层无积水），浇筑完成 12h 后开始洒水养护并覆膜养护 14d，待拆模试块试压达到 100％强度，报监理公司确认后方可拆模。

（5）拆模并清理干净后对厨卫间地面进行找平处理，待基层干燥后刷 1.5mm 厚 JS 防水涂料两遍，沿周边墙体上返至二层顶板下口。

3.6.9.5 结语

针对该工程混凝土构件表面爆裂的现象，依据现场检测、调研、X 衍射分析的结果，分析混凝土构件表面爆裂现象产生的原因，得出了混凝土表面出现爆裂是由于混凝土骨料中掺入的部分生石灰与水作用造成的，但爆裂现象不会对结构的安全性产生影响的结论。并且，对结构受力构件，依据其种类及爆裂破坏程度，有针对性地提出了相应的修复处理方案。工程验收后，至今未再发现爆裂现象。

3.6.10 某筒仓结构仓壁崩塌事故

3.6.10.1 工程概况

某地水泥生料均化库为钢筋混凝土筒仓结构，仓体内径为 22.5m，仓体高度为 47.644m，仓底板板顶标高为 14.166m，设计壁厚为 380mm，混凝土强度等级为 C30，仓下支承结构为双筒加内柱结构，基础为人工挖孔桩基础。

该筒仓 2006 年 5 月建成，2006 年 10 月投入使用，2007 年 10 月发现仓壁裂缝后，有关单位在未认真查找事故原因的情况下，对仓壁进行了加固处理。

2009 年 4 月，库底板以上约 8m 处，北侧和西侧砂浆面层脱落，加固钢丝绳多根拉断，北侧库壁向外凸出且不断加剧，2h 后库壁崩塌。现场勘察表明，库底板以上基本全部崩塌，仓壁残块散落于筒体四周，大部分仓壁残块已被粉料覆盖。具体崩塌情况如图 3-46 所示。该事故虽侥幸未造成人员伤亡，但造成了巨大的经济损失。

此时，相邻的同期建设的另一同样设计和施工的筒仓仓壁也出现不同程度的裂缝和砂浆面层崩落，如图 3-47 所示，其情况与上述已崩塌的筒仓结构损坏初期类似，情况堪忧。

（a）崩塌后的仓壁

（b）仓壁崩塌落地后的情况

图 3-46　钢筋混凝土筒仓崩塌情况

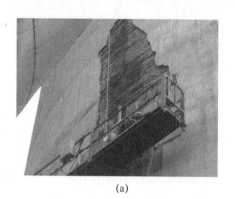
（a）

（b）

图 3-47　相邻筒仓结构损坏情况

3.6.10.2　结构检测

1. 设计情况

经复核审查结构设计计算书和施工图，原设计仓壁满足承载能力要求。原设计环向水平钢筋的竖向间距、竖向钢筋的水平间距、环向水平钢筋的搭接长度、环向水平钢筋的搭接错开方式均满足要求。

2. 倒塌前裂缝鉴定及加固

2007 年库壁出现裂缝，有关单位曾对该仓壁钢筋间距、保护层厚度、混凝土强度、裂缝及缺陷进行了检测。检测报告显示，混凝土强度满足设计要求，按每段平均间距计算，实测环向水平钢筋间距不满足设计要求，在标高 14.166～38.166m 范围内，实测环向水平钢筋平均间距小于 70mm。

裂缝分布在标高 14.166～40.000m 范围内，大多为竖向裂缝，裂缝宽度为 0.1～0.4mm；在标高 21.000～29.000m 范围内，混凝土保护层已空鼓，与钢筋分离，凸出约 50mm。从检测情况看，西北平面约 140°范围内裂缝比较严重，宽度 0.1～0.4mm，东面较轻，宽度为 0.2mm 以内。

3. 混凝土及配筋检测

（1）混凝土现场检测：2007 年 11 月，由于库身局部出现竖向开裂、起拱，对该筒仓混凝土进行了抗压强度的检测，分别在筒库外壁约＋39.000m（1号）、＋34.000m（2号）、＋28.000m（3号）、＋24.000m（4号）、＋21.000m（5号）处以及筒库外壁南约＋26.000～＋27.000m处（6号）凿去起拱保护层混凝土后采用回弹法推定了当时混凝土抗压强度值，见表3-15，结果显示，混凝土强度满足要求。

表3-15　筒仓混凝土抗压强度测定值

测点位置	1号	2号	3号	4号	5号	6号
抗压强度值（MPa）	43.7	44.0	39.2	43.0	38.7	38.3

2009年4月，对基础环梁用取芯机和超声波检测仪进行抽测，抽测结果符合设计要求。

（2）配筋检测：检测表明，现场抽测竖向钢筋间距、环向水平钢筋搭接长度满足设计要求；检测仓壁上钢筋，所测Φ25、Φ20、Φ18、Φ16钢筋的屈服强度、极限强度、延伸率和冷弯性能均满足《钢筋混凝土用钢　第2部分：热轧带肋钢筋》（GB 1499.2—2007）的要求。同时发现，仓壁同一竖向截面上，有每隔2根钢筋有1个搭接头和每隔1根钢筋有2个搭接头的现象，但是未发现仓壁环向水平钢筋有拉断和颈缩现象。

4. 崩塌前仓壁加固情况

调查表明，当时仓壁出现裂缝后采用了如下加固方案：对混凝土鼓出部位采用凿除之后用UGM注浆置换的方式进行处理；对小于0.5mm的裂缝采用压力注浆进行封闭，大于0.5mm的裂缝采用专用结构灌注胶进行封闭；对仓壁采用高强钢绞线聚合物砂浆进行加固，加固计算依据钢筋位置及保护层厚度检测报告中的钢筋实测间距，对实际配筋少于设计配筋的量进行补强，在破损及裂缝较严重区域钢绞线间距进行了加密。

3.6.10.3　仓壁崩塌原因分析

现场勘察未发现地基基础有明显的不均匀沉降现象，加固后对筒仓进行复核计算结果满足设计要求，检测结果中也显示基础梁、仓壁混凝土和配筋各项力学性能指标均能满足设计要求。

施工过程中未能按照设计方案操作，钢筋数量不变但是间距未得到控制，而后期加固也出现不当，最终使得仓壁崩塌。

1. 加固设计依据不当，加固设计方案未达到结构安全要求

根据我国有关的规范及设计要求，仓壁和筒壁的水平钢筋间距不应小于70mm；设计环向钢筋要求在同一竖向截面上每隔3根钢筋允许有1个搭接头，搭接长度50d，水平方向搭接头错开的距离为L/4，d为钢筋直径，L为内外环筋1/10圆周长。

在标高＋14.166～＋38.166m范围内，实测环向水平钢筋平均间距小于70mm，显然不满足要求。经仓壁崩塌现场抽测，仓壁同一竖向截面上，有每隔2根钢筋有1个搭接头和每隔一根钢筋有2个搭接头的现象，不满足规范要求。大多裂缝和保护层空鼓就分布在钢筋间距小于70mm的区域，裂缝的方向又垂直于环向水平拉力方向。从以上现象分析，裂缝应力为受力裂缝，仓壁已存在安全隐患。从仓壁崩塌的结果来看，当时仓壁在加固前就已存在安全隐患。加固处理依据裂缝检测鉴定的有关报告，只对实际配筋少于设计配筋的量进行补强，在破损及裂缝较严重区域钢绞线进行了加密，由于加固设

计依据不当，加固设计方案未达到结构实际安全要求。

2. 环向钢筋密集使得间距过小造成受拉钢筋握裹力严重不足

施工期间，+14.166m库壁外侧水平内环钢筋绑扎在竖向钢筋外侧，数量不变，间距缩短。以+14.166~+20.166m为例，原设计受力环向钢筋间距仅为19mm [图3-48（a）]，混凝土根本无法进入中间，外侧两排钢筋都没有握裹力。

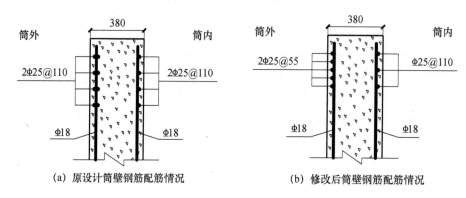

(a) 原设计筒壁钢筋配筋情况　　　　　　(b) 修改后筒壁钢筋配筋情况

图3-48　钢筋混凝土筒仓筒壁配筋情况

据现场资料，由于原设计环向钢筋间距过小，施工中焊接困难。因此，经设计单位同意，环向钢筋改为搭接。设计修改后筒壁钢筋配筋情况如图3-48（b）和图3-49所示，钢筋排距55mm，Φ25螺纹钢外圆28mm，中间净距仅为27mm，再挤进一个接头是28mm，迫使钢筋间距每米内累计误差加大36mm，实际间距又不能实现设计的要求，要大1~2cm，搭接外排有66.6%的受拉钢筋没有握裹力，起不到受拉作用（6根钢筋中有4根不起作用），这种情况沿圆周有10处。

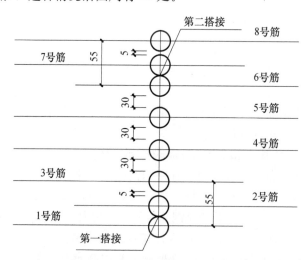

图3-49　仓壁环向水平钢筋搭接情况

3. 绑扎搭接不合规范要求，降低钢筋的锚固能力致使结构承载力不足

经现场抽测，仓壁同一竖向截面上，有每隔2根钢筋有1个搭接头和每隔1根钢筋有2个搭接头的现象，不满足设计要求，这样又使钢筋的锚固能力的降低叠加累积，以至于不满足结构承载力要求，致使仓壁崩塌，这与崩塌现场未发现仓壁环向水平钢筋有

拉断和颈缩现象一致。

施工期间，库壁外侧水平内环钢筋绑扎在竖向钢筋外侧，数量不变，间距缩短，钢筋位置及保护层厚度检测报告的检测结果表明，部分仓壁外侧环向水平钢筋间距小于70mm，不满足要求。现场检测到仓壁环向水平钢筋为上下绑扎搭接，钢筋净间距过小，降低了钢筋的锚固能力。

3.6.10.4　仓壁设计建议

结构不是独立存在的，忽视设计或实际工程中微小的细节都有可能最终造成经济损失、酿成工程事故，所以在设计时要综合考虑诸多因素，以避免不必要的损失。对该筒仓事故分析后，有以下几方面设计建议：

（1）结构选型。该深仓仓壁，仓体内径为 22.5m＞21m，按照原设计，其混凝土截面及配筋在施工操作中较难满足工艺要求，应采用预应力或者部分预应力混凝土结构。

若采用非预应力结构，为避免钢筋握裹力不足，可以加大截面，改用三排竖向钢筋和三排水平钢筋。

（2）水平钢筋的连接方式。按照规范宜采用焊接。对筒壁而言，每处截面都是受拉控制截面，而且由于不断地进料、卸料存在动荷载，搭接不能保证有效的抗拉效应，建议改为机械连接或者焊接。

（3）裂缝控制。计算时保证足够的抗裂配筋，使得裂缝控制在 0.2mm 以内。

（4）温度效应。对于贮存热贮料的水泥工业筒仓，其钢筋和结构构件要根据温度效应进行相应的计算调整。

（5）在进行结构设计时，必须考虑施工操作中不可避免的偏差。

3.6.10.5　结语

（1）由于钢筋混凝土筒仓结构的重要性，筒仓的设计不能仅考虑经济，必须考虑其安全性。

（2）当结构中出现质量问题时，必须认真对待、查清原因。

（3）制定加固方案，必须有可靠的依据，不可盲目加固。

3.6.11　含钢渣骨料混凝土结构表面爆裂事故（一）

3.6.11.1　工程概况

某小区 3 号、5 号楼均为混凝土框架剪力墙结构，地上 11 层，地下 1 层，建筑高度32.05m。建筑面积均为 5283.4m²，地下负一层高为 2.90m，地上住宅高均为 2.90m。该工程为二类高层住宅建筑，抗震设防烈度为 7 度，建筑耐久年限为 50 年。该工程采用预制桩，单桩直径为 400mm，单桩竖向承载力特征值为 3000kN，桩混凝土强度等级为 C80。该工程基础形式为桩承台和筏板结构，筏板厚度为 250mm，筏板配筋双层双向HRB400Φ10@150，基础顶至负一层顶板为剪力墙结构（外墙厚为 250mm、内墙厚为200mm），负一层顶板厚为 150mm。基础剪力墙混凝土强度等级为 C35，抗渗等级为

P6。该工程标准层框架柱、剪力墙及梁板混凝土强度等级为 C30。3 号、5 号楼五、六、七层及地下车库墙柱混凝土均为商品混凝土泵送浇筑，混凝土级配、坍落度、浇筑时间符合工程施工要求，在施工过程中没有出现商品混凝土浇筑间隔时间过长、坍落度不均匀、振捣过快的现象。部分楼层具体混凝土浇筑时间为：3 号楼中，五层柱、墙、梁及顶板于 2018 年 3 月 26 日，六层柱、墙、梁及顶板于 2018 年 4 月 1 日，七层柱、墙、梁及顶板于 2018 年 4 月 8 日；5 号楼中，五层柱、墙、梁及顶板于 2018 年 3 月 26 日，六层柱、墙、梁及顶板于 2018 年 4 月 1 日，七层柱、墙、梁及顶板于 2018 年 4 月 8 日。

混凝土养护方面：混凝土浇筑 10 天后，且同条件拆模试件试验合格后，开始模板拆除，模板拆除后每天两次用水养护至 20 天左右。

2020 年 11 月 16 日，发现上述楼层楼面板底出现混凝土鼓包、爆裂，爆裂处混凝土表面发生脱落，部分平面尺寸超过 60mm×120mm，深度超过 15mm，爆裂点中心出现褐色、黄色及灰白色粉末状固态物质，一经触碰，粉末状物质即脱落。施工方对出现爆灰点的局部混凝土表面采取细凿毛，凿毛后的混凝土表面每天浇水养护，持续 20 天左右，未发现新的爆灰点。混凝土表面的爆裂现象如图 3-50 所示。

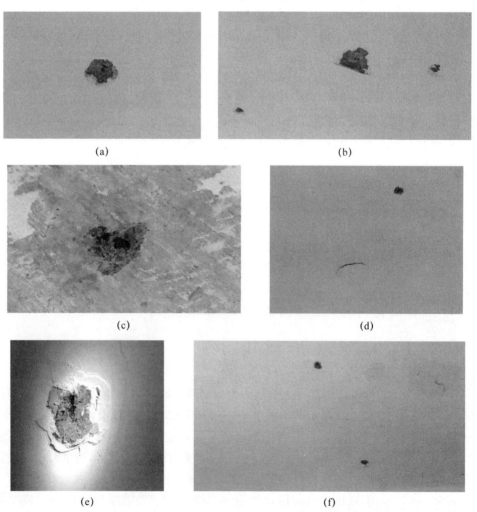

(a) (b)

(c) (d)

(e) (f)

图 3-50　混凝土表面爆裂情况

3.6.11.2　现场检测与测试分析

由于混凝土表面出现了爆裂问题，为分析出现的原因，为后续问题处理提供科学依据，进行了如下的调查和检测。

1. 现场调研

现场调研表明，同时期提供该商品混凝土的商家，除提供给本小区 3 号、5 号楼上述楼层的混凝土出现鼓包、爆裂外，还有其他两个小区共 10 栋楼部分楼层也出现该问题。据了解，商品混凝土厂家没有使用钢渣骨料的主观目的，但骨料供应厂家无意掺入钢渣是可能的。因此，可初步推断其原因是在粗骨量进场时混进了少量钢渣。

2. 混凝土强度检测

某土木工程试验室有限责任公司，采用钻芯法依据《钻芯法检测混凝土强度技术规程》（CECS 03—2007）对三层楼面梁 L2-3/B、L5/D-E 和 L5-1/5/B 轴混凝土强度进行了检测，混凝土芯样强度代表值达到 39.0MPa。从现场检测结果来看，混凝土强度符合设计要求。

3. X 射线能谱（EDS）分析

现场取样对黑褐色骨料及粉末（最大粒径约 10mm）、灰白色粉末，采用 X 射线能谱（EDS）进行检验和分析，并与从当地某钢厂钢渣中所取钢渣颗粒进行对比分析。其元素检测结果见表 3-16。

表 3-16　元素检测结果

检测编号	20KS204-001	20KS204-002	20KS204-003
样品	黑褐色骨料粉末	灰白色粉末	钢厂钢渣颗粒
检测项目	检测结果（%）		
C	17.66	14.52	12.36
O	60.01	51.30	47.87
Mg	0.20	2.10	0.43
Al	0	0.38	0.46
Si	0.36	3.19	1.42
Ca	21.44	26.17	32.51
Fe	0.32	2.24	4.96

从表 3-16 中可知，对现场取样的黑褐色骨料粉末、灰白色粉末和从钢厂钢渣中所取钢渣颗粒进行元素分析，结果表明，C、O、Ca、Si、Al、Mg 等元素的含量基本一致。并且，从混凝土中含有可以产生体积膨胀的骨料来推断，这些骨料为钢渣。

4. X 衍射分析

对褐色粉状和淡白色粉末状固态物质样品进行 X 衍射法检验和分析表明，水化膨胀粉末样品的化学成分主要为 CaO、Fe_2O_3、Al_2O_3、MgO、SiO_2、MnO 等，矿物成分为羟钙石、方解石、白云石、石英、方镁石等。

依据分析结果可知，所取样品中含有 CaO 和 MgO 等易于产生体积不安定性物质，遇水发生膨胀，导致混凝土破坏。其中 CaO 极易水化形成羟钙石，MgO 以方镁石的形式存在，它们对硬化水泥浆体无破坏作用。而由于方镁石水化速度很慢，要在半年至1年后才明显开始水化，而且水化生成氢氧化镁，体积膨胀率为148%，因此会导致安定性不良。

鼓包粉末及颗粒颜色取决于两个方面：

（1）Fe_2O_3含量。Fe_2O_3含量相对较高的样品呈黄褐色、棕色、棕褐色等深色，Fe_2O_3含量相对较低、Al_2O_3含量相对较高的样品呈淡黄（绿）色、青灰色等浅色。

（2）CaO白色粉末。不纯者为灰白色，含有杂质时呈淡黄色或灰褐色，具有吸湿性，水化后形成羟钙石。色彩因其中含有的杂质不同而变化，如含铁锰时为浅黄、浅红、褐黑等。

3.6.11.3　该工程事故原因分析

通过工程现场勘察和调查，根据多种方法、技术的检测结果综合分析可知：

（1）从现场取样的粉末和从当地某钢厂钢渣中取钢渣颗粒分析，C、O、Ca、Si、Al、Mg等元素的含量基本一致，鼓包粉末及颗粒化学成分与钢渣及其水化产物的化学成分、矿物成分吻合。并且，从混凝土中含有可以产生体积膨胀的骨料来推断，这些骨料为钢渣。

（2）混凝土楼板底出现的爆裂问题，不是由水泥安定性和碱-骨料反应问题造成的，而是由于原材料中混入了少量的钢渣骨料，在商品混凝土浇筑后与水作用，体积急剧膨胀所导致。

3.6.11.4　处理方案

对该工程，建议采用如下处理方案：

（1）铲除混凝土楼板表面抹灰。

（2）用喷雾器对混凝土进行喷水湿润，连续喷洒10天以上。

（3）待表面混凝土中钢渣骨料充分水化后进行表面清理，将爆裂部位的爆裂材料（鼓包、残留颗粒、疏松混凝土及粉面）剔凿干净，使用高压气泵吹干净；用聚合物砂浆修复混凝土爆裂部位。

（4）基层干燥后，在爆裂板表面刷1.5mm厚JS防水涂料两遍。

（5）按原设计重新进行板底抹灰施工。

3.6.12　含钢渣骨料混凝土结构表面爆裂事故（二）

3.6.12.1　工程概况

某小区3号楼为钢筋混凝土剪力墙结构，地上34层，2017年11月开工建设，2019年6月主体结构完工，2019年11月22日竣工验收。2020年5月，在业主收房后约半年，发现该楼15层以上各层存在混凝土结构构件（包括外墙）出现鼓包、脱落开裂现象，业主反映强烈。

3.6.12.2 现场检测与测试分析

为分析出现的原因，为后续问题处理提供科学依据，进行了如下的调查、检测与分析：

1. 主体结构工程质量检测

（1）该楼的建筑结构布置现状和设计图纸基本一致，所抽检层高、剪力墙间净距、墙厚、板厚及楼面梁截面尺寸及其偏差等均满足设计和相关规范要求。

（2）该楼所抽检剪力墙、楼板板底及楼面梁配筋基本符合原设计要求，少数剪力墙、楼板板底分布钢筋间距偏大。

（3）该楼所抽检剪力墙的钢筋保护层厚度及其偏差满足设计和相关规范要求，所抽检楼板及楼面梁中大多数构件的钢筋保护层厚度及其偏差满足设计及规范要求，少数构件的钢筋保护层厚度不足。

（4）混凝土抗压强度检测结果表明，该楼剪力墙、楼面梁、板的混凝土实测推定抗压强度总体满足设计要求，有少数芯样因粗骨料偏少、偏小，其实测抗压强度达不到设计要求。

（5）完损检测结果表明，该楼 15 层以上楼层建筑外墙表面，以及室内楼板底面、剪力墙侧面及楼面梁表面存在较多鼓包造成的混凝土面层破损，部分剪力墙侧面及楼板底面存在修补痕迹，少量梁、板钢筋局部露筋，部分客厅楼板板底开裂，部分房号室内存在不当装修造成的剪力墙、楼面梁、板表面开槽、破损、露筋甚至钢筋切断，少量剪力墙、板、梁混凝土表面存在蜂窝、麻面等缺陷。

（6）建筑变形测量结果表明，该楼主体结构实测相对倾斜平均值为向北 0.55％、向西 0.17％。由屋顶女儿墙顶实测相对高差换算得到的相对倾斜值为向北 1.27％、向东 2.09％，均小于国家标准《建筑地基基础设计规范》（GB 50007—2011）的限值（25‰），基础无明显不均匀沉降现象。

2. 现场调查

15 层以上楼层建筑外墙表面，以及室内楼板底面、剪力墙侧面及楼面梁表面有数量不等的鼓包，其中室内以 32 层、30 层、29 层最为严重，19 层、23～27 层较严重，室外立面以 21～22 层、25～27 层及 29～32 层较为严重。室内绝大多数鼓包以点状分布为主，鼓包处混凝土损伤面为近似圆锥形，锥顶是膨胀的颗粒，直径 20～100mm，深度一般在 15mm 以内。少数鼓包损伤面直径超过 100mm，深度超过 15mm，最大鼓包直径约 270mm，最大深度约 30mm。少数鼓包已造成墙、板局部露筋。膨胀产物以棕褐色、黄褐色、棕色及黑色等深色粉末为主，部分楼层出现少量青灰色、淡黄（绿）色等浅色粉末，个别部位为白色粉末。多数直径较小、埋深较浅鼓包处体积不安定组分基本已水化完毕，部分鼓包处尚有未完全水化的残留颗粒。

15 层及以下混凝土结构构件表面未见类似原因所造成的鼓包现象，未见膨胀颗粒。

3. 鼓包处粉末及颗粒化学成分分析

鼓包处粉末及颗粒化学成分分析表明，水化膨胀粉末样品的化学成分主要为 CaO、Fe_2O_3、Al_2O_3、MgO、SiO_2、MnO 等，矿物成分主要为 $Ca(OH)_2$、$3CaO \cdot Al_2O_3 \cdot 3CaSO_4 \cdot 32H_2O$、$2CaO \cdot SiO_2$、$2CaO \cdot Fe_2O_3$、$3CaO \cdot SiO_2$、$MgO$ 等；鼓包颗粒样

品的化学成分主要为 CaO、Fe_2O_3、Al_2O_3、MgO、SiO_2、MnO 等，矿物成分主要为 $2CaO \cdot SiO_2$、$2CaO \cdot Fe_2O_3$、$3CaO \cdot SiO_2$、MgO、$3CaO \cdot Al_2O_3 \cdot 3CaSO_4 \cdot 32H_2O$、$Ca(OH)_2$、$CaCO_3$ 等。鼓包粉末及颗粒化学成分与钢渣及其水化产物的化学成分、矿物成分吻合。

4. 未鼓包处混凝土粗骨料的化学成分、矿物成分及岩相分析

（1）未鼓包处正常粗骨料主要为石英砂岩、斜长岩，少部分为方解石大理岩，其中的软弱颗粒为砂质泥岩。上述骨料在现有使用环境下不会引起混凝土爆裂。

（2）未鼓包处钢渣骨料呈灰黑色、多孔，硬度较高，主要矿物成分为 $2CaO \cdot SiO_2$、$2CaO \cdot Fe_2O_3$、$3CaO \cdot SiO_2$、长石、赤铁矿等，部分钢渣骨料含体积不安定的 CaO 矿物，该矿物遇水膨胀可致混凝土爆裂。

（3）混凝土粗骨料中的硫化物及硫酸盐实测含量为 $0.04\% \sim 0.3\%$，小于 1.0% 的规范限值。

5. 混凝土中有害物质含量及其作用效应检验

（1）游离 CaO 及其潜在危害性。混凝土芯样试件沸煮法结果表明，钢渣骨料含量及游离 CaO 与混凝土质量潜在危害性正相关：9 组沸煮试件中，有 6 组试件（分属于 19 层、26 层、29 层、30 层及 32 层）判定为游离 CaO 对混凝土质量有潜在危害，其钢渣骨料含量也偏多；沸煮试件的开裂、崩溃由少部分钢渣骨料中的体积不安定组分造成。3 组试件（分属于 6 层、22 层及 25 层）的沸煮试验结果正常，表明混凝土无游离 CaO 潜在危害。

（2）抽检混凝土（芯样）中水溶性氯离子实测含量为 $0.02\% \sim 0.032\%$，小于 0.309% 的规范限值。

（3）抽检混凝土（芯样）中可致混凝土发生碱-骨料反应的可溶性碱实测含量为 $1.3 \sim 1.9 kg/m^3$，小于规范关于预防混凝土碱-骨料反应的限定含量 $3kg/m^3$。

3.6.12.3　结构验算

采用 PKPM 系列软件按现行规范规定、原设计资料及现场检测所得数据对该楼上部结构进行建模、验算、复核，结果表明：

（1）当不考虑鼓包损伤影响时，该楼上部结构主要抗震性能指标和剪力墙、楼面梁板等主要结构构件的承载力及变形均满足规范要求。

（2）当采用剪力墙墙厚折减（设计墙厚减去 30mm）方式近似考虑现有鼓包对剪力墙截面的削弱影响时，该楼上部结构主要抗震性能指标和剪力墙承载力满足规范要求。

3.6.12.4　鼓包对房屋主体结构影响的评估

该楼 15 层以上楼层剪力墙及楼面梁板表面已出现鼓包，以点状独立分布为主，深度一般不超过钢筋保护层厚度。鼓包虽已造成部分剪力墙及楼面梁、板面层破损及局部截面削弱，但未造成明显的结构构件承载力不足及耐久性损伤。及时进行置换、补强及修复后，现有鼓包不会对该楼主体结构的安全和耐久性产生持续影响。

在及时对鼓包进行排查并对其所造成的损伤进行清理、置换和补强的前提下，潜在鼓包分散、间隔性地出现不会对该楼主体结构的安全及耐久性造成长期不利影响。

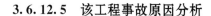

3.6.12.5 该工程事故原因分析

现场检测、芯样观察和鼓包粉末及颗粒化学成分分析结果表明，该楼 15 层以上楼层混凝土原材料中的部分钢渣骨料所含有的体积不安定性组分 CaO 矿物是造成混凝土构件表面鼓包的主要原因。鼓包产生的直接原因为硬化混凝土中的体积不安定性组分（骨料）水化膨胀，体积增大导致混凝土局部起鼓、胀裂、剥落。

该楼 15 层以上各层埋深较浅的膨胀颗粒受到空气和环境的影响，且因这些颗粒中有含量较高的 CaO、Fe_2O_3 等物质，以及有游离 CaO 的潜在危害，会与空气中水、二氧化碳和氧气发生反应，使颗粒自身体积膨胀，致使面层混凝土形成锥形破坏界面，造成混凝土的表面鼓包脱落。这些膨胀颗粒为混凝土粗骨料，属于混凝土原材料质量问题。

商品混凝土供应商提交的混凝土粗骨料溯源情况表明，引起混凝土鼓包的骨料为作坊加工破碎的钢渣废弃颗粒。

3.6.12.6 处理建议

（1）建议从安全、技术等方面综合研究、评估该楼 15 层以上楼层混凝土鼓包对房屋结构及使用的影响，确定处理措施及方案并尽快予以实施。

（2）该楼 15 层以上楼层混凝土鼓包问题在处理技术上具有可行性。对已出现鼓包，建议彻底剔除、清理鼓包产物、残留颗粒及酥松混凝土，破损严重部位应进行置换补强，按规范要求进行界面处理后，在受损构件表面喷抹补强修复面层。后加面层应和混凝土基层结合紧密、应兼具结构承载力补强、耐久性提升及防水功能。对于混凝土内部尚存的潜在鼓包颗粒，建议采取可靠措施阻断空气及水分与其接触，尽可能达到阻止其水化膨胀的目的，同时应建立鼓包定期排查巡检制度，发现问题及时处理，避免出现安全事故。

砌体结构工程事故诊断与分析

砌体结构是指由块体和砂浆砌筑而成的墙、柱作为建筑物主要受力构件的结构，是砖砌体、砌块砌体和石砌体结构的统称。由于砌体结构具有材料来源广泛、施工方便、造价低廉、结构的耐久性及保温隔热性能都比较好等优势，在住宅、办公楼、学校等单层或多层建筑中得到广泛应用，其中用砖、石或砌块作承重和围护结构、楼板采用钢筋混凝土的混合结构体系占重要位置。但砌体结构本身也存在一些不足之处，如抗拉和抗剪强度很低、砂浆与砖石之间的黏结力较差等。与钢筋混凝土结构、钢结构相比，砌体结构的设计方法和施工工艺都不太复杂，但调查研究表明，工程实践中砌体结构出现事故的概率比其他两类结构高得多，尤其在建筑结构工程倒塌事故中，砌体结构房屋占了绝大多数。因此，对砌体结构工程事故的诊断与分析显得十分重要。

本章首先分析了造成砌体结构工程事故的主要原因，特别是裂缝的产生原因、鉴别和预防措施，其次介绍了砌体结构倒塌事故的主要原因，最后针对典型的砌体结构工程事故进行了诊断和分析，以帮助相关人员准确、有效地判断和分析砌体结构的工程事故，从而在工程中采取相应措施，预防事故的发生。

 ## 4.1 造成砌体结构工程事故的主要原因

4.1.1 砌体结构的特点

工程实践表明，砌体结构工程事故的发生概率比钢筋混凝土结构、钢结构大，这主要与砌体结构的性能和工程特点有关。砌体结构的特点主要体现在以下几个方面。

1. 砌体材料易于就地取材，价格便宜

砌体中的材料如石材、黏土、砂子等都是天然材料，在我国分布广，易于就地取材，价格也较水泥、钢材、木材便宜。此外，工业废料如煤矸石、粉煤灰、页岩等都是制作块材的原料，用来生产砖或砌块，不仅可以降低造价，而且有利于保护环境。

2. 砌体结构材料强度低，材料性能离散性大

砌体结构的材料来源较广，品种较多，性能差异较大，材料性能的不稳定较为显著。因此，施工现场应切实加强对砌体材料的现场检测，确保符合设计要求。

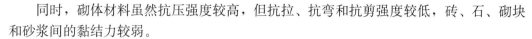

同时，砌体材料虽然抗压强度较高，但抗拉、抗弯和抗剪强度较低，砖、石、砌块和砂浆间的黏结力较弱。

3. 砌体材料的共同工作性能复杂

块体和砂浆的性能如弹性模量、强度等差异较大，块体强度高、变形小，而砂浆强度低、变形大。从宏观上讲，砌体结构是一种很复杂的复合材料，表现出很强的各向异性特点，砌体结构受压破坏时，块体材料的实际应力远未达到破坏强度值。因此，砌体的共同工作性能远不及钢筋混凝土结构中的钢筋和混凝土。

4. 砌体结构的砌筑质量对砌体结构有明显影响

砌体结构基本上是由瓦工在施工现场用手工进行的，其质量受瓦工技术水平、熟练程度以及施工现场的环境因素如气候等影响较大。砌体灰缝厚度、砂浆饱满度和密实度以及砌体的垂直度，直接关系砌体质量，进而影响砌体的承载能力和抗震性能。全国砌体结构标准技术委员会曾做过试验，用由 3 名不同技术水平的人员砌筑的试件来进行砌体抗剪强度、抗压强度及墙体往复水平推力的对比试验，其中：一类构件由一名长期在实验室从事砌体试件砌筑的 7 级瓦工砌筑，二类试件由一名 5～6 级瓦工砌筑，三类试件由一名乡镇企业建筑队的 3～4 级瓦工砌筑。对比试验表明：二、三类试件的强度分别为一类试件的 70% 和 50%。

同时，砌体砌筑方式对砌体结构的受力也有明显的影响。比如砖墙体可采用一顺一丁、梅花丁、三顺一丁等砌筑方式，但它们在受力性能上有差别，比如五顺一丁砌筑的墙体比一顺一丁砌筑的墙体横向拉结弱，墙体整体稳定性不好，不宜采用，尤其在抗震设防区。砌体结构中要严禁采用不当的砌筑方式，在我国历来发生的砌体结构事故中，由于砌体柱采用包芯砌法导致房屋倒塌所占的比例很大。

5. 砌体材料和砌体结构都具有脆性性质

块材和砂浆是脆性材料，由它们组成的砌体结构的破坏也属于脆性破坏。砌体结构无论处于何种受力状态，其破坏都是脆性的，从开裂到破坏，不仅其变形增量不大，荷载增量也很小，破坏先兆很不明显，故其破坏和倒塌非常突然，危险性极大。为了提高砌体结构的抗震性能，有关规范提出了设置钢筋混凝土构造柱的规定，构造柱能改善墙体的耗能能力和变形能力。

6. 砌体结构是一种组合结构

砌体结构中，墙体主要是砌体构件，其具有承重作用外，多兼有建筑隔断、隔声、隔热、装饰等使用和美学功能。砌体结构中采用了大量的钢筋混凝土构件，如楼盖、屋盖、圈梁、过梁、托梁、构造柱或内框架柱等。这就造成两种材料的连接处，刚度、强度的突然变化引起新的受力状态，如局部受压就是其中的一种。混凝土构件与砌体构件交接处往往是砌体房屋结构的最薄弱部位，容易出现局部受压的问题，要充分认识交接处存在的问题。调查表明，局部承载力不足是造成砌体结构房屋倒塌事故的主要原因之一。

7. 砌体结构"概念设计"十分重要

地基不均匀沉降、温度变化、材料收缩等，常引起砌体结构的墙体开裂，严重降低房屋的使用质量，甚至可能导致破坏。但目前尚无实用方法精确计算这些作用及其在砌体上的效应，这就要求我们特别注意砌体结构的"概念设计"，包括结构布置、材料选择、圈梁和构造柱的设置及其一些构造要求等。圈梁、构造柱可以提高砌体结构的整体性，在意外事故发生时可避免或减轻人员伤亡及财产损失，尤其在有抗震设防要求的地区，更应加强抗震构造措施。

4.1.2 造成砌体结构工程事故的主要原因

砌体结构的工程事故，涉及砌体材料、砌筑质量和建筑构造处理等方面。砌体结构工程事故，从产生事故原因看，有材料选用不当、砌筑质量不符合要求、结构受力超越砌体承受能力、受环境因素影响等四个类别；从事故责任的归属方看，主要有设计、材料、施工、使用等方面原因。这些因素在第一章中已有论述，这里主要针对砌体结构做进一步的分析。

1. 设计方面的原因

造成砌体结构工程事故，设计方面的原因主要有：

（1）砌体结构设计方案欠佳。比如，会议室、礼堂等空旷房屋，层高大，横墙少，若采用砌体结构应慎重设计，大梁下局部压力大，尤其要注意空旷房屋承载力的降低因素。

（2）设计时仅注意了墙体总的承载力计算，忽视了墙体高厚比及局部承压的计算。

（3）阳台、雨篷等悬挑构件未进行抗倾覆验算，承重构件由于稳定性严重不足，引起整体倾覆。

（4）设计中重计算、轻构造，造成建筑结构构造不合理。如圈梁的布置、构造柱的设置不合理，建筑物转角及内外墙连接处构造处理不当，构造柱与墙体之间的连接构造处理不当等。

（5）没有正确地确定最危险截面与危险墙体。

（6）承重墙体开洞过大。

2. 材料方面的原因

砌体结构原材料的质量好坏，直接影响砌体结构的施工质量及其承载能力。

（1）块体的常见缺陷有强度不足、外观质量差及耐久性不足等，因而必须对现场块体抽样进行强度检测、外观检查及各项耐久性试验。

（2）砂浆的常见缺陷有强度不足、和易性差等。如水泥、砂、水、掺合料等组分、含量以及配合比的准确性等，材料混合使用先后顺序，材料对环境的要求，材料的相容性以及材料的贮存与运输等，都会影响砌体材料的使用性能和强度，从而影响砌体结构的承载能力。

3. 施工方面的原因

（1）砌筑质量差。砌体质量很大程度上取决于砌筑质量。砌体砌筑时除砌筑方式正确外，还应做到灰缝横平竖直、砂浆饱满、组砌得当、接槎可靠，以保证砌体有足够的强度与稳定性。砌体质量事故中，砌体灰浆不饱满、组砌不得当及砖柱采用包芯砌法等引起的事故概率较高。

（2）砌筑砌体时在墙体上任意开洞、留设脚手眼及沟槽等，在实际工程中非常常见。墙上留洞过多，会削弱墙体的有效截面积，若不及时修补，会影响墙体的稳定性。

再加上墙体初期强度较低，施工荷载又大，很容易造成墙体失稳倒塌。

（3）有的墙体较高，横墙间距又大，在其未封顶时处于悬臂状态。施工中若不设置临时支承，极易失稳倒塌。

4. 使用方面的原因

使用方面引起砌体结构质量事故的主要原因有：

（1）使用环境条件（如增加楼面荷载）与设计时有重大变化，导致结构超载破坏。

（2）盲目加（夹）层也是造成砌体结构出现质量事故的主要原因之一。

（3）对各种因素引起的构件损伤缺乏检验，不加维修，任其发展，导致工程事故的发生。

可见，砌体结构发生的质量事故既有可能是设计原因，也有可能是材料原因，还有可能是施工原因或使用原因。事实上，一个重大事故的发生，往往是设计计算和施工图纸中出现重大错误，或者施工现场出现重大质量问题，或者使用单位盲目使用不加维护，或者设计、材料、施工甚至使用等多种因素复合作用的结果，而以设计和施工的复合作用为主。

4.2 砌体结构的裂缝

砌体结构出现裂缝是非常普遍的质量事故之一。虽然有人用"无楼不裂"来形容砌体结构裂缝的普遍性有些夸张，却也真实地反映了砌体结构出现裂缝的普遍性和严重性。据河北省某市对 73 栋新建砖混结构的调查，开裂的砖墙有 68 栋，占 93.2%。砌体裂缝直接影响建筑物的美观，严重者降低结构的强度、刚度、稳定性、耐久性及整体性能，在建筑功能上可能造成房屋渗漏，也会给房屋使用者造成较大的心理压力。砌体出现裂缝往往标志着砌体结构内部某一部分的内应力已经超过其抗拉、抗剪强度，因此在很多情况下，裂缝的发生与发展还是大事故的先兆，如超载引起的裂缝可能会引发结构事故，严重时甚至造成倒塌。因此，对砌体结构裂缝必须认真分析其产生的原因，在设计与施工中采取有效的预防措施。

砌体结构的裂缝根据其产生的原因来划分，有以下几类：

（1）温度裂缝。

（2）超载裂缝。

（3）沉降裂缝。

（4）矿山开采沉陷造成的裂缝。

（5）其他裂缝，如构造不当、材料质量不良、砌筑质量低劣等引起的裂缝等。

上述五种裂缝，第四种将在 4.4 节中详细讨论，下面对其余四种裂缝产生的机理和特征进行分析。

4.2.1 温度裂缝

温度裂缝是砌体结构的主要裂缝之一。

温度变化会引起材料的热胀冷缩，从而造成构件伸长或缩短，其变形值 Δl 可由下式计算：

$$\Delta l = \alpha \Delta t l \tag{4-1}$$

式中　α——材料的线性膨胀系数（℃）；

　　　Δt——构件所处环境温度改变的差值（℃）；

　　　l——构件的长度（m）。

砌体结构一般由砖砌体及钢筋混凝土两种材料组成，钢筋混凝土的线膨胀系数为 $10 \times 10^{-6}/℃$，砖砌体的线膨胀系数为 $5 \times 10^{-6}/℃$，两者为 2 倍的关系。钢筋混凝土屋面的温度比砖砌体的温度高得多，导致存在较大的室内外温差（特别是在炎热的夏季），砌体结构顶层受温度影响较大。钢筋混凝土屋盖和砖砌体在温度线膨胀系数方面的巨大差异必然会导致钢筋混凝土屋面与砖砌筑的墙体在变形上有较大的差异。当温度降低或钢筋混凝土收缩时，将在砖墙中引起压应力和剪应力，在屋盖或楼盖中引起拉应力和剪应力。当主拉应力超过混凝土的抗拉强度时，在屋盖或楼盖中将出现裂缝。当温度升高时，由于钢筋混凝土温度变形大，砖砌体温度变形小，砖砌体阻碍屋盖或楼盖的伸长，屋面板与圈梁一起变形，对墙体产生水平推力，在墙体内便产生了拉、剪应力。这种应力越靠近房屋两端越大，并在门窗洞口的角部产生应力集中。由于砖砌体的抗拉强度较低，一旦温度变形产生的主拉应力超过墙体的抗拉极限强度，将在结构顶层两端墙体及门窗洞口上、下角处产生裂缝（温度裂缝）。同时，砂浆、混凝土等结构材料，在硬化过程中，也会出现干缩变形，产生干缩裂缝。墙体中典型的温度裂缝见表4-1。

虽然房屋结构及外形互不相同，但是温度裂缝具有下列共同的特点：

（1）温度裂缝一般是对称分布的。

（2）顶层温度裂缝较重，下层较轻。

（3）房屋两端温度裂缝较重，中间较轻。

表 4-1　典型的温度裂缝

类别	裂缝出现部位及形成原因	裂缝示意图
水平裂缝	常常出现在屋顶下或顶层圈梁下的水平砖缝中，有的在建筑四角形成包角裂缝。裂缝在两端较为严重，向中部逐渐减小。 原因：受屋盖的热胀冷缩作用，屋盖变形大于墙体的变形，屋盖下砖墙产生的水平剪应力大于砌体的水平抗剪强度，在薄弱的水平砖缝中产生水平裂缝	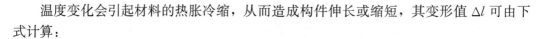
垂直裂缝	常在门（窗）间墙上或楼梯间薄弱部位出现贯通房屋全高的竖向裂缝。 原因：温度变化引起的现浇钢筋混凝土楼（屋）盖的收缩，由于受到墙体约束，在一些薄弱部位出现应力集中现象，从而出现竖向裂缝	

类别	裂缝出现部位及形成原因	裂缝示意图
正八字形斜裂缝	多对称出现在平屋顶建筑物顶层内外纵（横）墙身两端。原因：屋盖与墙体之间存在的温度差，造成钢筋混凝土的屋盖与砖墙之间存在较大的热胀变形差异，在屋盖中产生的膨胀力导致墙体中产生裂缝	
倒八字形斜裂缝	多对称出现在平屋顶建筑物顶层内外纵（横）墙身两端。原因：由于基础及墙体对屋盖冷缩变形的约束作用产生的。夏季施工的房屋较易出现这种裂缝	

4.2.2 超载裂缝

由于砌体材料具有脆性性质，抗拉、抗弯、抗剪强度较低，常因承载力不足而产生裂缝，这种裂缝称为超载裂缝。超载裂缝直接影响墙体的安全，应及时采取加固措施。

墙体出现超载裂缝的原因有多种：

（1）设计方面的原因，如对承担的荷载考虑不周，造成砌体局部超载；结构构造有缺陷，如梁底未设有梁垫或梁垫面积不够；没有设置纵横墙拉结筋等。

（2）施工方面的原因，如水泥、砖、砂等砌筑材料不合格，砂浆配比不准确，砂浆强度达不到设计要求，或砌筑质量低劣，灰缝过薄或过厚、灰浆不饱满、组砌不合理等，造成砌体承载力降低。

（3）使用方面的原因，如使用单位任意吊挂重物，或任意改变使用性质，增加荷载，或者随意开凿洞，削减了砌体的横截面面积等。

常见的超载裂缝形态有两种，即竖向裂缝和水平裂缝。竖向裂缝常出现在中心受压或小偏心受压的砖墙和砖柱上，当砖墙或砖柱大偏心受压时可能出现水平裂缝。超载裂缝常出现在墙、柱下部约 1/3 高度处（上、下两端除了局部承压不够而造成裂缝外，一般较少有裂缝），其形状为中间宽、两端细。超载裂缝通常在楼盖（屋盖）支承拆除后立即可见，也有少数是在使用荷载突然增加时开始出现。

表 4-2 列出了典型的超载裂缝。

表 4-2　典型的超载裂缝

类别	裂缝出现部位及形成原因	裂缝示意图
轴压或小偏心受压裂缝	常在基础、高厚比比较大的柱（窗）间墙上出现。裂缝通常顺压力方向产生	

类别	裂缝出现部位及形成原因	裂缝示意图
局部受压裂缝	承载大梁的砖柱或砖墙，当梁底部没有设置垫块或设置垫块面积不够时，在梁底部的砌体上易发生竖向的局部受压裂缝	
受弯裂缝	如砖过梁、挡土墙，可能因弯曲受拉出现垂直于荷载方向的裂缝	
受弯裂缝	当砖砌平拱中横截面的拉应力超过砌体的抗拉强度时，首先在砖砌平拱的跨中出现竖向裂缝，向上延伸，形成齿缝	
弯剪裂缝	在弯矩与剪力共同作用下，如砖过梁靠近支座处，当靠近支座斜截面的主应力超过砌体的抗拉强度时，沿水平灰缝和竖向灰缝形成齿缝	
受拉（轴拉或偏拉）裂缝	对于圆形水池、散装筒仓等结构，易发生与拉力方向垂直的或呈马牙形的受拉裂缝	
压剪裂缝	在无拉杆的拱支座处，由于拱的水平推力将使支座砌体受剪。沿剪力作用方向，在水平灰缝处形成通缝	

4.2.3 沉降裂缝

地基或基础一旦出现问题，一般都能体现在墙体开裂上，墙体开裂削弱了墙体的整体性及承载能力，甚至导致承载能力完全丧失。地基的不均匀沉降使墙体内产生附加内力，当其超过墙体的极限强度时，则首先在墙体薄弱处出现裂缝，随着沉降量的增大，裂缝不断发展，这种由地基不均匀沉降引起的裂缝称为沉降裂缝。

造成地基不均匀沉降的因素很多，如建筑物立面高度差异太大、建筑物平面形状复杂、建筑物地基差异、相邻建筑物间距太小、沉降缝宽度不够等，均可造成地基中某些部位的附加应力重叠，致使地基基础产生不均匀沉降。沉降裂缝一般为45°的斜裂缝，它始自地基沉降量沿建筑物长度分布不能保持直线的位置，向着沉降量大的一面倾斜上升。多层房屋中、下部的沉降裂缝较上部多（宽），有时甚至仅在底层出现裂缝。表4-3所示为典型的沉降裂缝。

表4-3 典型的沉降裂缝

类别	裂缝特征及形成原因	裂缝示意图
正八字形裂缝	若房屋中部沉降比两端沉降大（如房屋中部处于软土地基上），则会使整个房屋犹如一根两端支承的梁，导致房屋纵墙中部底边受拉而出现正八字形、下宽上窄的斜裂缝	 沉降分布曲线
倒八字形裂缝	若房屋两端沉降比中部沉降大（如房屋中部处于坚硬地基上），则会使整个房屋犹如一根两端悬挑梁，导致房屋纵墙中部出现倒八字形斜裂缝	 沉降分布曲线
斜裂缝	若房屋的一端沉降大（如一端建在软土地基上），则导致房屋一端出现一条或数条15°的阶梯形斜裂缝	 沉降分布曲线

续表

类别	裂缝特征及形成原因	裂缝示意图
斜裂缝	对不等高房屋，上部结构施加给地基的荷载不同，若地基未做适当处理，沉降量不均匀，则将导致在层数变化的窗间墙出现 45°斜裂缝	
	旧建筑受到新建筑地基沉降的影响，或新建建筑地基大开挖，引起新建建筑附近的旧建筑墙面出现朝向新建建筑屋面倾斜的斜裂缝	
竖向裂缝	常出现在底层大窗台下方及地基有突变情况的建筑物顶部。因为窗台下的基础沉降量比窗间墙下基础沉降量小，使窗台墙产生反向弯曲而开裂	

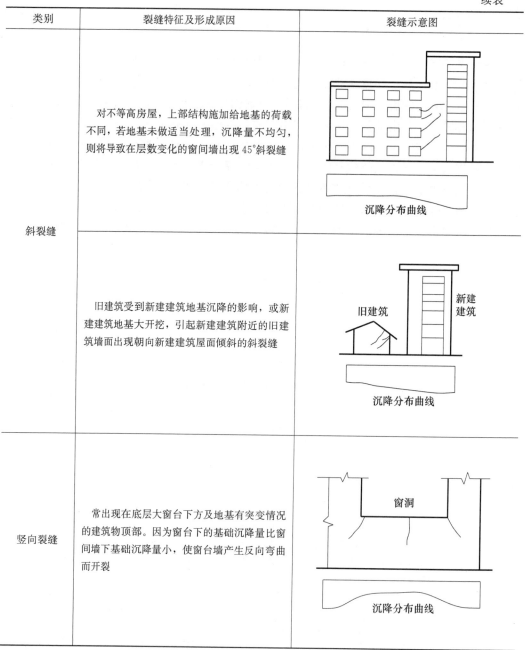

4.2.4 砌体结构的其他裂缝

除了上述三类引起裂缝的原因（温度、超载及地基不均匀沉降）外，还有一些原因也能引起砌体结构产生裂缝，如设计构造不当、材料质量不良、施工质量低劣、振动裂缝等。表 4-4 所示为一些设计构造不当引起的典型裂缝。

表 4-4 设计构造不当引起的典型裂缝

原因	裂缝特征及形成原因	裂缝示意图
结构整体性差	砖混结构中，存在圈梁或地圈梁不闭合等缺陷（如楼梯间处），易在这些薄弱点引起竖向或斜向裂缝	
沉降缝设置不当	沉降缝位置设置不当，如未设在沉降差最大处，或沉降缝宽度不够等，沉降变形后砌体受挤压易出现斜裂缝	沉降缝被砌块填充
伸缩缝设置不当	如房屋长度较长，未设伸缩缝，或不同构件中的伸缩缝不设在同一位置，易在砌体中出现竖向裂缝	应设温度缝而未设
新旧建筑连接不当	原有建筑物扩建时，新旧基础分离，若新旧砖墙砌成整体，如处理不当，新旧建筑结合处，新建筑一侧易出现斜裂缝	扩建建筑　原有建筑

除表 4-4 所示的裂缝成因以外，在砌体结构中引起裂缝的原因还有如下几个方面。

1. 材料质量不良引起的裂缝

材料质量不良主要表现在砂浆体积不稳定。砌筑砂浆按材料构成可分为水泥砂浆、石灰砂浆及混合砂浆。砂浆集料在砂浆中起骨架作用，限制收缩。如果砂浆中使用安定性不合格的水泥，或用含硫量超标的硫铁矿渣代替砂等，在施工后由于收缩变形，都会引起墙体开裂甚至破坏。砂浆体积不稳定引起的砌体裂缝，无论在砖墙或砖柱的内外面、上下部都能见到。

2. 施工质量低劣引起的裂缝

施工质量低劣主要包括砖的组砌不当、砂浆施工不良、留洞或留槽不当等。

砖砌体通常可采用一顺一丁、梅花丁和五顺一丁等组砌方式，这对砌体的强度和稳定性的影响十分明显。应避免在纵横墙交接处砌成直槎、马牙槎或凹进的母槎等，这样的纵横墙不能形成一个整体，将严重降低砌体的稳定性，容易在墙体交接处出现竖向裂缝。

良好的施工要求砂浆饱满、水平灰缝厚度适中以及保证砂浆正常的水化。砂浆不饱满（饱满度低于 80%）、灰缝过厚或过薄，都将导致砂浆横向变形加大，砌体处于复杂应力状态的可能性增加，砌体会产生过大的压缩变形，从而引起裂缝的产生。

在施工现场经常见到在砌筑中的墙体上任意开洞、留设脚手眼及沟槽等。墙上留洞过多会削弱墙体的有效截面积，若不及时修补，则会影响墙体的稳定性，引起墙体产生裂缝，甚至倒塌。图 4-1 所示为某办公楼在 600mm 宽窗间墙留脚手眼，而导致墙体产生裂缝。

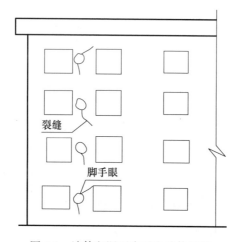

图 4-1 墙体留洞不当引发墙体裂缝

3. 振动引起的裂缝

机械运行、动力运输及爆炸振动等都有可能引起墙体裂缝。当地震作用在墙内产生的剪力超过砌体所能承担的抗剪承载力时，墙体会产生斜裂缝或交叉裂缝，这些裂缝一般称为振动裂缝。振动裂缝大多呈不规则形状，产生于砌体的薄弱部位或应力集中的开口处。图 4-2 所示为某多层砖混结构宿舍在强烈地震作用下产生的斜向或交叉裂缝，图 4-3 所示为某工程附近打入式桩基施工造成的墙体裂缝。

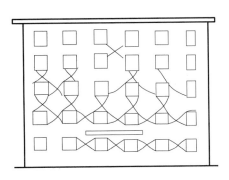

图 4-2　在强烈地震作用下产生的斜向或交叉裂缝

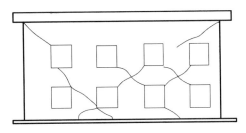

图 4-3　附近打入式桩基施工造成的墙体裂缝

4.2.5　砌体结构裂缝鉴别

墙体裂缝常见的形态大致可分为四类，分别是斜裂缝（包括正八字形裂缝、倒八字形裂缝）、水平裂缝、竖向裂缝和不规则裂缝，其中前三类裂缝最常见。裂缝形成的原因比较复杂，地基沉降、温度应力、结构超载、设计缺陷等都可能引发。正确处理墙体裂缝问题的技术关键，是如何依据裂缝形态准确判断裂缝的产生原因，进而判断裂缝的性质及其危害程度。比如砌体结构中常见的温度裂缝，一般不会危及结构安全，通常都不必加固补强；但若裂缝是由砌体承载能力不足引起的，则必须及时采取措施加固或卸荷。因此，根据裂缝的特征，鉴定裂缝的不同性质是十分必要的。

砌体最常见的裂缝是温度裂缝和沉降裂缝，这两类裂缝统称变形裂缝。超载裂缝虽然不多见，但其危害往往很严重。其他裂缝，比如由设计构造不当、材料或施工质量低劣造成的裂缝比较容易鉴别，而且这些情况少见。故下面主要阐述温度裂缝、沉降裂缝及超载裂缝的鉴别，一般可根据工程实践从裂缝位置、形态特征、出现时间、裂缝发展与变化情况、建筑特征、使用条件和建筑变形等方面综合考虑。

1. 根据裂缝的位置来鉴别裂缝

出现在房屋下部的斜裂缝或水平裂缝多数属于沉降裂缝，此类裂缝少数可发展到房屋的 2～3 层。出现在底层大窗台上的竖向裂缝多数也是沉降裂缝。对等高的长条形房屋，沉降裂缝大多出现在两端附近；其他形状的房屋，沉降裂缝都在沉降变化剧烈处附近。沉降裂缝一般都出现在纵墙上，横墙上较少见。

温度裂缝多数出现在房屋顶部附近，以两端最为常见，在纵墙和横墙上都可能出现。而出现在房屋顶部附近的竖向裂缝可能是温度裂缝，也可能是沉降裂缝。出现在砌体应力较大部位的竖向裂缝可能是超载引起的，在多层建筑中，底层较多见，但其他各层也可能发生。

梁或梁垫下砌体的裂缝，大多数是由局部承压强度不足而造成的超载裂缝。

2. 根据裂缝的形态鉴别裂缝

沉降裂缝最常见的是斜向裂缝（正八字形裂缝、倒八字形裂缝），其次是竖向裂缝，水平裂缝较少见。斜向裂缝大多数出现在纵墙上窗口两对角处，在紧靠窗口处缝较宽，向两边和上下逐渐缩小，走向往往是由沉降小的一侧向沉降较大的一侧逐渐向上发展，建筑物下部裂缝较多，上部较少。竖向裂缝，不论是房屋上部、窗台下，还是贯穿房屋全高均有可能出现，其形状一般是上宽下细。

温度裂缝最常见的是斜裂缝（正八字形裂缝、倒八字形裂缝、X形裂缝），其中又以正八字形裂缝最多见，其次是水平裂缝和竖向裂缝。斜裂缝形状有一端宽一端细和中间宽两端细两种，一般呈对称分布。水平裂缝多数呈断续状，中间宽两端细。竖向裂缝多因纵向收缩产生，缝宽变化不大。

超载裂缝形状为中间宽两端细，受压构件裂缝方向与应力方向一致，受拉构件裂缝与应力方向垂直，受弯构件裂缝在构件的受拉区外边缘较宽，受压区不明显。

3. 根据裂缝出现的时间鉴别裂缝

在经过夏季或冬季后形成的裂缝大多数为温度裂缝。沉降裂缝大多数出现在房屋建成后不久，也有少数工程在施工期间明显开裂，严重的不能竣工。在楼盖（屋盖）支承拆除后，或在建筑物荷载突然增加时形成的裂缝大多数为超载裂缝。

4. 根据裂缝发展与变化鉴别裂缝

裂缝的宽度和长度随温度变化而不断发展的大多数为温度裂缝，但总的趋势是不会无限制地扩展恶化。沉降裂缝的长度和宽度随地基变形和时间推移逐渐发展，但是在地基变形稳定后，裂缝就趋于稳定，不再扩展了。超载裂缝，若超载情况不严重且不再增加，则在一定时间内不会恶化，不会对建筑物安全造成影响。但是，若荷载已接近临界值，则裂缝会不断发展，可能导致结构破坏甚至倒塌。

5. 根据建筑物的建筑构造情况鉴别裂缝

若建筑物所在地的温差大、屋盖的保温隔热措施不好、建筑物过长又没有设置伸缩缝等，则极易导致温度裂缝的产生。

当建筑物存在下列情况时，易导致沉降缝的产生：高度或荷载差异较大，又没有设置合适的沉降缝；房屋的刚度差异大；房屋长但不高，而且地基承载力低、变形量大；在房屋周围开挖土方，或修建有高大建筑物等。

若构件所受的荷载超量较多（包括产生附加内力），或构件截面严重削弱等，则极易导致超载裂缝的产生。

6. 根据裂缝的成因鉴别裂缝

温度裂缝往往与建筑物的竖向变形（沉降）无关，一般只与横向（长或宽）变形有关。超载裂缝的位置完全与受力相对应，往往与横向或竖向变形无明显的关系。沉降裂缝一般出现在沉降曲线上曲率较大处，且与上部结构刚度有关。

上述几种鉴别根据与方法均是针对一般情况来说的，在应用时要注意各种因素的综合分析，才能得出正确的结论。

4.2.6　砌体结构裂缝的预防措施

对于新建建筑和尚未出现裂缝的建筑，主要是预防裂缝的出现；对于已出现裂缝的建筑，主要是采取措施预防裂缝继续发展。预防沉降裂缝的产生，最根本的措施就是消除地基的不均匀沉降。温度裂缝是由于温度变化引起砌体产生附加剪应力，附加剪应力的大小与温度差值的大小成比例。所以，为了防止温度裂缝的发生和发展，首先应减少温度差的影响，其次要尽可能提高砌体的抗剪和抗拉强度，最后考虑设置温度伸缩缝。

实际砌体结构的裂缝往往是几种现象共同作用的结果，工程中要根据建筑物的具体情况，如建筑物平立面形状、建筑场地土质、基础结构布置形式及抗震设防烈度等，综合考虑抗裂措施。对新建建筑物应从设计及建筑构造、施工及使用三个方面进行预防。

4.2.6.1　设计及建筑构造方面的预防措施

对砌体结构的裂缝，设计及建筑构造方面的预防措施有：

（1）建筑平面形状在满足使用要求的前提下，力求简单，避免采用 L、工、山字形等平面形状复杂的建筑物。这些体形复杂的建筑物在其纵横墙单元相交处基础密集，相互产生附加地基应力，地基容易产生不均匀沉降，从而在砌体中产生沉降裂缝。

（2）控制建筑物的长高比，控制高差。长高比越小，整体刚度越大，调整不均匀沉降的能力越强。

（3）正确设置沉降缝。当建筑体形比较复杂时，宜根据其平面形状和高度差异情况，在适当部位用沉降缝将其划分成若干个刚度较好的单元。一般宜在下列部位设置沉降缝：建筑平面的转折部位、高度差异或荷载差异处、长高比过大的砌体承重结构适当部位、地基土的压缩性有显著差异处、建筑结构或基础类型不同处、分期建造房屋的交界处。沉降缝应有足够的宽度，表 4-5 所示为《建筑地基基础设计规范》（GB 50007—2011）规定的房屋沉降缝宽度。

表 4-5　房屋沉降缝宽度

房屋层数	沉降缝宽度（mm）
二至三层	50～80
四至五层	80～120
五层以上	不小于 120

（4）合理布置纵横墙。纵墙和横墙是承受扭曲力的主要构件，具有调整地基不均匀沉降的能力。其布置是否合理，直接影响建筑物的刚度，影响砌体结构抵抗不均匀沉降的能力。

（5）合理设置伸缩缝。伸缩缝可以防止或减轻房屋在正常使用条件下，由温差和砌体干缩引起的墙体竖向裂缝。伸缩缝应设在因温度和收缩变形可能引起应力集中、砌体产生裂缝可能性最大处。砌体结构伸缩缝的设置根据《砌体结构设计规范》（GB 50003—2011）按表 4-6 采用。

表 4-6　砌体房屋伸缩缝的最大间距

屋盖或楼盖类别		间距（m）
整体式或装配整体式钢筋混凝土结构	有保温层或隔热层的屋盖、楼盖	50
	无保温层或隔热层的屋盖	40
装配式无檩体系钢筋混凝土结构	有保温层或隔热层的屋盖、楼盖	60
	无保温层或隔热层的屋盖	50
装配式有檩体系钢筋混凝土结构	有保温层或隔热层的屋盖	75
	无保温层或隔热层的屋盖	60
瓦材屋盖、木屋盖或楼盖、轻钢屋盖		100

注：1. 对烧结普通砖、多孔砖、配筋砌块砌体房屋取表中数值，对于石砌体、蒸压灰砂普通砖、蒸压灰砂普通砖、蒸压粉煤灰普通砖、混凝土砌块、混凝土普通砖和混凝土多孔砖房屋，取表中数值乘以系数 0.8；当墙体有可靠外保温措施时，其间距可取表中数值。

2. 在钢筋混凝土屋面上挂瓦的屋盖，应按钢筋混凝土屋盖采用。

3. 屋高大于 5m 的烧结普通砖、烧结多孔砖、配筋砌块砌体结构单屋房屋，其伸缩缝间距可按表中数值乘以 1.3。

4. 温差较大且变化频繁地区和严寒地区不采暖的房屋及构筑物墙体的伸缩缝的最大间距，应按表中数值予以适当减小。

5. 墙体的伸缩缝应与结构的其他变形缝相重合，缝宽度应满足各种变形缝的变形要求；在进行立面处理时，必须保证缝隙的伸缩作用。

（6）房屋顶层墙体，宜根据具体情况采取下列措施：屋面应设置保温、隔热层；屋面保温（隔热）层或屋面刚性面层及砂浆找平层应设置分隔缝，分隔缝间距不宜大于 6m，其缝宽不小于 30mm，并与女儿墙隔开；采用装配式有檩体系钢筋混凝土屋盖和瓦材屋盖；顶层屋面板下设置现浇钢筋混凝土圈梁，并沿内外墙拉通，房屋两端圈梁下的墙体内宜设置水平钢筋；顶层墙体有门窗等洞口时，在过梁上的水平灰缝内设置 2～3 道焊接钢筋网片或 2 根直径为 6mm 的钢筋，焊接钢筋网片或钢筋应伸入洞口两端墙内不小于 600mm；顶层及女儿墙砂浆强度等级不低于 M7.5（Mb7.5、Ms7.5）；女儿墙应设置构造柱，构造柱间距不宜大于 4m，构造柱应伸至女儿墙顶并与现浇钢筋混凝土压顶整浇在一起；对顶层墙体施加竖向预应力。

（7）房屋底层墙体，宜根据实际情况采取以下措施：增大基础圈梁的刚度；在底层的窗台下墙体灰缝内设置 3 道焊接钢筋网片或 2 根直径为 6mm 的钢筋，并伸入两边窗间墙内不小于 600mm。

（8）在每层门、窗过梁上方的水平灰缝内及窗台下第一和第二道水平灰缝内，宜设置焊接钢筋网片或 2 根直径为 6mm 的钢筋，焊接钢筋网片或钢筋应伸入两边窗间墙内不小于 600mm。当墙长大于 5m 时，宜在每层墙高度中部设置 2～3 道焊接钢筋网片或 3 根直径为 6mm 的通长水平钢筋，竖向间距为 500mm。

（9）房屋两端和底层第一、第二开间门窗洞处，可采取下列措施：在门窗洞口两边墙体的水平灰缝中，设置长度不小于 900mm、竖向间距为 400mm 的 2 根直径为 4mm 的焊接钢筋网片；在顶层和底层设置通长钢筋混凝土窗台梁，窗台梁高宜为块材高度的模数，梁内纵筋不少于 4 根，直径不小于 10mm，箍筋直径不小于 6mm，间距不大于 200mm，混凝土强度等级不低于 C20；在混凝土砌块房屋门窗洞口两侧不少于一个孔洞中设置直径不小于 12mm 的竖向钢筋，竖向钢筋应在楼层圈梁或基础内锚固，孔洞用不低于 Cb20 混凝土灌实。

（10）填充墙砌体与梁、柱或混凝土墙体结合的界面处（包括内、外墙），宜在粉刷前设置钢丝网片，网片宽度可取 400mm，并沿界面缝两侧各延伸 200mm，或采取其他有效的防裂、盖缝措施。

（11）当房屋刚度较大时，可在窗台下或窗台角处墙体内、在墙体高度或厚度突然变化处设置竖向控制缝。竖向控制缝宽度不宜小于 25mm，缝内填以压缩性能好的填充材料，且外部用密封材料密封，并采用不吸水的闭孔发泡聚乙烯实心圆棒（背衬）作为密封膏的隔离物。

（12）夹芯复合墙的外叶墙宜在建筑墙体适当部位设置控制缝，其间距宜为 6～8m。

（13）在砌体内的适当部位设置圈梁。设置圈梁可增加建筑物的整体性，提高砖石砌体的抗剪、抗拉强度，防止或减少沉降裂缝的出现。

（14）地基处理方面。适当加强地基或基础的强度和刚度，对特殊土地基（冻胀地基、膨胀土地基、湿陷性黄土地基等）进行处理，减少基底的附加应力，减小沉降及不均匀沉降。对于地质构造为沉积沙土质地的软地基，建筑物采用桩基优于板基。

（15）合理调整建筑物各部分承重结构的受力情况，使重力荷载尽量分布均匀，防止受力过于集中，造成砌体结构超载破坏。

4.2.6.2 施工方面的预防措施

对砌体结构的裂缝，施工方面的预防措施有如下几种。

（1）施工时不要扰动基底土的原状结构性能，避免地基实际承载力与设计情况不符，产生附加沉降，致使上部砌体开裂。若槽底土已被扰动，则可适当降低原设计采用的地基承载力。

（2）确保材料质量。砌体强度应符合设计要求，特别是不能使用不良材质。

（3）保证砌筑质量。砖砌体砌筑时水平灰缝砂浆的厚度、饱满度、砖的含水率均应符合要求。砖石工程施工及验收规范中，要求水平灰缝砂浆饱满度大于 80％，水平灰缝厚度为 8～12mm，砖砌体砌筑时砖应提前浇水，控制砖的含水率为 10％～15％；砌筑方法要合理，宜采用一顺一丁、三顺一丁、梅花丁，严禁采用包芯砌法。

（4）合理安排施工顺序。对高低不同或重量不同的建筑物施工时，先施工高、重的部分，后施工低、轻的部分。对间距较近的相邻建筑物，一般先施工较深的基础，以防止基坑开裂，破坏已建基础的地基。

（5）合理组织施工进度，选择合适的季节，或在施工中采取适当的保温或降温措施，以缩小温差，防止温度裂缝的产生。

4.2.6.3 使用方面的预防措施

使用中为了预防超载裂缝的形成，要注意以下几个方面：不能任意改变使用条件或随意拆墙开洞，削弱墙体截面积；不能随意增加砌体的荷载，造成超载；避免砌体结构经历反复吸水、冰冻、融解过程而开裂，继而裂缝延伸，使砌体承载能力和整体刚度下降，等等。

以上一些预防措施主要针对新建建筑和尚未出现裂缝的建筑。对于已出现裂缝的建筑，要注意对裂缝的检测、鉴定，并做出相应的处理。超载裂缝一般均直接影响砌体结构的安全性，故对于已出现的超载裂缝，应查明实际受力作用和受力状态、砌体的有效截面和实际砌体强度等。经检测、鉴定后，按照结构受力状况的反应特征，应降低建筑物的使用荷载，如果不能降低，则应对砌体做全面或局部结构加固。因此，因违章施加额外荷载造成砌体产生超载裂缝，应清除超载因素，有必要的话还需进行补强或加固处理；因使用条件变更造成超载形成砌体裂缝，应测定出砌体的承载力，再及时进行部分或全部补强和加固处理，以满足对结构承载力的要求。

对于钢筋混凝土梁、屋架或挑梁底面与墙、柱支承处的砌体，未设置梁垫使砌体强度严重不足而产生的裂缝，危害性极大，对于这类裂缝，一般应做局部拆除，重砌高强度等级的砌体，或者增设混凝土垫块。

4.2.7 砌体结构裂缝的处理原则及方法

4.2.7.1 裂缝处理的原则

《民用建筑可靠性鉴定标准》（GB 50292—2015）中规定，当砌体结构的承重构件出现下列受力裂缝时，应视为不适于承载的裂缝，并应根据其严重程度评为 c_u 级或 d_u 级：

（1）桁架、主梁支座下的墙、柱的端部或中部，出现沿块材断裂或贯通的竖向裂缝或斜裂缝。

（2）空旷房屋承重外墙的变截面处，出现水平裂缝或沿块材断裂的斜向裂缝。

（3）砖砌过梁的跨中或支座出现裂缝；或虽未出现肉眼可见的裂缝，但发现其跨度范围内有集中荷载。

（4）筒拱、双曲筒拱、扁壳等的拱面、壳面，出现沿拱顶母线或对角线的裂缝。

（5）拱、壳支座附近或支承的墙体上出现沿块材断裂的斜裂缝。

（6）其他明显的受压、受弯或受剪裂缝。

当砌体结构、构件出现下列非受力裂缝时，应视为不适于承载的裂缝，并应根据其实际严重程度评为 c_u 级或 d_u 级：

（1）纵横墙连接处出现通长的竖向裂缝。

（2）承重墙体墙身裂缝严重，且最大裂缝宽度已大于 5mm。

（3）独立柱已出现宽度大于 1.5mm 的裂缝，或有断裂、错位迹象。

（4）其他显著影响结构整体性的裂缝。

《危险房屋鉴定标准》（JGJ 125—2016）规定，当出现裂缝的砌体结构构件有下列现象之一者，应评为危险点：

（1）承重墙或柱因受力产生缝宽大于 1.0mm、缝长超过层高 1/2 的竖向裂缝，或产生缝长超过层高 1/3 的多条竖向裂缝。

（2）支承梁或屋架端部的墙体或柱截面因局部受压产生多条竖向裂缝，或裂缝宽度已超过 1.0mm。

（3）墙或柱因偏心受压产生水平裂缝。

（4）单片墙或柱产生相对于房屋整体的局部倾斜变形大于 7‰，或相邻构件连接处断裂成通缝。

（5）墙或柱出现因刚度不足引起挠曲鼓闪等侧弯变形现象，侧弯变形矢高大于 $h/150$，或在挠曲部位出现水平或交叉裂缝。

（6）砖过梁中部产生明显竖向裂缝或端部产生明显斜裂缝，或产生明显的弯曲、下挠变形，或支承过梁的墙体产生受力裂缝。

（7）砖筒拱、扁壳、波形筒拱的拱顶沿母线产生裂缝，或拱曲面明显变形，或拱脚明显位移，或拱体拉杆锈蚀严重，或拉杆体系失效。

建筑物出现裂缝后，首先要正确区别受力或变形两类不同性质的裂缝。当确认为变形裂缝时，应根据建筑物使用要求、周围环境条件及预计可能造成的危害，做适当处理。若变形裂缝已经稳定，一般仅做恢复建筑功能的局部修补，不做结构性修补。对明显的受力裂缝均应认真分析，其中尤应重视受压砌体的竖向裂缝、梁或梁垫下的斜向裂缝、柱身的水平裂缝以及墙身出现明显的交叉裂缝。只有在取得足够的依据时，才可不做处理。

一般情况下，温度裂缝、沉降裂缝和荷载裂缝的处理原则是：温度裂缝一般不影响结构安全，经过观测找到最宽裂缝出现的时间，用保护或局部修复方法处理即可。沉降裂缝先要对沉降和裂缝进行观测，对那些逐步减小的裂缝，待地基基本稳定后逐步修复或进行封闭堵塞处理；若地基变形长期不稳定，沉降裂缝可能会严重恶化而危及结构安全，这时应进行地基处理。超载裂缝一般因承载能力或稳定性不足危及结构物安全，应及时采取卸荷或加固补强等处理方法，并应立即采取防护措施。

4.2.7.2 裂缝补强加固措施

对建筑物的安全及正常使用无明显影响的裂缝，为了美观的目的，可以采用表面覆盖装饰材料，或用水泥砂浆、树脂砂浆等填缝封闭，这类硬质填缝材料极限拉伸率很低，如砌体尚未稳定，修补后可能再次开裂。而对于持续发展有可能对建筑物的安全造成威胁的，必须及时采取加固补强措施。

裂缝的补强加固，一般可根据裂缝性质、各处理方法特点与适用范围等，选择以下几种常用的措施。

1. 剔缝埋入钢筋法

沿裂缝方向嵌入钢筋，相当加一个"销"将裂缝两侧砌体销住。具体做法如下：在墙体两侧每隔 5 皮砖剔凿一道长 1m（裂缝两侧各 0.5m）、深 50mm 的砖缝，埋入 $\phi6$ 钢筋一根，端部弯直钩并嵌入砖墙竖缝，然后用强度等级为 M10 的水泥砂浆嵌填严实，如图 4-4 所示。施工时要注意先加固一面，砂浆达到一定强度后再加固另一面，注意采取保护措施使砂浆正常水化。

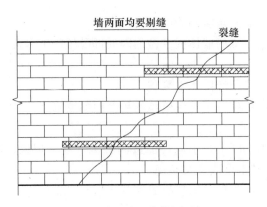

图 4-4　剔缝埋入钢筋法

2. 压力灌浆法

用空压机将水泥砂浆或水泥浆压入缝内，将砌体重新胶结成整体。由于灌浆材料强度都大于砌体强度，只要灌浆方法和措施适当，经水泥灌浆修补的砌体强度都能满足要求，而且具有修补质量可靠、价格较低、材料来源广和施工方便等优点。

灌浆料主要由胶凝材料（水泥、粉煤灰等）、膨胀组分、早强组分、减水组分、增稠保水组分及骨料组成。灌浆设备主要有空气压缩机、贮浆罐及喷枪等。灌浆前先要确定灌浆口位置：裂缝宽度在 1mm 以下者，灌浆口间距为 20～30cm；裂缝宽度为 1～5mm 者，灌浆口间距为 30～40cm；裂缝宽度在 5mm 以上者，灌浆口间距为 40～50cm。

3. 外包加固法

外包加固法常用来加固裂缝不规则的砖墙，尤其是十字交叉裂缝的砖墙。在墙面上按间距 300～400mm 用电锤打孔，设置 φ6～8@200 的钢筋网片，用穿墙"∽"筋拉结固定后，两面涂抹或喷涂 30～40mm 厚 M10 水泥砂浆进行加固，如图 4-5 所示。

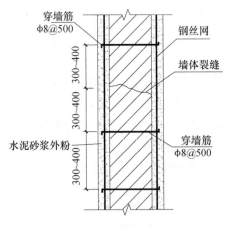

图 4-5　外包加固法

4. 拆砖重砌法

对裂缝较严重的砌体可采用局部拆除重砌法，如图 4-6 所示。在裂缝位置拆除 250mm 长砖墙（跨裂缝两侧），用比原设计等级高一级的砂浆重新砌筑，新老砌体按规范要求结合密实。注意拆除墙体时应采取措施保障安全。

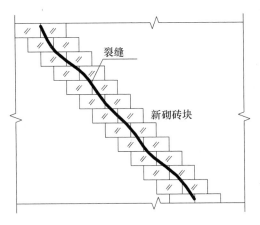

图 4-6 拆砖重砌法

5. 整体加固法

当裂缝较宽且墙身变形明显，或内外墙拉结不良时，仅用封堵或灌浆措施难以取得理想的效果，这时可采用钢拉杆加固法，或用钢筋混凝土腰箍及钢筋杆加固法。

6. 托梁加固法

若因梁下未设混凝土垫块或垫块面积不够，导致砌体局部承压强度不足而产生裂缝，则可在梁下加设钢筋混凝土垫块。

7. 裂缝转为伸缩缝

在外墙上出现随环境温度而周期性变化且较宽的裂缝，封堵效果往往不佳，有时可将裂缝边缘修直后，作为伸缩缝处理。

8. 变换结构类型

当承载能力不足导致砌体裂缝时，常采用这类方法处理。最常见的是柱承重改为加砌一道墙变为墙承重，或用钢筋混凝土代替砌体等。

 ## 4.3 砌体结构房屋倒塌事故

4.3.1 概述

建筑工程房屋倒塌事故易造成人员伤亡，使广大人民群众的生命和财产蒙受巨大的损失，在社会上造成极为恶劣的影响。据有关房屋倒塌事故情况分析，在房屋倒塌事故中，砌体结构倒塌最多，其中砖混结构倒塌占倒塌事故总数的 67%，砖木结构、钢筋混凝土结构和钢结构分别占 18%、14% 和 1%。因此，砌体结构房屋倒塌事故应该引起足够的重视。

4.3.2 砌体倒塌事故的原因

引起砌体结构房屋倒塌事故的原因是多方面的，既有设计问题也有施工管理问题。

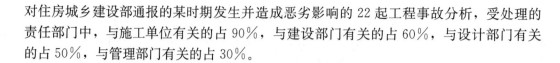

对住房城乡建设部通报的某时期发生并造成恶劣影响的 22 起工程事故分析，受处理的责任部门中，与施工单位有关的占 90%，与建设部门有关的占 60%，与设计部门有关的占 50%，与管理部门有关的占 30%。

4.3.2.1 设计方面的原因

房屋的设计质量是建造房屋的关键，施工图是指导施工的文件，设计或施工图有错误，最易引起房屋倒塌。砌体结构层数不高，结构形式常见，受力情况简单，对设计的重视最容易忽视。引起砌体结构倒塌的设计方面的原因主要体现在以下几个方面：

1. 由非专业设计人员设计，照搬别人的设计图纸

我国乡镇建筑大多数为单层或多层砌体结构，这些工程多由非专业设计人员设计。这些人员一般接触过工程建设的施工与管理工作，似乎对工程较"精通"，可以进行设计工作。例如不做必要的结构计算和结构设计，只凭经验绘制施工图；将不同工程图纸的不同部分拼凑到一起，直接施工等。如某乡镇三层办公楼，长 28m，宽 12m，一层为营业场所，二层为办公场所，1998 年在三层楼板吊装过程中突然倒塌，造成人员伤亡。后经查实，该办公楼无设计资料，私人老板为了节省投资，直接依照与其相邻的已建某办公楼施工，只是加大了其开间及进深。很明显，这种"自己设计，自己施工"的行为是造成该建筑倒塌的直接原因。

2. 设计人员不重视砌体结构中某些重要技术问题

（1）砖拱结构是一种比较敏感的结构形式，在竖向荷载作用下对两边侧墙有水平的推力作用，设计时该水平推力必须得到妥善处理，否则极易发生事故。如某砖拱结构，两边侧墙为了承受拱的水平推力应该用三砖半厚的砖墙，但该拱结构只用了两砖半厚，结果建成后不久拱顶就发生了塌落。

（2）砌体的局部受压在设计和施工中都是容易被忽视的问题。搁在砖柱或砖墙上的梁端有一集中支座反力，为了分散和减小砖砌体的局部压应力的大小，梁端必须设置梁垫。有些设计人员只重视梁的抗弯、抗剪设计，往往忽视了梁垫这种"小东西"，结果是这些"小东西"首先破坏，造成主要承重构件严重倾斜变位，墙体开裂分离，以致最后整体倒塌。

（3）承重构件由于稳定性严重不足，引起整体倾覆。从构件的受力情况看，要使其安全可靠，必须满足强度、刚度和稳定性要求，三个条件缺一不可。如有些独立砖柱、悬挑的阳台及雨篷等，设计时只考虑了强度能满足要求，而忽视了它是否可能因失稳而破坏。如某个四层砖混结构的建筑，底层为营业场所，上部为旅馆，门厅有几根独立砖柱，层高较高，荷载也不小，砖柱上端发生变形向外爆裂，致使整个房屋倒塌。

（4）建筑结构构造不合理。对单层空旷房屋，一般跨度大，层高也高，横向隔墙较小，其中的横向砖垛、砖柱，应根据设计规范的规定，除进行必要的强度和稳定性计算外，还需满足构造上的要求，否则极易发生失稳破坏。某办公楼长 45m，宽 14m，中间部位很空旷，又无圈梁连接，结果砖柱首先破坏，引起房屋倒塌。

（5）结构设计方案与实际情况不符。在砌体结构中，支承在窗间墙上的大梁，

梁墙连接节点一般可按铰接进行内力分析。当梁较大时，梁垫做成与窗间墙同宽、同厚，与梁等高，且与梁现浇成整体，这时梁与墙的连接可能接近于刚接，若仍按铰接设计，产生的较大弯矩与轴向荷载共同作用，会使砖墙因承载能力严重不足而倒塌。

现在不少工程横墙间距较大，已超出了刚性方案规定的情况，为求简单仍按刚性方案进行设计，致使墙柱的承载能力严重不足，导致房屋倒塌。

另外，没有正确确定最危险截面与危险墙体，承重墙体开洞过大，建筑物转角及内外墙连接处、不同材料砌体的连接构造处理不当等，都极容易导致砖墙开裂，甚至倒塌。

4.3.2.2 施工方面的原因

建筑施工是图纸设计的实施过程，施工质量是决定工程质量的重要因素，绝大多数工程事故与施工质量差、管理水平低都有直接的关系。施工方面引起砌体房屋倒塌的原因主要有以下几方面：

（1）擅自修改设计，不按图施工。如某多层住宅设计砖墙厚度是 240mm，施工单位擅自改为 180 mm。

（2）不按规范施工。在我国的建筑施工队伍中，施工人员多数为农村劳动力，没有经过上岗培训，他们往往技术素质差，不清楚规范标准的要求。

调查很多破坏的砖柱、砖垛发现，破坏的主要原因之一就是砌筑质量低劣，上下通缝、包芯砌筑时砂浆强度不够，破坏面都在通缝和内外包芯处。砌体结构中砂浆配合时不计量，砂浆强度等级达不到设计要求，墙体承载能力下降，刚度下降，造成构件破坏引起房屋倒塌。墙体砂浆不饱和，分期砌筑的墙体结合不好；砖柱采用包芯砌法砌筑，严重削弱了砖柱的承载能力。如南昌某商品楼，七层砖混结构，1995 年施工中整体倒塌，主要原因之一为砂浆强度不足，混凝土不做配合比设计，达不到设计强度。

（3）对砖砌体在施工中的稳定性认识不足，考虑不周。墙柱等竖直构件在施工过程中尚未形成整体结构，还处于悬臂状态，不能起到应有的作用，不能按规定需要采取临时性的防风、防倾倒措施。如山墙砌好后未及时上屋面结构，又未采取防风措施，在大风或脚手架晃动下倒塌。

（4）对悬挑结构的倾覆问题缺乏认识。对悬挑结构，在施工过程中抗倾覆荷载达不到设计规定引起倾覆倒塌事故的，时有发生。悬挑雨篷梁，当通过上部砌体或者采用加长挑檐的搁置长度利用屋面板构造层重量来增加抗倾覆荷载时，如果在雨篷梁上部砌体未砌筑前或者屋面构造层未做完前，拆除悬挑结构的支承体系，将会导致悬挑结构的倾覆。如江苏省某工厂宿舍楼雨篷，在拆除雨篷模板及支承系统时，雨篷连同挑梁一起倒塌，造成整体倾覆。经调查，本次倒塌的主要原因是雨篷梁上的重压不足，倒塌时梁上仅有 1.5m 高 240mm 厚的砖墙。

在施工过程中，悬挑结构是最容易出事故的。如有的施工人员对悬挑结构认识不清，在其上堆放重物，使荷载增加，导致悬挑结构倾覆而倒塌。或将悬挑结构的钢筋安装在构件的下部，使钢筋位于构件的受压区，起不到受拉的作用。在负弯矩作用下，导

致悬挑板断裂而倒塌。

（5）盲目抢进度，赶工期，不考虑技术间歇时间。例如，在砌体结构中，在砌筑砂浆强度还很低，悬挑结构下部砌体质量还没达到设计要求时，就进行雨篷挑檐的支模扎筋及混凝土浇筑工作，导致悬挑结构倒塌。

（6）拆除模板过早，支承系统不可靠造成悬挑结构的倒塌。如某机关食堂餐厅，设计说明指出，构件本身达到设计强度后方可拆除模板和支承，但由于施工人员违反规定，提前拆除雨篷模板和支承，造成倒塌。又如，广州市番禺区某在建厂房墙体发生倒塌事故，造成5人死亡，22名民工受伤，造成事故的原因是施工单位违反施工程序，在未安装墙体钢结构柱网安全防护措施前就进行围护墙体施工，在砌筑墙体时又没有采取任何支护措施，导致长140m，高10.8m的墙体整体倒塌。

（7）施工条件与设计假定不符，造成房屋在施工过程中倒塌。据统计，房屋发生倒塌事故中，在建工程占倒塌事故总数的78%，施工后使用中发生倒塌的占22%。设计时的假定受力情况与施工中实际的受力情况有可能不同，因此设计单位一定要和施工单位密切配合，设计单位要向施工单位明确交代设计意图，施工时要认真按设计要求执行。

（8）材料不经检验就使用。砌体结构中所用的水泥、砂子、砖、石子等，质量是否符合标准和设计要求，将直接影响建筑的坚固与耐久，应严禁无产品合格证的材料进入工地。

4.3.2.3　使用方面的原因

引起房屋倒塌事故使用方面的原因有以下几个方面：

1. 任意增加楼面荷载

如武汉某酒店为混合结构房屋，在2009年进行装修、改造时，对3～5层使用砖墙进行分隔，且部分墙体直接砌在预制空心板上，增加了楼面荷载，改变了结构传力体系，导致结构长期处于高应力状态下。2019年7月，施工人员在2层使用大锤进行拆墙，使用电镐进行地面瓷砖拆除，拆墙行为改变了房屋的结构受力体系，大锤及电镐作业中产生的振动扰动了上部承重结构，导致房屋3～5层西南角区发生坍塌。事故发生时，酒店工作人员发现楼体异常后，迅速逐一敲门组织疏散撤离，所幸没有造成人员伤亡。

2. 盲目加（夹）层

在原有建筑物上加层或夹层，是解决住房难的一种方法。加（夹）层增加的全部重量，最终都要传递到基础上。原墙柱不仅要承受增加楼层的墙、柱重量，还要承担增加楼层梁、板传来的楼面荷载。尤其加层后屋面板变成楼面板，屋面梁变成楼面梁，楼面活荷载大大增加，还要承受增加的横墙和纵墙的重量。因此，房屋加（夹）层一定要核算原结构和地基的承载能力，当满足要求时才可加（夹）层，不可未经核算就加（夹）层。如山东某县四层办公楼施工时，建设单位决定增加一层，将第五层的墙体压在第四层的屋面梁上，使屋面梁变成楼面梁，在拆除原第四层的屋面梁的支承时倒塌。

4.4 煤矿开采沉陷对房屋的损害

4.4.1 概述

煤炭是我国的主要能源，在我国的一次性能源消费结构中，煤炭占 70% 左右。煤炭开采在获得煤炭资源的同时，也对当地生态环境造成了不可逆转的破坏。我国煤炭地下开采对当地生态环境破坏的主要形式有土地下沉积水、地表建（构）筑物（房屋、道路、桥梁等）破坏、村庄搬迁、矸石排放、地下含水层破坏等。上述破坏的整体后果是矿区生态退化、工农矛盾突出。

以我国产煤大省山西省为例，因采煤造成的地质灾害日益严重，导致地面沉陷、房屋开裂等突出问题。截至 2017 年，山西省因采煤引起的地质灾害达 4984 次。根据《山西省深化采煤沉陷区治理规划（2014—2017）》公布的数据，截至 2014 年，山西省全省因采煤造成的采空区面积近 5000km²（占全省国土面积的 3%），其中沉陷区面积超过 3000km²（占采空区面积的 60%），有近 230 万人的住房和办公建筑受到严重影响，尤其在阳泉、大同等煤炭资源丰富的地区，采煤沉陷问题最为严重。

4.4.2 开采沉陷对房屋损害的机理

1. 矿山地下开采对地表的影响

地下的煤层被开采以后，其上方覆盖岩层失去支承，破坏了采区周围岩体内部的原始应力平衡状态，引起岩体内应力重新分布，使岩层产生移动、变形和破坏，当开采面积达到一定范围后，起始于采场附近的移动将扩展到地表，导致地表产生移动与变形。在开采活动结束后，地层的应力状态达到了新的平衡，开采沉陷过程逐渐停止。

地下开采引起的地表沉陷是一个时间和空间过程，这个过程伴随地表出现复杂的移动变形变化。地下开采对地表的影响主要有垂直方向的移动和变形（下沉、倾斜、扭曲、曲率）与水平方向的移动和变形（水平移动、拉伸和压缩变形），以及地表平面内的剪应变等。

地表变形的大小和形式与煤层的赋存条件、顶板管理方法和开采深度、采区大小、开采布局、开采顺序、方向、时间，以及上覆岩层的性质有关。多煤层开采时地表将受到重复采动的影响。

采动影响的延续时间或长或短，开采结束后，地表变形将逐渐趋于稳定。

2. 矿山地下开采对地面建筑物的影响

在地下开采的影响下，地表产生移动和变形，破坏了建筑物与地基之间的初始平衡状态。伴随着力系平衡的重新建立，使建筑物和构筑物中产生附加应力，从而造成建筑物和构筑物发生变形，严重时将遭到损坏。在不同的地表变形作用下，建筑物将产生不同的影响。采动过程中地表建筑物承受的移动变形过程如图 4-7 所示。从图 4-7 可以看出，建筑物①位于初始状态；建筑物②位于最大拉伸变形位置；建筑物③位于最大倾斜位置；建筑物④位于最大压缩位置；建筑物⑤位于地表稳态下沉盆地位置。

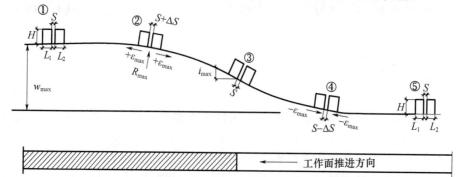

图 4-7　采动过程中地表建筑物承受的移动变形过程
①—建筑物的初始状态；②—建筑物位于最大拉伸变形位置；③—建筑物位于最大倾斜位置；
④—建筑物位于最大压缩位置；⑤—建筑物位于地表稳态下沉盆地

4.4.3　开采沉陷对房屋损害的类型

1. 地表下沉对建筑物的影响

通常，当房屋所处的地表出现均匀下沉时，房屋结构中不会产生附加应力。在这种情况下，对建筑物的危害不大，建筑物只会产生位置的变化。但是，当地表下沉量大，地下水位又很高时，会形成大面积水坑，改变房屋所处环境，不仅影响建筑物使用，而且建筑物长期积水或过度潮湿时，会影响建筑物强度，危害建筑物的使用，甚至使房屋破坏或废弃。

2. 地表倾斜对建筑物的影响

地表倾斜以后，会引起建筑物的倾斜，使建筑物的重心发生偏离，从而产生附加倾覆力矩，承重结构内部产生附加应力，基底反力重新分配。同时，地表倾斜使建筑物有一定的坡度，严重时影响建筑物的使用功能，如影响人的正常行走，甚至使楼房底层发生下水道倒流等现象。对于底面积小、高度又很大的建筑物，地表倾斜的损害尤其明显。

3. 地表曲率变形对建筑物的影响

地表的曲率变形会使地表由原来的平面状态变成曲面状态，使建筑物的荷载与基础底面反力之间的初始平衡遭到破坏，导致建筑物损坏。

地表曲率有正、负曲率之分。房屋在正、负曲率影响下，将使地基反力重新分布，从而使房屋墙体在竖直面内受到附加的弯矩和剪力作用。当附加力和力矩超过房屋基础和上部结构的极限强度时，房屋就会开裂。在地表正曲率作用下，建筑物墙体会产生倒八字形的裂缝，裂缝最大宽度在上端；在地表负曲率作用下，建筑物墙体会产生正八字形裂缝，裂缝的最大宽度在其下端，如图 4-8 (a) (b) 所示。

一般当深采厚之比 $H/m < 30$ 时，地表将产生极为严重的裂缝、塌陷坑等非连续移动变形破坏，对房屋损害极为严重；当深采厚之比 $H/m > 30$ 时，地表曲率变形对房屋影响很小。

4. 地表水平变形对建筑物的影响

地表的拉伸和压缩变形称为水平变形，它对建筑物的破坏作用很大，尤其是拉伸的影响。由于建筑物抵抗拉伸的能力远小于抵抗压缩的能力，在较小的地表拉伸作用下就能使建筑物产生裂缝。

我国开采实践表明，当地表水平拉伸变形大于 1.5mm/m 时，在一般砖石承重的建筑物墙身上就会出现较细小的竖向裂缝，如图 4-8（c）所示。当压缩变形较大时，房屋产生的破坏就较严重，可使房屋墙壁、地基压碎、地板鼓起产生剪切和挤压裂缝，使窗洞口挤压成菱形，砖砌体产生水平裂缝，纵墙或围墙产生褶曲或屋顶鼓起，如图 4-8（d）（e）所示。

5. 地表剪切变形、扭曲变形对建筑物的影响

当房屋处于下沉盆地主断面，且其方位与开采区段斜交，或者房屋处于下沉盆地非主断面位置时，在地表剪切变形作用下，建筑物的纵墙基础和横墙基础产生相对转动，改变建筑物的原有平面形状，使建筑物损坏。

由于两个横墙处的地表倾斜值不同，地表沿房屋的纵轴中心线扭转，导致房屋产生扭曲变形，使建筑物损坏。

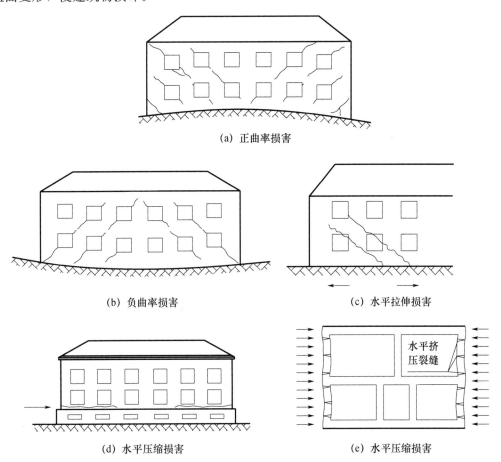

(a) 正曲率损害

(b) 负曲率损害　　　　　　　　　　　　(c) 水平拉伸损害

(d) 水平压缩损害　　　　　　　　　　　(e) 水平压缩损害

图 4-8　开采引起的房屋损害类型

4.4.4　移动盆地内不同位置移动变形对建筑物的影响

在移动盆地内，建筑物受采动影响是一个复杂的动态变形过程，不同位置的建筑物受到的影响差别很大，如图4-9所示。位于移动盆地平底内部的建筑物受影响程度最小（图4-9中建筑物a）；移动盆地平底至靠近开采边界部分，建筑物受压缩变形（图4-9中建筑物b）；移动盆地压缩变形区以外的建筑物受拉伸变形（图4-9中建筑物c）；在拉伸变形与压缩变形过渡的位置，建筑物倾斜变形最大（图4-9中建筑物d）；在靠近开采边界拐角内外位置的建筑物，受到复杂的变形破坏，对建筑物最为不利（图4-9中建筑物e）。

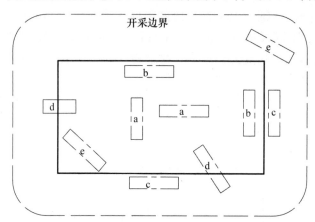

图 4-9　建筑物的位置与变形的关系

根据建筑物的长轴方向与工作面推进方向的关系的分析，当建筑物的长轴方向与工作面推进方向垂直时，对建筑物最有利，在这种情况下，建筑物受到较小的动态移动变形影响。与开采工作面或开采边界斜交建筑物受影响最大，在这种情况下，建筑物不仅受到拉伸、压缩破坏，而且受复杂扭曲与剪切破坏。

采动对建筑物的影响与建筑物所处的位置、方向、大小及建筑物的抗变形能力有关。因此，在布置开采工作面时应遵循以下原则：

（1）尽量使主要保护的建筑物位于移动盆地的平底位置。

（2）处于开采边界上方的建筑物，尽量使建筑物的长轴与开采工作面或开采边界平行。

（3）尽量避免建筑物与开采工作面或开采边界斜交。

（4）由建筑物的抗拉、抗压变形能力和移动盆地的拉伸、压缩变形区综合确定开采方案。

（5）由保护建筑物的重要程度和分布情况确定开采方案。

4.4.5　采动区建筑物损害程度分级

开采沉陷对房屋的损害程度，一是取决于地表移动变形量，二是取决于房屋在沉陷盆地的位置，三是取决于房屋本身的结构条件。我国矿区涉及的房屋主要是矿区工业与民用建筑及农村村庄房屋，多为砖混结构平房、砖混结构楼房等。因此，由于它们的结构和抵抗变形的能力不同，在划分破坏等级标准时，应区别对待。

根据《建筑物、水体、铁路及主要井巷煤柱留设与压煤开采规程》（2017年），我国将变形缝区段内长度小于20m的砖混结构房屋破坏分为Ⅰ～Ⅳ四个等级，见表4-7。其他结构类型的建（构）筑物参照表4-7的规定执行。

表 4-7　砖石结构建筑物的破坏（保护）等级

损坏等级	建筑物损坏程度	地表变形值			损坏分类	结构处理
		水平变形 ε （mm/m）	曲率 K （10^{-3}/m）	倾斜 i （mm/m）		
Ⅰ	自然间砖墙上出现宽度 $1\sim2$mm 的裂缝	$\leqslant2.0$	$\leqslant0.2$	$\leqslant3.0$	极轻微损坏	不修
	自然间砖墙上出现宽度小于 4mm 的裂缝；多条裂缝总宽度小于 10mm				轻微损坏	简单维修
Ⅱ	自然间砖墙上出现宽度小于 15mm 的裂缝，多条裂缝总宽度小于 30mm；钢筋混凝土梁、柱上裂缝长度小于 1/3 截面高度；梁端抽出小于 20mm；砖柱上出现水平裂缝，缝长大于 1/2 截面边长；门窗略有歪斜	$\leqslant4.0$	$\leqslant0.4$	$\leqslant6.0$	轻度损坏	小修
Ⅲ	自然间砖墙上出现宽度小于 30mm 的裂缝，多条裂缝总宽度小于 50mm；钢筋混凝土梁、柱上裂缝长度小于 1/2 截面高度；梁端抽出小于 50mm；砖柱上出现小于 5mm 的水平错动；门窗严重变形	$\leqslant6.0$	$\leqslant0.6$	10.0	中度损坏	中修
Ⅳ	自然间砖墙上出现宽度大于 30mm 的裂缝，多条裂缝总宽度大于 50mm；梁端抽出小于 60mm；砖柱上出现小于 25mm 的水平错动				严重损坏	大修
Ⅴ	自然间砖墙上出现严重交叉裂缝、上下贯通裂缝，以及墙体严重外鼓、歪斜；钢筋混凝土梁、柱裂缝沿截面贯通；梁端抽出大于 60mm；砖柱上出现大于 25mm 水平错动；有倒塌危险	>6.0	>0.6	>10.0	极度严重	拆建

4.5 典型的砌体结构工程事故诊断与分析

4.5.1 某住宅楼倒塌特大事故

1. 工程概况

某住宅楼建筑面积为 2476m²，五层半砖砌体承重结构，预应力圆孔板楼屋面，底部为层高 2.15m 的自行车库（又称储藏室），上部第五层为住宅，共三个单元 30 套住房。该楼于 1994 年 5 月开工，同年 12 月底竣工。1995 年 6 月验收，同年 6 月 28 日出售并交付给某县棉纺厂做职工宿舍，编号为城南小区第 51 栋楼，常住人口 105 人。

在使用过程中，该住宅楼中间偏东处上部出现裂缝，紧接着裂缝迅速扩大，向中间倾倒，在数秒钟内全部倒塌，当时在楼内的 39 人被压在废墟中。经全力抢救，3 人生还，36 人死亡。

2. 事故原因

经全面调查认为，造成这起事故的原因是多方面的。主要原因是该楼房工程质量低劣，特别是基础砖墙质量低劣和擅自改变设计，次要原因是基础砖墙长时间受积水浸泡。

直接原因有以下几个方面：

（1）该楼基础砖墙质量低劣。施工中大量使用不合格建筑材料（砖、钢材、砂、石等）。一是砖的质量十分低劣，设计要求使用 MU10 的砖，但实际使用的都明显低于 MU7.5，而且基础砖墙的砖匀质性差，受水浸泡部分的砖墙破坏后呈粉末状；二是对工程抽样检验的六种规格的钢筋中有五种不合格；三是断砖集中使用，形成通缝，影响整体强度；四是按规范要求应使用中、粗砂，实际使用的是特细砂，含泥量高达 31%，砌筑砂浆强度仅在 M 0.4 以下，无黏结力；五是地圈梁混凝土的配比不当，其中有的石子粒径达 13cm。

（2）擅自变更设计。特别是基础部分，设计图纸要求对基础内侧进行回填土，并夯实至 ±0.000 标高，但在建造过程中，把原设计地坪改为架空板，基础内侧未进行回填土，基础部分形成空间并积水。由于基础下有天然隔水层，地表水难以渗透，基础砖墙内侧既无回填土，又无粉刷，长时间受积水直接浸泡，强度大幅度降低。此外没有回填土，对于基础砖砌体的稳定性和抗冲击能力也有明显影响。其他部位也有多处变更。

（3）1995 年 7 月 8 日至 10 日，该县城遭受洪灾，该住宅楼所处小区基础设施不配套，无截洪、排水设施，造成该住宅楼标高 ±0.000 以下基础砖墙严重积水浸泡，强度大幅度降低，稳定性严重削弱，这是造成事故的重要原因。

间接原因有以下几个方面：

（1）施工管理混乱。施工企业技术资料不全，弄虚作假；施工中偷工减料、粗制滥造，不负责任的情况较为普遍；施工管理人员和操作工人质量意识差，技术水平低，施工中严重违反工艺、工序标准；建设单位质量管理混乱，工作不到位，监督形同虚设；质量监督部门工作严重失职，质监人员素质低，责任心差，监督工作不到位，没能发现质量隐患，质量管理失控。

（2）建材管理混乱。特别是砖瓦生产管理混乱的情况尤为突出，某县共有101家小型砖厂，绝大部分无生产许可证，无产品合格证，无质量保证体系和质量检测设备，致使大量劣质砖瓦流向市场，直接影响工程质量。

（3）开发区不按基建程序管理工程建设，有关职能部门在管理上失职。倒塌的住宅楼无土地审批手续，无选址意见书，无规划用地许可证，无规划建设许可证。开发区基础设施不配套，没有防洪设施。

（4）设计存在多处不足，设计安全度偏低，存在明显薄弱部位。

（5）计划造价太低，违背客观规律。

（6）招投标不按规定操作，实际搞的是明招暗议的虚假招投标。

4.5.2 某住宅楼阳台塌落事故

1. 工程概况

某住宅工程五层砖混结构，建筑面积约 1800m²，阳台为现浇钢筋混凝土板，挑出长度 1.3m，根部厚度 120mm，端部厚度 80mm。该工程于 1988 年 9 月开工，1990 年 11 月在工程即将竣工时，阳台突然塌落。阳台设计配筋如图 4-10 所示。

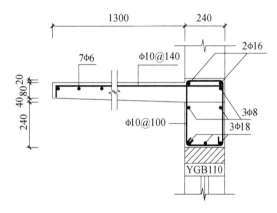

图 4-10　阳台设计配筋

2. 事故原因分析

事故发生后，对事故现场进行调查了解，查阅了工程施工资料，并对其余阳台混凝土强度、钢筋位置等逐一进行了检测。调查检测结果表明：设计阳台板主筋为 φ10，间距 140mm，实际用主筋 φ10，主筋间距为 130～150mm，基本满足设计要求。经回弹检测，阳台底板混凝土强度满足设计强度要求。但是，设计阳台板上部主筋保护层为 20mm，实际主筋保护层为 80～100mm。除塌落阳台以外，其他阳台板根部上面已发现多处平行于外纵墙的裂缝，裂缝最大宽度为 0.5mm，隐患严重，在未使用或正常使用时，仍有塌落的危险。阳台实际配筋如图 4-11 所示。

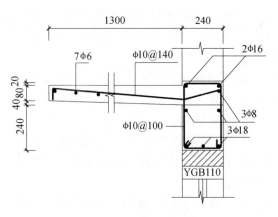

图 4-11　阳台实际配筋

3. 结论

由以上分析可知，造成这起工程事故的根本原因，是施工单位不按图施工，阳台底板主筋下移，使悬挑构件失去抵抗弯矩的能力所致。

4.5.3　某高校教学楼的倒塌事故

1. 工程概况

北京某高校教学楼为 5～7 层砖混结构，钢筋混凝土现浇楼盖。全楼分为甲～戊五个区段，彼此有沉降缝分开，各区段位置如图 4-12 所示。五层处檐高 27m，七层处檐高 37m，其楼层平面布置及剖面图如图 4-13 和图 4-14 所示。乙、丁区为展览室和阅览室，使用要求和结构布局完全相同，房屋长 35m（阅览室长 27m），进深 14.5m。

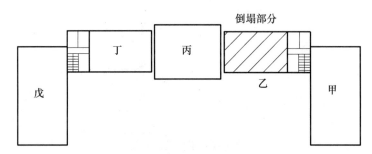

图 4-12　总平面图

该楼在完成全部结构工程、吊顶和抹灰工程后，正在安装门窗时，乙区第五层楼房除楼梯间和部分小房间外，其他全部突然倒塌。倒塌时正值清晨，只有 11 名工人上了房，其中 6 名被砸死，其余重伤，损失惨重。倒塌区平面图如图 4-15 所示。

该楼原设计承托大梁的砖垛，第一、二层为 MU10 砖、M10 混合砂浆，施工时发现砖的强度等级不足，临时更改为 MU7.5 砖、M10 水泥砂浆混合砌体、内填加芯混凝土的组合柱。而且用包芯砌法，先砌四周砖墙，后浇夹芯混凝土，即整个窗间墙为一组合柱，如图 4-16 所示。

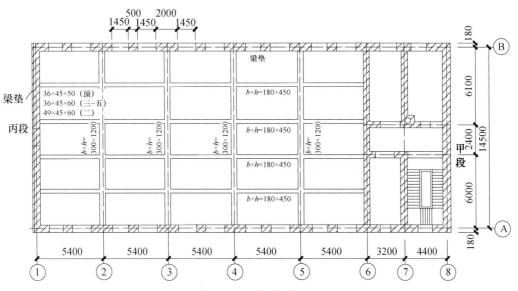

图 4-13 倒塌部分平面

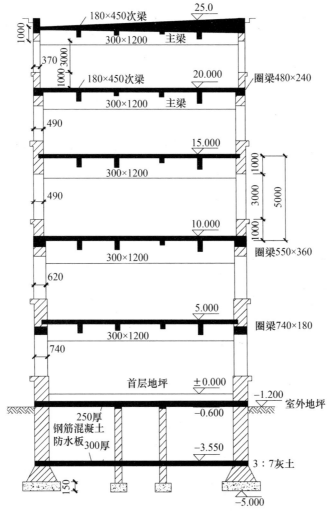

图 4-14 倒塌部分剖面图

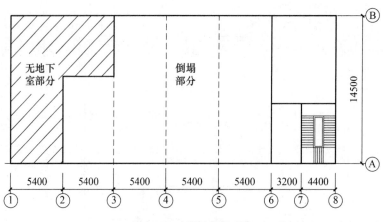

图 4-15　倒塌区平面图

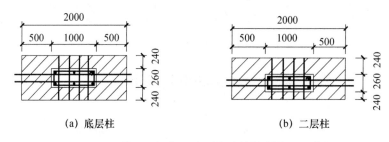

(a) 底层柱　　　　　　　　　(b) 二层柱

图 4-16　组合柱（窗间墙）构造图

乙、丁区结构还有两个特点：

（1）第一、二层窗间墙中间设有 26cm×100cm 混凝土夹芯部分，内配有少量构造钢筋。

（2）大梁梁垫为与梁端现浇成的整体垫块，与窗间墙等宽、等厚，与大梁等高，如图 4-17 所示。

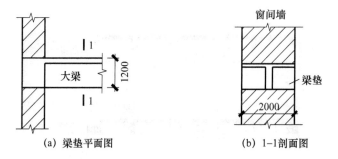

(a) 梁垫平面图　　　　　　　(b) 1-1剖面图

图 4-17　梁端梁垫构造图

2. 事故原因分析

事故发生后，经专家论证，认为事故发生的原因如下：

（1）L 形地下室的地基不均匀沉降是造成房屋倒塌的原因之一。

由于该地下室的刚度和整体性较好，地基土质又较好，其沉降量很小。可是邻近地下室的条形基础，受到第七层主楼压力扩散后的叠加影响，再加上地下室基坑开挖时，与墙基有 2.45m 的高差（图 4-18），使图 4-15 中Ⓑ③轴壁柱附近的条形基础持力层处于两面临空的状态，虽然采取了三七灰土台阶放坡过渡来处理，但是施工质量难以保证，所以Ⓑ③轴壁柱的沉降量必然很大。而有地下室部分的条形基础与无地下室部分的条形基础交接处的沉降差异，就导致图 4-19 所示的窗间墙上较早出现了较集中的贯通裂缝。

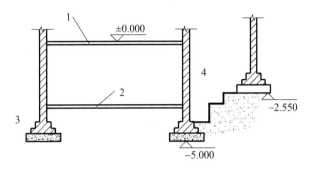

图 4-18　有地下室与无地下室条形基础关系

1—250mm 厚钢筋混凝土板；2—300mm 厚钢筋混凝土板；3—钢筋混凝土墙基；4—三七灰土台阶

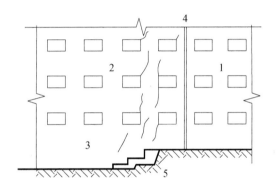

图 4-19　窗间墙裂缝示意图

1—丙段；2—乙段（倒塌）；3—地下室墙；4—沉降缝；5—灰土台阶

（2）组合柱施工因素分析。

首先是砌体材料使用不当。窗间墙为偏心受压构件，将强度较高的混凝土放在截面中心，而将砌体放在截面四周是不合理的。而且在二楼外包混凝土的砖墙只有120mm 厚，很难保证砌筑质量，容易产生与混凝土之间"两张皮"的现象，在浇筑混凝土时，还容易"鼓肚子"，对墙体受力很不利，而且混凝土夹在砖墙中间，无法检查施工质量。

其次是施工质量低劣，根据现场倒塌后墙体碎块可以看出，墙芯混凝土蜂窝和酥松现象严重，有一些墙体坠地后混凝土即散落，说明砖砌体和混凝土间黏结很差，有"两张皮"现象。

最后是窗间墙上脚手眼堵塞不严，管道孔洞削弱墙面面积过多。

（3）设计因素分析。

设计时选择的计算简图存在问题。原设计按大梁端支承为铰结点考虑，按如图 4-20（a）所示的计算简图进行内力分析，此时大梁端节点弯矩为零。但是实际上把 $h \times b =$

1200mm×300mm 的现浇大梁梁端支承在砖墙的全部厚度上，所设的梁垫长度与窗间墙全宽相等（2000mm），高与大梁齐高（1200mm），并与大梁现浇成整体，如图 4-17 所示。这种节点的构造方案使大梁在上、下层墙体间不但不能"自由转动"，而且有很大的约束。这种结点显然与铰结点相距甚远，却很接近刚结点。于是，从理论上看，整个结构的计算简图就与多层砌体结构体系的取法不一致，而更类似于一个钢筋混凝土梁和砖柱连接在一起构成的组合框架体系。由此，大梁的端弯矩不为零，下层窗间墙顶部截面所承受的弯矩也不是 Rl［图 4-20（b）］，而是大于它的一个数值。当这个弯矩大于下层窗间墙截面的砌体承载能力时，就会造成窗间墙的破坏，从而使房屋的空旷部分发生连锁性倒塌。

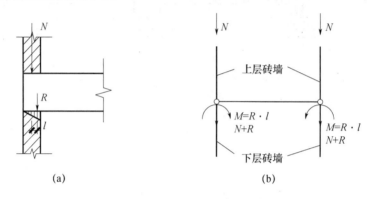

图 4-20　结构计算

为验证这个问题，清华大学曾为此做了结构模型试验。结果表明，大梁与窗间墙的连接是接近刚结点的框架，而与铰接简支梁相差较远。如果将原设计计算简图的内力分析结果与按框架内力分析结果比较，下层窗间墙上端截面的弯矩与按简支梁算得的相差 8 倍左右。而两种计算简图的轴力 N 是大致相等的。因此，用框架结构计算的弯矩和轴力来验算窗间墙的上、下截面的承载能力，其结果严重不足，由此引起房屋倒塌。

（4）墙体施工质量因素分析。

砖墙砌筑质量差，窗间墙上的脚手眼堵塞不严；暖气管道空洞削弱墙面面积过大；组合柱的夹芯混凝土强度低，且未能捣实。

4.5.4　温度变化造成的工程事故

4.5.4.1　某砖混结构楼面大梁温度裂缝

1. 工程概况

某单位生活用房平面布置如图 4-21 所示，为 2 层混合结构，砖砌围护墙加附墙砖柱。中间的Ⓑ©轴的柱子为钢筋混凝土，其断面为 400mm×400mm。设计跨度为 18m 的钢筋混凝土连续梁为三跨，分别为 4.5m、9.0m 和 4.5m。花篮梁断面为 250mm×750mm（图 4-22）。

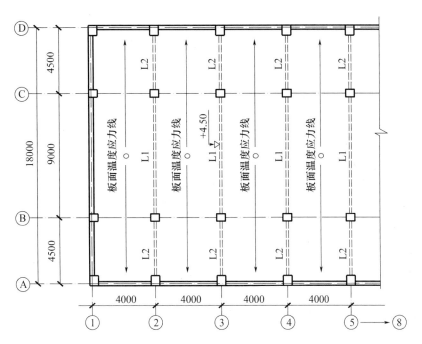

图 4-21　某生活用房平面布置图

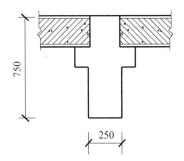

图 4-22　大梁断面示意图

楼板采用钢筋混凝土槽形板，开间为 4000mm，面层为 60mm 厚的双向钢筋网细石混凝土整浇层。采用钢筋混凝土条形基础，机制砖砌筑，地圈梁为钢筋混凝土，其截面尺寸为 240mm×150mm。

在房屋的使用过程中，发现部分大梁开裂。典型的大梁裂缝示意图如图 4-23 所示。

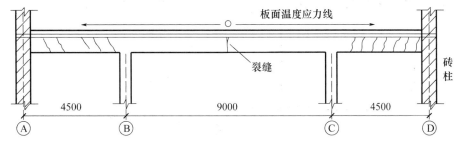

图 4-23　典型的大梁裂缝示意图

2. 温度变化和裂缝原因分析

（1）温度变化：本工程是在夏天施工，如按天气预报气温 32℃计，对大梁槽形板灌缝的平均温度取 28℃。施工后屋面的辐射温度达到 60℃，即前后温差达到 32℃。其在板面形成的温度应力走向线如图 4-21 所示。

（2）裂缝原因：引起钢筋混凝土大梁裂缝的主要原因是温度变化。根据以上的温度变化，在冬天浇灌的混凝土，等到春天或夏天就会出现温度裂缝。夏天浇灌的混凝土，在屋面整浇层表面受到太阳的辐射时，也会出现裂缝。该实例就证明夏天施工的工程也会出现温度裂缝。像这种当年夏天施工当年夏天就出现的温度裂缝属于高温裂缝。大梁裂缝的位置如图 4-23 所示。其中 BC 跨跨中裂缝宽度达 10mm。

3. 治理方案

在设计时，应适当加高梁的断面高度，增加正弯矩的配筋率，这样可以减小裂缝宽度，减少大梁底部裂缝的数量，并缩短裂缝长度，使其不扩展到大梁底部而仅限于梁的腹部范围内。如果受拉部位的裂缝宽度未超过验收规范要求，那么微小的裂缝对主筋的影响可以忽略，不会影响主筋的使用寿命。

根据图 4-23 所示，BC 跨的裂缝位置在跨中，裂缝形状上端尖下部宽，是个倒 V 形状，裂缝的下部宽度为 10mm。根据目测，裂缝很大，但看不出有挠度现象产生。对此采取的加固方法是在梁的受拉底部加设一段截面为 250mm×500mm 的附加梁。经过加固后，过一段时间，在原来裂缝部位还是产生了裂缝，但比过去小，证明原设计配筋是符合要求的。大梁 AB 和 CD 跨的跨度为 4500mm，其裂缝出现在梁的腹部，裂缝微小，属发丝裂缝，不影响主筋，故不做加固处理。

4.5.4.2 某多层办公楼墙面裂缝

1. 工程概况

某多层办公楼，为 3 层，层高 3.5m，总长 24000mm，跨度 6300mm，柱断面尺寸为 350mm×350mm，屋面圈梁 WQL_1 截面尺寸为 240mm×240mm。墙体采用 M7.5 混合砂浆砌筑，屋面大梁截面尺寸 250mm×650mm，屋面板厚 110mm，为全现浇结构。该办公楼的平面图如图 4-24 所示。

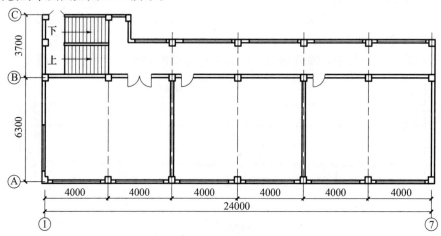

图 4-24　某办公楼平面图

该房屋基础为钢筋混凝土条形基础，基础墙采用砖与水泥砂浆砌筑，并设钢筋混凝土防水层。屋面做法为：煤渣找坡（作为保温层），浇 40mm 厚双向钢筋网细石混凝土，切割机切割变形缝，敷设 PVC 防水层。

在办公楼的使用过程中，发现墙面开裂。南立面上裂缝位置如图 4-25 所示。

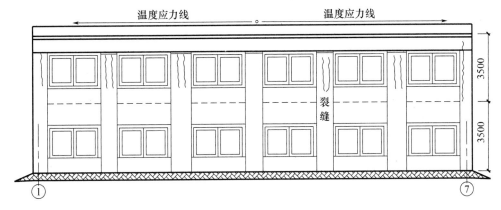

图 4-25　南立面上裂缝位置图

2. 温度变化和裂缝原因分析

（1）温度变化：该房屋是在夏末浇捣屋面混凝土的，当时天气预报的气温为 22～32℃。时隔 8 个月，发现屋面有明显的裂缝。这时室内温度为 32℃，屋面太阳的最高辐射温度为 60℃，二者相差 28℃。

（2）裂缝原因：经过一个夏天，屋面的整浇层结构会产生膨胀，在纵向和横向上均会产生温度应力（图 4-26），会导致裂缝。这些裂缝的特点是：

①裂缝大部分出现在柱子与砖墙的交接处，如图 4-25 和图 4-27 所示。

②裂缝大多数是竖向垂直的，如图 4-25 所示，宽度均在 0.5mm 左右。而柱中的每500mm 一道的拉接筋并未起到抵抗温度应力的作用。

③因围护结构通窗较多，砖墙面积小，而温度应力是在薄弱环节中体现出来的，故在柱的两旁出现了温度裂缝（图 4-27）。

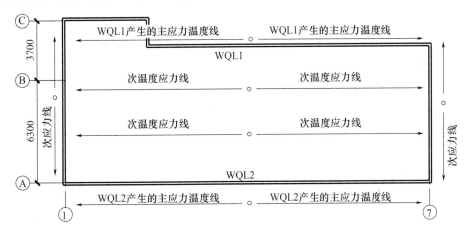

图 4-26　屋面温度应力示意图

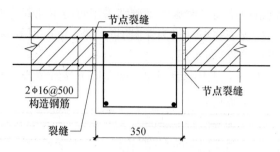

图 4-27　钢筋混凝土柱节点裂缝

（3）如果围护墙采用砖砌体，而其中又有一定面积的窗户，那么，其所出现的裂缝是在窗的右上角和左下角，裂缝的位置就会转移到墙的窗户边，即温度裂缝是在结构薄弱环节产生的。

3. 裂缝治理方案

首先要加强屋面保温。屋面的找坡层最好采用散状珍珠岩，配合比为 1∶8（水泥∶珍珠岩），其铺设的平均厚度不小于 200～250mm。包括天沟在内，同样需要保温，但必须设置好排气槽和排气孔，以防止因水分的膨胀而造成防水层开裂。除采取上述保温措施外，在防水层上部增加隔热板重复保温，会使下部结构不出现或少出现裂缝。钢筋混凝土隔热板除了起到保温作用外，还可以避免防水层老化，延长防水层使用寿命。

4.5.5　地基不均匀沉降引起的工程事故

4.5.5.1　某变电所不均匀沉降引起的裂缝

1. 工程概况

某厂变电所为二层砌体结构，与三层厂房（粉碎车间）相连，该厂房为钢筋混凝土框架结构，变电所的平面尺寸和变电所与厂房的相对关系如图 4-28 和图 4-29 所示。厂房的二层楼面与变电所的地面平齐，该厂房为钢筋混凝土独立基础，基础坐落于基岩上；变电所为钢筋混凝土条形基础，坐落于回填土上。变电所与厂房用沉降缝分开。

在变电所建成十余年后，发现墙体开裂严重，裂缝宽度最大达 30mm，严重危及变电所的安全。变电所局部墙体的裂缝如图 4-28 所示。

2. 原因分析

由图 4-28 可以看出，粉碎车间的基础坐落于基岩上，而粉碎车间的基底比变电所低约 9m，且粉碎车间的基础在粉碎车间完工后，才能将变电所基础下的地基土回填。由于回填土太深，变电所和粉碎车间之间必然存在不均匀沉降。虽然设计者考虑到变电所与粉碎车间沉降差异的影响，在变电所南墙与粉碎车间的北墙之间设置了一条沉降缝，但是，由于变电所下的回填土厚度存在严重差异，变电所下的基础必然存在不均匀沉降，从而导致变电所墙体开裂。变电所西墙上的裂缝如图 4-28 所示，变电所靠近破碎车间的墙体及变电所内的墙体裂缝最为严重，最大裂缝宽度超过 30mm。

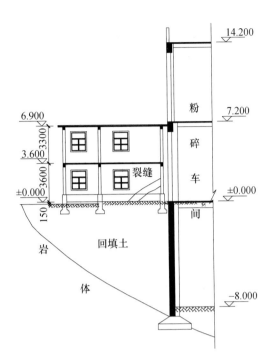

图 4-28　变电所与粉碎车间关系图

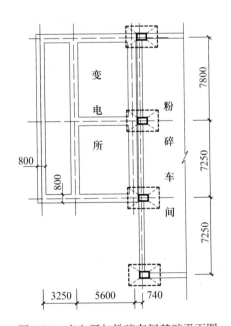

图 4-29　变电所与粉碎车间基础平面图

3. 处理措施

据地质报告及土层物理性质指标，经充分论证，决定采用压密注浆法对变电所的地基进行处理。处理时首先从粉碎车间的混凝土墙面上钻孔，然后用钻孔法钻至孔底标高顶 1m 处，再用净压或摧毁、锤击方法，下入注浆钻具至设计深度为止，然后进行注浆。注浆时由下至上进行。注浆管的布置如图 4-30 所示。

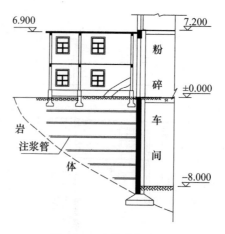

图 4-30　注浆管的布置

4.5.5.2　某小区软弱地基引起的工程事故

1. 工程概况

某小区共有 16 栋住宅楼，采用砖混结构，为 4～6 层，楼面采用空心板和现浇板两种，设有半地下室。阳台为双阳台（分户阳台），挑出墙面 1.5m，采用现浇梁板式。小区阳台有两种设计方案：一种采用中间砖砌体支承隔开（图 4-31），另一种采用中间悬挑梁结构（图 4-32），分别称为方案Ⅰ和方案Ⅱ。基础采用筏板基础，混凝土等级为 C20，砌体采用 MU10 机制砖。建成交付使用一年后，采用方案Ⅰ的边梁几乎都在砌体支承处出现了较宽的垂直裂缝。这些裂缝的产生，降低了构件的耐久性，形成了建筑物的安全隐患，直接影响用户的使用。而采用方案Ⅱ的边梁，均未出现类似的裂缝。该类裂缝在砌体支承处从梁顶贯通 1/2～1/3 梁高且砌体两边各出现一条，表现为上宽下窄。

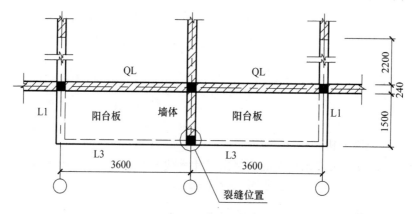

图 4-31　方案Ⅰ结构布置图

2. 工程地质情况

该小区由某大学岩土工程新技术发展公司进行岩土工程勘察，并出具了《某小区Ⅱ期岩土工程勘察报告》（详勘）。

通过已勘察地质情况可知该小区所处位置原为耕地，地势较平坦，局部有小沟渠分布。土质情况为：

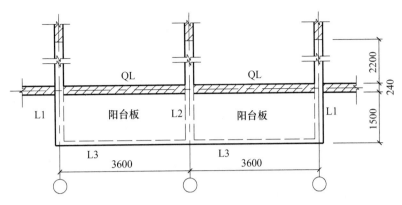

图 4-32　方案Ⅱ结构布置图

层①粉土，灰黄色，稍湿到湿，松散，土不均。厚度为 0.80～6.40m，层底标高 32.21～38.18m，平均 33.91m。承载力标准值为 100kPa。

层②黏土，灰色，可塑到软塑，局部流塑。厚度为 0.70～3.10m，层底标高 30.24～33.80m，平均 31.70m。承载力标准值为 95kPa。

层③粉土，灰色到灰黄色，很湿，稍密。厚度为 1.50～3.30m，层底标高 28.63～30.03m，平均 29.45m。承载力标准值为 140kPa。

层④黏土，灰色到灰黄色，可塑。土不均，间夹粉土。厚度为 0.40～3.80m，层底标高 25.34～29.38m。承载力标准值为 130kPa。

经查阅该房屋设计图纸，其筏板基础板底标高为 −2.625m，坐落于①层粉土上，其下采用碎石垫层，厚度为 500mm。

3. 阳台的设计校核

在阳台边梁的设计校核中，利用中国建筑科学院开发的 PKPM 系列套装软件进行结构计算。针对工程中不同情况，分别对方案Ⅰ和方案Ⅱ进行边梁分析。计算的配筋大致相同，边梁上部负筋实配面积 308mm²，大于计算所需钢筋面积。根据《混凝土结构设计规范》（GB 50010—2010，2015 年版），阳台属于露天构件，裂缝控制等级为三级，最大裂缝宽度限值 $[w_{\lim}]$ = 0.2mm。对于这种在荷载下允许出现裂缝的构件计算，须按荷载准永久组合并考虑长期作用影响的效应计算，构件的最大裂缝宽度不应超过 $[w_{\lim}]$。经过验算，边梁的最大裂缝宽度均小于容许最大裂缝宽度限值。

4. 边梁开裂原因分析

从上面的设计校核可以知道裂缝不是由设计承载力不足导致的。根据现场的调查和了解，该阳台边梁开裂后，对其混凝土的强度采用了回弹测定。测定结果表明，梁的混凝土的实际强度已达到设计强度 C20，因此在分析过程中可以排除混凝土强度不足的影响因素。同时，方案Ⅰ结构均出现裂缝，而方案Ⅱ均未出现裂缝，所以可以排除施工方面的原因。

建筑物在使用过程中所承受的荷载主要有两大类，一类为外荷载，包括动载、静载、风载、地震荷载、施工荷载和其他荷载；另一类为变形荷载，即由温度变形和收缩变形等引起的等效荷载。对出现裂缝阳台的使用情况进行较为详细的调查后发现，除了少数住户进行了封闭式装修外，其余均未在阳台上施加较大的荷载，因此可以排除外荷载导致开裂。

梁上出现温度裂缝时，常为表面裂缝，是由降温和收缩引起的。实际裂缝表现为贯穿性裂缝，这和温度裂缝不一致。同时，如果是温度裂缝，则整个阳台都有裂缝，因此不是该类裂缝。

在各种不均匀地基上建造构筑物，或者地基虽然相当均匀，但是荷载差别过大，结构物刚度差别悬殊时，都极易由差异沉降变形引起裂缝问题。根据该工程的岩土工程勘测报告，该场地内及其邻近区域无活动性断裂带存在，场地在地质上是稳定的。场地土为中软场地土，除分布有可液化的粉土层和软弱土层外，没有其他不良地质现象。因为地基土较软且设计了半地下室，所以采用了筏板式基础，理论上基础整体刚度较大，能很好地调整不均匀沉降。在实际使用中，据住户反映，该小区靠近地基和门窗孔部位的墙体裂缝严重，确认是由不均匀沉降所引起的。一般情况下，地基受到上部传递的压力，引起地基的沉降变形呈凹形，常叫做"盆形沉降曲面"。这是由于中部压力相互影响高于边缘处相互影响，以及边缘处非受载区地基对受载区下沉有剪切阻力等共同作用的结果，它使地基反压力在边缘区偏高。采用方案Ⅰ阳台的下部基础如图 4-33（a）所示，属于基础外突部分，受"盆形沉降曲面"的影响较大，导致了阳台边梁的砌体支承处发生向上的支座位移。阳台整体结构属于超静定结构，边梁相邻支座的位移差将在梁中产生附加弯矩。在设计阳台边梁时，忽略了支承构件挑梁的竖向变形，同时地基的不均匀沉降将加剧这种支座位移差，综合这两种因素产生了较大的附加弯矩，使边梁在负弯矩区出现了类似少筋破坏的裂缝。小区管理部门曾经采取表面涂刷水泥浆的方法来处理该类裂缝，但是不久以后裂缝重新出现。因为按普通外荷载的计算原则，从外荷载的作用、结构内力的形成，直至裂缝的出现与扩展，在荷载不变的条件下，几乎都是在同一时间瞬时发生并一次完成的，但是变形荷载的作用，从环境的变化，变形的产生，到约束的形成，裂缝的出现与扩展等都不是在同一时间瞬时完成的，有一个应力积累和传递的过程，所以这种现象更加证实，裂缝的产生与地基的不均匀沉降有关。采用方案Ⅱ阳台的下部基础如图 4-33（b）所示，受基础的沉陷影响较小，同时阳台边梁支承于挑梁上两端的支座位移差较小，故均未出现类似方案Ⅰ的裂缝。

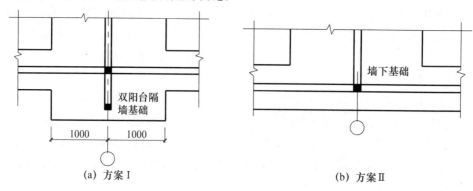

图 4-33　阳台下部基础图

5. 双阳台开裂的理论分析

在实际的设计中，计算双阳台时，通常采用的简图为两跨连续梁（图 4-34），半结构如图 4-35 所示。B 点支座最大负弯矩为：

$$-M_{max} = -\frac{1}{8}pl^2 \qquad\qquad (4-2)$$

式中符号如图 4-34 和图 4-35 所示。

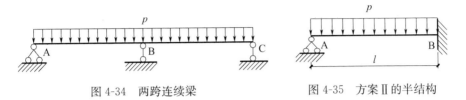

图 4-34　两跨连续梁　　　　　图 4-35　方案Ⅱ的半结构

这种计算方法忽略了 A 点和 B 点的支座沉降差值，在方案Ⅱ中，挑梁 L1 和 L2 刚度相差不大，弯曲变形方向是一致的，且支座相对沉降很小，故可以忽略支座沉降差值的影响。

但是如果是方案Ⅰ，因为支承边梁的砖砌体产生的变形很小，而另一支座是挑梁可以产生较大的挠度，其支座沉降的影响就不能忽略。此时半结构简图如图 4-36 所示，根据叠加法原理，B 点的最大负弯矩为均布荷载和支座沉降产生的弯矩之和：

$$-M_{max} = -\frac{1}{8}pl^2 - \frac{3EI\Delta}{l^2} \qquad\qquad (4-3)$$

式中，符号如图 4-36 所示。M_{max} 与 Δ 值和挑梁的刚度以及挑梁和板上的荷载大小等均有关系，且其作用会随着荷载的增大而增大。从表达式（4-3）可以看出，B 点固端负弯矩对 A 点的下沉是十分敏感的，某种程度上也就降低了阳台承载力。

因此，实际工程中的裂缝就是因为支座的不同，导致支座沉降差值过大，使边梁产生强迫变形，从而构件中由于弯曲产生的主拉应力大于混凝土的抗拉强度而开裂。鉴于以上情况，在实际工程中应尽量采用中间悬挑梁的双阳台结构，因为这种结构受力、变形比较合理，不易在边梁端部出现由于主拉应力过大而产生的裂缝。

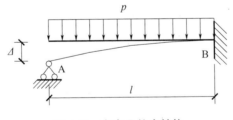

图 4-36　方案Ⅰ的半结构

6. 梁的安全性能分析及处理方法

梁出现裂缝后将在裂缝处形成一小段局部变形较大的区域。因该截面沿弯矩作用方向将产生一定的转动，形成塑性铰，并在构件诸截面间产生内力重分布。当连续各跨都是同方向时，每跨的破坏与其他跨内的荷载和尺寸无关，只与本跨的荷载和尺寸有关。当荷载向下时，每跨负弯矩在跨端最大，所以负弯矩在跨端出现，即连续梁每跨的破坏只是由跨间和相邻支座出现塑性铰造成的，一跨之内出现三个铰，即形成机构。方案Ⅰ的阳台边梁是等跨的两跨连续梁，梁与挑梁的端点为铰支，梁与砌体的支承处为固端。由于基础的不均匀沉降使梁的负弯矩区开裂，但未出现混凝土压碎现象，可以知道梁端出现塑性铰且负弯矩 M_B 小于破坏截面弯矩值 M_u。塑性铰与理想铰相比，理想铰不能承受任何弯矩，塑性铰则能承受定值的弯矩 M_u。根据力学原理可以知道在荷载不变的情况下，端部没有卸载就不会导致跨中弯矩的增加。经过调查发现，边梁跨中部分均未出现明显可见的结构性裂缝，结构没有形成机构，所以边梁处于安全的状态，但是裂缝的存在，将削弱梁的抗剪强度。

对于已出现的裂缝，为确保安全，防止钢筋的锈蚀，在地基处理完毕后，可视裂缝程度的不同，分别采用环氧灌浆和嵌缝黏结两种方案予以加固补强。

7. 结论

经以上的分析可以得出以下结论：

（1）该边梁裂缝是设计阳台时对地基变形的影响考虑不足，在基础发生不均匀沉降时对边梁影响过大，造成较大的支座位移，产生附加弯矩，致使边梁开裂。

（2）在设计中，尽可能采用方案 II 形式的阳台，因为在采用两边悬挑梁的双阳台结构体系时，受力、变形都比较合理，计算时也较为简单易行。

4.5.5.3 厂房墙体因后期施工引起的工程事故

1. 工程概况

某厂一期建成的生产车间，建于 1965 年，是徐州市最早的大跨度排架结构工业厂房。厂房跨度为 $3 \times 18m$，长度为 90m，建筑面积 $4860m^2$，中间设伸缩缝一道。厂房檐高为 9m，每跨设 16t 桥式吊车一台。基础型式为柱下独立基础。

2006 年 9 月，因生产需要，其原有生产车间需要扩建，在其东北部拟建一新厂房，新厂房的平面尺寸为 $120m \times 24m$。新旧厂房的相对位置如图 4-37 所示。新厂房采用水泥预制桩基础，桩长 19m；桩基础在施工时发现（11 月中旬）与已有厂房基础局部重叠，现场处理方法是将旧厂房基础局部切除，以避开桩位，现场情况如图 4-38 所示。但在桩基础施工一周内，旧厂房端部靠近桩基础附近的墙体出现裂缝，裂缝最大宽度超过 50mm，且有继续发展的趋势，如图 4-39 所示。端部山墙上也产生明显的裂缝，裂缝宽度超过 30mm。靠近端部钢屋架之间的钢支承和系杆发生明显的弯曲变形。

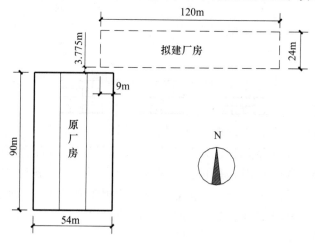

图 4-37 新旧厂房的相对位置

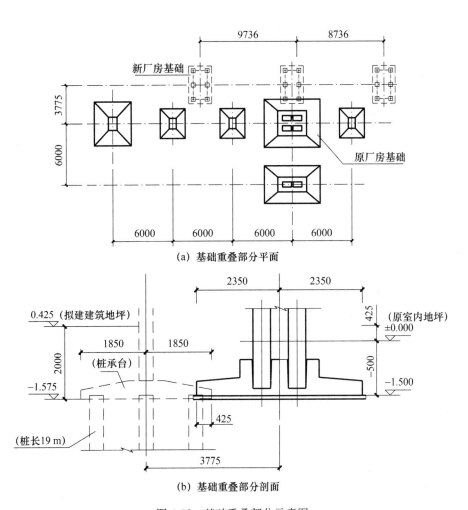

(a) 基础重叠部分平面

(b) 基础重叠部分剖面

图 4-38　基础重叠部分示意图

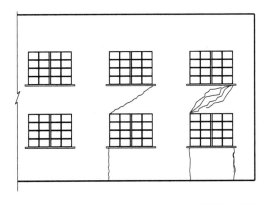

图 4-39　新旧厂房交界处东侧墙体上裂缝示意图

2. 原因分析

根据该厂新建厂房的岩土工程勘察报告，厂房选址地土层 30m 厚度范围内共有 9 种土类型：

①杂填土，杂色稍湿，主要由碎砖、石子、水泥地坪夹建筑垃圾组成，混粉土，松散。厚度 0.4～0.8m。

②粉土夹粉质黏土，黄色，黄灰色，稍湿、饱和，摇振反应迅速，无光泽反应，以粉土为主，夹粉质黏土条带，不均匀分布，干强度低，韧性低，松散-稍密，厚度 0.9～1.5m，双桥静力触探锥尖阻力 $q_c = 1.592MPa$，侧壁摩阻力 $f_s = 26kPa$，地基承载力特征值 $f_{ak} = 100kPa$。

③粉土，黄色，黄灰色，很湿、夹粉质黏土团块，摇振反应迅速，无光泽反应，干强度低，韧性低，松散-稍密，厚度 1.0～1.7m，双桥静力触探锥尖阻力 $q_c = 0.839MPa$，侧壁摩阻力 $f_s = 9kPa$，地基承载力特征值 $f_{ak} = 70kPa$。

④粉土夹粉质黏土，黄灰色，很湿，具层理，摇振反应迅速，无光泽反应，干强度低，韧性低，稍密-中密，夹粉质黏土薄层及透镜体，不均匀分布；薄层中粉质黏土为软塑，局部偶见流塑；厚度 1.1～2.6m，双桥静力触探锥尖阻力 $q_c = 1.290MPa$，侧壁摩阻力 $f_s = 16kPa$，地基承载力特征值 $f_{ak} = 80kPa$。

⑤黏土，灰黄色，灰色，饱和、夹粉质黏土条带，底部夹含铁氧化物的粉土，无摇振反应，有光泽反应，干强度高，韧性高，可塑，局部软塑；厚度 1.8～3.0m，双桥静力触探锥尖阻力 $q_c = 0.870MPa$，侧壁摩阻力 $f_s = 29kPa$，地基承载力特征值 $f_{ak} = 90kPa$。

⑥粉土，灰色，很湿，具层理，摇振反应迅速，无光泽反应，干强度低，韧性低，中密-密实，厚度 3.2～5.1m，双桥静力触探锥尖阻力 $q_c = 3.703MPa$，侧壁摩阻力 $f_s = 37kPa$，地基承载力特征值 $f_{ak} = 160kPa$。

⑦粉土，灰色，很湿，具层理，摇振反应迅速，无光泽反应，干强度低，韧性低，中密-密实，厚度 4.3～6.4m，双桥静力触探锥尖阻力 $q_c = 6.039MPa$，侧壁摩阻力 $f_s = 57kPa$，地基承载力特征值 $f_{ak} = 210kPa$。

⑧黏土，灰黄色，姜黄色，饱和，见铁锰质结核及氧化斑块，偶见砂姜颗粒，无摇振反应，有光泽反应，干强度高，韧性高，硬塑；厚度 3.6～5.6m，双桥静力触探锥尖阻力 $q_c = 1.955MPa$，侧壁摩阻力 $f_s = 81kPa$，地基承载力特征值 $f_{ak} = 180kPa$；为超固结土。

⑨含砂姜黏土，灰黄色，棕黄色，饱和，见铁锰质结核，夹粉土团块，含大量姜结石，无摇振反应，有光泽反应，干强度高，韧性高，硬塑；双桥静力触探锥尖阻力 $q_c = 4.168MPa$，侧壁摩阻力 $f_s = 162kPa$，地基承载力特征值 $f_{ak} = 240kPa$；为超固结土。

徐州地区抗震设防烈度为 7 度。根据《建筑抗震设计规范》（GB 50011—2001）判定，该场地在地表以下 20.0m 以内，③层粉土及④层粉土夹粉质黏土为液化土层。液化指数 $I_e = 0.25～11.49$，经综合判别场地液化等级为中等，场地平均液化指数为 6.98。

从上述地质勘察报告可以看出，新建厂房场地中浅部土层具中等、中偏高压缩性，强度一般及较差，工程性能较软弱，不宜作为厂房的持力层。如采用碎石桩对地基进行处理，可达到消除液化、提高地基承载力的目的。但经碎石桩处理后的复合地基只能小幅提高地基承载力。而拟建厂房跨度大、荷载大，因此宜采用桩基。

但是，由于拟建厂房与原有厂房的距离太近，在进行预制桩桩基施工时，导致原厂房基础下的土层液化、下沉，从而导致原厂房墙体开裂。

3. 处理方案

由于该厂房在扩建施工过程中出现相邻厂房柱基础下沉、墙体开裂，严重危及设备和人员的安全。经充分论证，决定对受到影响的原厂房基础下地基采用压密注浆法进行处理，沿基础周圈布置，竖孔与斜孔相结合，孔深 7.5～10m。

对开裂的墙体，首先清除裂缝墙体两侧的碎屑、粉尘、松散层等。对裂缝较宽的墙体，采用置换新砖、填塞砂浆的办法；对裂缝较小的墙体，采用 $\phi 8$ 的过墙钢筋，拉结两侧的 $\phi 6@500$ 的钢丝网，然后用 M5 的水泥砂浆粉面。

 # 地基基础事故诊断与分析

地基基础承受上部建筑物的全部荷载，是建筑结构最重要的组成部分之一，对整个建筑物的安全至关重要。因此，地基基础的勘察、设计和施工质量的好坏将直接影响建筑物的安全性、经济性和正常使用功能。

地基与基础必须满足两个基本条件：

1. 强度及稳定性方面

作用于地基上的荷载不超过地基的承载能力，各类土体应满足整体稳定性要求。

2. 变形方面

地基沉降不超过变形允许值，以保证建筑物不因地基变形而损坏或影响其正常使用。

当建筑场地地基不能满足上述要求时，就会造成地基与基础工程事故，不仅可使墙体和楼盖等开裂、建筑物倾斜，影响其正常使用和耐久性，缩短建筑物的使用年限，更为严重的是，还会导致建筑物倒塌。

国内外的建筑工程质量事故调查表明，在建筑工程质量事故中，地基基础事故占大多数，在软弱地基或不良地基区域更为突出，如加拿大特郎斯康谷仓、意大利比萨斜塔等典型事故均属此类。

地基和基础都是地下隐蔽工程，建筑物建成后难以察看，使用期间出现事故也不易察觉。一旦发生事故，难以补救，甚至造成灾难性后果。

因此，本章将介绍建筑物地基基础工程事故的分类，对引起事故的主要原因进行分析，并介绍具体的工程事故实例。

5.1 地基基础工程事故的分类及主要原因

5.1.1 地基基础工程事故分类

地基基础工程事故包括基础工程事故和地基工程事故两大类。

基础工程事故主要是指由基础设计造成的工程事故，如基础形式不合理、基础本身强度不符合要求等，以及由基础施工造成的工程事故，如基础错位、基础混凝土强度达不到设计要求、桩基础出现断桩或缩径等。

按土力学原理，常见地基工程事故分类如下：

1. 地基变形（包括沉降量、沉降差、倾斜及局部倾斜）引起的事故

地基土在建筑物荷载作用下产生沉降，当建筑物的沉降量、沉降差、倾斜及局部倾斜超过地基变形允许值时，将会导致建筑物产生裂缝，影响结构物的正常使用和安全，严重时会导致上部建筑结构破坏甚至倒塌。湿陷性黄土遇水湿陷、膨胀土遇水膨胀和失水收缩就属于这个问题。图 5-1 所示为某教学楼的连廊，由地基不均匀沉降引起连廊顶棚严重错位、柱体倾斜的情况。该类事故详见 5.2 节内容。

(a) 某教学楼连廊　　　　　　　　　　　(b) 连廊顶棚严重错位

图 5-1　某教学楼连廊地基不均匀沉降引起的破坏

2. 地基强度及稳定性引起的事故（包括地基失稳、斜坡失稳及挡土墙失稳等）

当地基土的抗剪强度不足以承受地基所受的压力设计值时，地基就会产生局部或整体剪切破坏，即地基丧失了稳定性（失稳破坏）。具体形式有整体剪切破坏、局部剪切破坏、冲切剪切破坏，其结果是引起建筑物结构破坏或倒塌。该类事故详见 5.3 节内容。

3. 地基渗透或液化引起的事故

渗透是由于地下水在运动中出现水量损失，或潜蚀和管涌。液化是指在动力荷载（地震、机器以及车辆振动、波浪和爆破等）作用下，饱和松散粉细砂产生液化，使土体失去抗剪强度，呈现近似液体的特性。地基土的渗透或液化均会造成地基失稳或沉陷，详见 5.4 节内容。

4. 特殊土地基工程事故

特殊土地基主要是指湿陷性黄土（大孔土）地基、膨胀土地基、软土地基及冻胀土地基等。特殊土的工程性质与一般土不同，其地基工程事故也有其特殊性。

在工程上，浸水后产生湿陷的黄土称为湿陷性黄土。湿陷性黄土在天然状态下，孔隙率高，孔隙大，由于胶结物的凝聚和结晶作用，黄土地基强度较高。当受水浸湿时，结合水膜增厚并揿入颗粒之间导致结合水联系减弱，黄土骨架强度降低，土体在压力作用下，结构迅速破坏，导致黄土地基湿陷。由此引起上部建筑物下沉、倾斜甚至倒塌。我国湿陷性黄土主要分布在河南省西部、山西省南部、陕西、甘肃的大部分地区。

膨胀土是吸水后膨胀、失水后收缩的高塑性黏土，膨胀收缩特性可逆，性质极不稳定。膨胀土的危害较大，能引起建筑物的内墙、外墙、地面开裂，建筑物产生不均匀沉

降，使建筑物产生较大的竖向裂缝，有时裂缝甚至呈交叉形。建造在膨胀土地基上的建筑物，随季节气候变化会反复不断地产生不均匀的抬升和下沉，建筑物的开裂破坏具有地区性成群出现的特点，建筑物的裂缝随气候变化不停地张开或闭合，而且对低层轻型房屋和构筑物的危害尤其严重，且不易修复。膨胀土上建筑物层数或建筑物荷载越小，破坏越严重。如贾汪区某地税局综合楼在施工底层柱时，由于上部荷载较小，膨胀土受水浸湿后膨胀，造成基础梁开裂，但继续施工至第五层时，裂缝宽度反而有所减小。膨胀土在我国分布广泛，以黄河流域及其以南地区居多，湖北、河南、江苏、广西、云南等 20 多个省、自治区均有膨胀土存在。

软土指在静水或缓慢流水环境中沉积的、天然含水量大、压缩性高、承载力低的一种软塑到流塑状态的饱和黏土。若处理不当，会引起上部建筑物产生过大的沉降或倾斜，甚至造成地基失稳破坏。如基底软土层均匀性差，且上部荷载分布不均匀时，极易导致建筑物产生不均匀沉降，从而引起墙体开裂。

冻胀土事故一般发生在寒冷地区。因冷气透入湿度较大的地基，结冰体积膨胀，使地基土发生冻胀，从而引起地坪拱起开裂。如果基础埋深位于冰冻线以上，建筑物基础在冻胀应力作用下，可导致建筑物局部或全部上升。基础各部位地基冻胀程度不同，将引起类似地基沉陷不均匀的缺陷。如某砖混结构宿舍楼，基础埋深 0.6～1.0m，小于标准冻深 1.2m。建成后不到两年，由于土冻融作用，墙体开裂，裂缝长度达到 2m，裂缝宽度超过 2mm。经调查，由于冬季当气温降至 0℃以下时，地基土中的水结冰，再加上土中毛细作用，地下水上升，使地基中冰体越来越大，产生冻胀，向上挤压，建筑物被拱起。到春天时结冰融化，地基土中的含水量增加，造成建筑物下沉。由于地基土差异及含水量分布不均匀，融化速度不一样，造成地基变形不一致，必然引起建筑物融陷性破坏。

5. 其他地基基础工程事故

如地下工程、地下采矿造成的采空区，以及地下水位的变化，均有可能导致影响范围内地面下沉造成的地基工程事故。另外，各种原因造成的地裂缝也将造成工程事故。

西安是一个严重缺水的城市，由于对地下水的过度开采，古城西安正面临着严重的沉陷危机。西安大雁塔由于地下沉陷，向西北方向发生了倾斜，到 1996 年，大雁塔的倾斜达到了 1010mm 的历史最高值，经过各级部门近 10 年的抢救，大雁塔倾斜的势头得到了遏制，但它现在的倾斜幅度依然超过了 1m。大雁塔倾斜的主要原因是地下水超采所引发的地面沉降。到 20 世纪 90 年代，西安城区中心一带地面沉降速率发展到每年80～120mm，地面下沉最多超过 2.6m。特别是隐藏在地下的地裂缝，更直接威胁着地面建筑的安全。

5.1.2 地基基础工程事故原因分析

建筑物地基视建筑场地而定，一旦确定了建筑红线，只能由具体条件来选定地基基础类型。而基础类型的选择，要综合考虑建筑场地的工程地质概况、结构类型、荷载以及施工水平等因素。因此，地基基础工程事故可能因勘察、设计、施工与使用等因素相互作用而引起。

1. 勘察资料缺失或不完整引起的事故

地质勘察提供的勘察报告是建筑物地基基础设计的基本依据。若不勘察或不认真勘察（如勘察布孔间距过大、钻孔取土深度太浅等），建筑物场地土层分布、各土层物理力学性质就不清楚，地基承载力和地基变形特性就不确切，从而导致设计失误，造成地基基础工程事故。勘察时要重视对钻孔深度的选择，钻孔深度必须符合设计要求，如果不符合设计上对压缩厚度的需要，或者达不到桩所应达到的持力层时，那就不可能准确地计算出地基的沉降或桩的承载力，也就达不到基础设计的要求。对具有动水压力的细砂层，当开挖时，对于是否形成流砂现象，也要进行充分而准确的估计，并找出相应的对策，以免出现事故而影响工程的进行。

特别是对复杂、软弱的地基，更应慎重对待。某些工程地质情况非常复杂，虽已按有关规范要求进行布孔勘察，但还不能全面反映地基土层地质变化情况，如局部夹层弱土、土坑、古井及河道等，这些情况导致的工程事故也为数不少。

2. 设计方案不合理或设计计算失误引起的事故

地基基础方案的选择和确定非常重要。设计人员应根据上部结构荷载、平面布置、体形及场地地质条件等，选用经济合理的基础形式，认真地做计算分析，否则会引起结构开裂或倾斜，危及建筑物的安全。特别是某些建筑物下的地质条件差，变化复杂，更应合理选择基础方案。

反映在地基基础设计计算方面的失误主要有：荷载计算不正确，导致地基超载或变形过大；基础设计方面不符合要求，以及地基沉降验算不正确导致不均匀沉降失控等方面。

3. 施工质量不符合要求引起的事故

地基基础为隐蔽工程，需保质保量地认真施工，否则会给工程建设带来隐患。常见的施工质量方面的问题有：基础位置、基础尺寸及材料规格未按设计施工图施工、施工操作不符合技术操作规程（如未勘察先施工、开挖后未验槽就浇捣基础及偷工减料等）及施工管理不善等。

建筑地基基础应尽量避免在雨期施工，因雨水过大会造成土体松动，或基坑大量积水，若处理不当，会引起基坑坍塌事故。必须在雨期施工者，必须做好防水、排水措施，使基坑保持没有积水的状态。对湿陷性土质，还要采取一些必要措施来加固和防护地基。在实际工程中不做止水墙或止水墙漏水，极易造成严重事故。

4. 由使用不当或环境改变引起的事故

在使用建筑物时应严格按设计荷载的规定，决不允许施加未经计算的荷载或超载。如有的将普通教学楼改成堆放大量图书的藏书库，有的将办公室改为生产车间等，这不仅破坏原有建筑物的体形，也增加了地基基础的荷载，容易引发工程事故。另外，在工程设计时，对特殊构筑物的受荷情况及使用方法，必须周密考虑，并规定要求，如加荷速度、数量及方法等，使用者要严格遵守执行。

由环境改变引起的事故，常见情况有：地下水位变化或污水的侵入对建筑物地基的影响；建筑物附近地面堆载引起地基附加应力及附加沉降，导致地基不均匀沉降的产生及进一步发展；邻近建筑物对地基基础的影响等。

5. 其他客观原因造成地基基础工程事故

其他客观原因造成地基基础工程事故主要是指自然灾害、地质情况复杂、特殊土地基引起的工程事故等。如软土地基的压缩性大，抗剪强度低，流变性强，所以它对上部建筑体形及荷载等变化反应较敏感，软土地基上建筑物较易出现裂缝。

5.2 地基变形引起的工程事故

根据《建筑地基基础设计规范》（GB 50007—2011），建筑物的地基变形计算值不应大于地基变形允许值（表 5-1）。对表 5-1 中未包括的建筑物，其地基变形允许值应根据上部结构对地基变形的适应能力和使用要求确定。地基变形特征可分为沉降量、沉降差、倾斜及局部倾斜。在验算地基变形时，应根据不同情况确定地基变形特征和控制值。

表 5-1　建筑物的地基变形允许值

变形特征		地基土类别	
		中、低压缩性土	高压缩性土
砌体承重结构基础的局部倾斜		0.002	0.003
工业与民用建筑 相邻柱基的沉降差	框架结构	$0.002l$	$0.003l$
	砌体墙填充的边排柱	$0.0007l$	$0.001l$
	当基础不均匀沉降时， 不产生附加应力的结构	$0.005l$	$0.005l$
单层排架结构（柱距为 6m）柱基的沉降量（mm）		（120）	200
桥式吊车轨面的倾斜 （按不调整轨道考虑）	纵向	0.004	
	横向	0.003	
多层和高层建筑物 的整体倾斜	$H_g \leqslant 24$	0.004	
	$24 < H_g \leqslant 60$	0.003	
	$60 < H_g \leqslant 100$	0.0025	
	$H_g > 100$	0.002	
体型简单的高层建筑基础的平均沉降量（mm）		200	
高耸结构 基础的倾斜	$H_g \leqslant 20$	0.008	
	$20 < H_g \leqslant 50$	0.006	
	$50 < H_g \leqslant 100$	0.005	
	$100 < H_g \leqslant 150$	0.004	
	$150 < H_g \leqslant 200$	0.003	
	$200 < H_g \leqslant 250$	0.002	
高耸结构基础的 沉降量（mm）	$H_g \leqslant 100$	400	
	$100 < H_g \leqslant 200$	300	
	$200 < H_g \leqslant 250$	200	

注：1. 本表数值为建筑物地基实际最终变形允许值。

2. 有括号者仅适用于中压缩性土。

3. l 为相邻柱基的中心距离（mm），H_g 为自室外地面起算的建筑物高度（m）。

4. 倾斜指基础倾斜方向两端点的沉降差与其距离的比值。

5. 局部倾斜指砌体承重结构沿纵向 6～10m 内基础两点的沉降差与其距离的比值。

当地基变形计算值过大，不满足地基变形允许值时，将使建筑物墙体开裂、楼（地）面拉裂、基础断裂以致建筑物倾斜，影响建筑物的正常使用和安全性能，可能导致结构破坏，严重的将引起倒塌事故。因此，控制建筑物变形值在允许范围内是非常重要的，特别是在深厚软黏性土地区。

在地基变形引起的工程事故中，不均匀沉降（沉降差）过大是造成建筑物倾斜和产生裂缝的主要原因。沉降量偏大，往往也伴随产生不均匀沉降。造成建筑物不均匀沉降的原因主要有：地基土质不均匀、建筑物体型复杂、上部结构荷载不均匀、相邻建筑物的影响及相邻地下工程施工的影响等。如在软土地基上建造烟囱、水塔、筒仓、立窑等高耸构筑物，如果采用天然地基，埋深又较小，产生不均匀沉降的可能性就较大。

建筑物不均匀沉降过大对上部结构的影响主要反映在以下几个方面：

1. 砖砌体开裂

地基不均匀沉降引起墙体开裂，已在 4.2 节中进行了分析，这里不再赘述。

2. 基础断裂或拱起

当地基的不均匀沉降较大时，若地基勘察、基础设计或地基基础施工中存在问题，则有可能引起基础断裂。如某办公楼，采用无埋式板式基础，主体九层，主体工程尚未完工就发现基础底板两端出现整体断裂。后经补充勘察发现，该建筑物基础底板处于软硬不同的地基土上，中间处于坚硬地基上，两端处于软土地基上，再加上工程勘察不仔细，必然导致该地基基础工程事故的发生。

3. 柱体开裂或压碎

柱体破坏主要有两种类型，一种是柱体受拉区钢筋首先达到屈服而导致受压区混凝土具有塑性破坏的性质，另一种是柱体受压区的混凝土被压碎而导致的破坏，这两种破坏都属于结构性破坏。地基不均匀沉降使柱产生附加应力，有可能导致柱子产生上述两种破坏形式，柱子严重开裂或承载力不足而被压碎，严重影响建筑物的安全与使用。图5-1 中连廊结构地基不均匀沉降，柱与梁连接处开裂，由于柱体倾斜使柱中产生附加应力，导致柱的承载力不足。

4. 建筑物产生倾斜

不均匀沉降将引起建（构）筑物的倾斜，对高耸构筑物更易如此。虽然不少建筑物在倾斜后整体性仍很好，但若倾斜较大，则影响正常使用；若倾斜继续发展，则建筑物重心不断偏移，造成倾斜不断发展，严重的将引起建（构）筑物倒塌。

5.3 地基失稳引起的工程事故

在荷载作用下，地基土中产生了剪应力，当局部范围内的剪应力超过土的抗剪强度时，将发生一部分土体沿着另一部分土体滑动，从而造成剪切破坏。此时，塑性区扩大到相互贯通，形成一个连续的滑动面，这种现象即为地基丧失了稳定，即失稳。

地基失稳包括整体剪切破坏、局部剪切破坏和冲切剪切破坏等破坏形式，如图 5-2 所示。地基破坏形式与地基土层分布、土体性质、基础形状及埋深、加荷速率等因素有关。对于压缩性较小的密实砂与坚硬黏土地基，当基础埋深较浅，上部荷载很大使基底压力超过极限承载能力时，地基内塑性变形区发展形成一个连续滑动面，即发生整体剪切破坏。在产生整体剪切破坏前，基础周围地面有明显隆起现象，如图 5-2（a）所示。对于压缩性较大的松散和软土地基，当基础埋深较深时，上部荷载使地基土连续下沉，并沿基础周边产生竖向剪切，建筑物产生过大不容许沉降破坏，即冲切剪切破坏。破坏时地基不出现明显的连续滑动面，基础四周的地面不隆起，房屋没有很大倾斜，如图 5-2（c）所示。局部剪切破坏介于前两种破坏形式之间，破坏时地基的塑性变形区局限于基础下方，滑动面未延伸到地面，地面略有隆起，但房屋不会明显倾斜或倒塌，如图 5-2（b）所示。

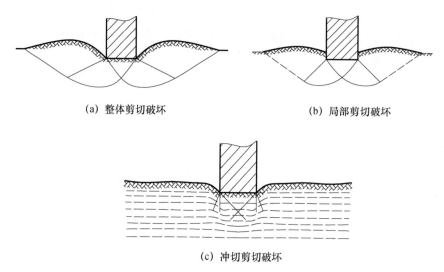

(a) 整体剪切破坏   (b) 局部剪切破坏

(c) 冲切剪切破坏

图 5-2　地基破坏（失稳）的形式

地基失稳破坏往往引起建（构）筑物的破坏甚至倒塌，是灾难性的，后果十分严重，对地基失稳预兆如沉降速率过大，应充分重视。另外，建筑物不均匀沉降不断发展，日趋严重，也将导致地基失稳破坏。

地基失稳破坏造成的工程事故在工业与民用建筑工程中较为少见，但有时也会发生。例如，武汉蔡甸区永安村于 2006 年 9 月 17 日在建民房突然倒塌，造成 4 死 5 伤的严重安全事故。该楼房垮塌事故原因分析表明，软土地基失稳是造成该房屋垮塌的直接原因。该在建民房坐北朝南，北侧东段建于回填的湖塘内，当主体建至屋面时，由于北侧地基失稳，导致房屋突然垮塌。后经现场勘测后分析，该房屋结构存在严重安全隐患，房屋主体结构为全空斗墙体，各层墙体均未设置圈梁及构造柱，悬挑楼梯，同时还存在南侧纵墙二、三层上下错位，后侧纵墙上下门窗洞口错位，又无加强措施等问题，结构整体性（刚度）存在严重缺陷。同时，施工中也存在严重质量问题，墙体砌筑砂浆为含泥量大的石屑加少量水泥，砂浆强度极低，用手掰捏即成粉状。墙体组砌不合理，几何尺寸不规则；施工队伍无建制，使用钢管悬空脚手架也是造成事故的重要原因。湖北省建设厅经查实后宣布，该工程无规划审批手续、无报建手续、无施工图纸、无勘察资料，施工队伍无资质。

5.4 **地基的渗透性引起的工程事故**

土孔隙中的自由水，在重力作用下，只要有水头差，就会发生流动。水透过土孔隙流动的现象，称为渗透或渗流。而土被水流透过的性质，称为土的渗透性。土的渗透性与土体强度、变形一样，是土力学中主要的基本课题之一，渗流、强度、变形三者关联，相互影响。水在土中渗透，会引起土体内部应力状态的变化，从而改变地基的稳定条件，甚至造成地基破坏事故。

5.4.1 影响土体渗透性的因素

影响土体渗透性的因素很多，而且比较复杂。由于土体的各向异性，水平与竖向渗透系数也不同，而且土类不同，影响因素也不尽相同。

影响砂性土渗透性的主要因素是颗粒大小、级配、密度以及土中密封气泡等。土颗粒越粗、越浑圆、越均匀，渗透性越大。级配良好的土，细颗粒填充粗颗粒孔隙中，土体孔隙减小，渗透性变小；渗透性随相对密实度的增加而减小。土中封闭气体不仅缩小了土体端面上的过水通道面积，而且堵塞某些通道，使土体渗透性降低。

影响黏性土渗透性的因素比砂性土更复杂。当黏性土中含有亲水性矿物（如蒙脱石）或有机质时，由于它们具有很大的膨胀性，大大降低了土的渗透性。含有大量有机质的淤泥几乎是不透水的。若黏性土中土粒的结合水膜厚度较厚，则会阻塞土的孔隙，降低土的渗透性。例如钠黏土，由于钠离子的存在，使黏土颗粒的扩散层厚度增加，透水性降低。又如在黏土中加入高价离子的电解质（如 Al^{3+}、Fe^{3+} 等），会使土粒扩散层厚度减薄，黏土颗粒会凝聚成团粒，土的孔隙因而增大，使土的渗透性也增大。

黏土颗粒的形状是扁平的，有定向排列作用，在沉积过程中，是在竖向应力和水平应力不相等的条件下固结的，土体各向异性和应力各向异性造成了土体渗透性的各向异性。特别是对层状黏土，由于水平粉细砂层的存在，水平向渗透系数远远大于竖向渗透系数。如西北地区的黄土，具有竖直方向的大孔隙，那么竖直方向的渗透性要比水平方向的大得多。

可见，土的矿物成分、结合水膜厚度、土的结构构造以及土中气体等都影响黏性土的渗透性。

5.4.2 渗透引起的稳定性问题

渗透引起的稳定性问题可分为两类：

1. 土体的局部稳定性问题

这是由于渗透水流将土体中的细颗粒冲出、带走或使局部土体产生移动，导致土体变形而引起，这类问题常称为渗透变形问题。

2. 土体的整体稳定性问题

这是由于在渗流作用下，使整个土体发生滑动或坍塌。如建在斜坡上的建筑物，由于水在斜坡中渗流，作用于土中的剪应力增加，土的抗剪强度降低，造成边坡失稳。

地下水的运动、地下水对建筑工程的影响均与土的渗透性有关，如人们常遇到的流砂和管涌问题。当渗流水流自下而上运动时，动水力方向与土体重力方向相反，将减少土体压力。当动水力等于或大于土的有效重度 γ' 时，土粒间的压力被取消，于是土粒处于悬浮状态而失去稳定，土粒随水流动，这种现象称为流砂或流土。水在砂性土中渗流时，土中的一些细小颗粒在动力水的作用下，可能通过粗颗粒的孔隙被水流带走，这种现象称为管涌。管涌可以发生于局部范围，但也可能逐步扩大，最后导致土体失稳破坏。流砂现象发生在土体表面渗流溢出处，不发生于土体内部，而管涌现象可以发生在渗流溢出处，也可能发生于土体内部。

在细砂、粉砂及粉土等土层中，易产生流砂现象，而在颗粒土及黏性土中则不易产生。因此，在地下水位以下开挖基坑时，若地基土为易产生流砂现象的土层，从基坑表面直接抽水，将导致地下水从下向上流动而产生向上的渗流力。当水头梯度大于临界值时，就会出现流砂现象，给施工带来很大困难，严重的还将影响临近建筑物的稳定和安全。

5.4.3　地下水位变化对建筑物的影响

由于气候、水文、地质及人类活动等因素的影响，地下水位经常会发生很大的变化。当地下水位在基础地面以下压缩层范围内上升时，水会浸润和软化岩土，从而使地基的强度降低，压缩性增大，建筑物就会产生过大的沉降或不均匀沉降，导致建筑物的倾斜或开裂。对于结构不稳定的土，如膨胀土、湿陷性黄土，影响更大。若地下水位在基础底面以下压缩层范围内下降时，水的渗流方向与土的重力方向一致，地基中的有效应力增加，基础就会产生附加沉降，造成建筑物倾斜或开裂。

实际上，地下水位的变化，常与人们抽水、排水有关。由于局部的抽、排水，使建筑物基础底面以下地下水位突然变化，导致建筑物下沉、开裂。在我国的长三角地区，地下水的过量开采，导致建筑物下沉、开裂的情况时有发生。

5.5　典型的地基基础事故诊断与分析

5.5.1　某厂房内地下室基坑开挖引起的工程事故

1. 工程概况

某单层工业厂房，其平面如图 5-3 所示，建筑面积约 4300m²。该厂房为 18m＋24m＋9m 三跨钢筋混凝土排架结构，18m 跨中设一台 10t 行车，24m 跨布置 10t 及 16t 行车各一台。厂房屋架采用图集《预应力混凝土折线形屋架》95（03）中，型号为 G415-6（18m）与 G415-8（24m），桩基础为高杯口独立基础，大部分采用静压桩，边柱不易施工处采用少量人工挖孔灌注桩。静压桩选自江苏省标准图集《预制钢筋混凝土方桩》（苏 G9803），型号为 AZH-40-5.5，桩长 5.5m，桩身采用 C30 混凝土，单桩竖向承载力特征值为 500kN。高杯口基础的短柱高 5.0m，排架柱高 11.0m，如图 5-4 所示。建成后由于需要开挖设备基础，在 24m 跨内⑦至⑪轴间开挖两个设备地下室，尺寸约为 10m×10m×6.8m（长×宽×高）。

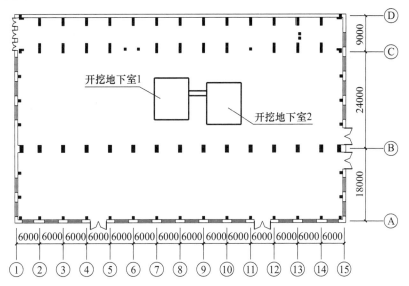

图 5-3　厂房平面示意图

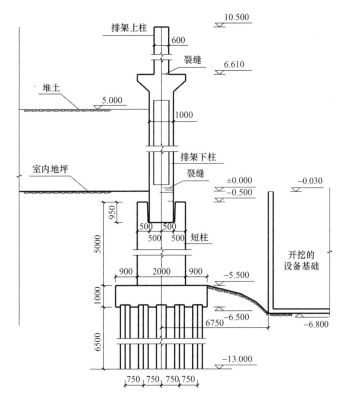

图 5-4　桩基础及基坑开挖示意图

2. 场地地质条件

场地原始地貌是山前冲积及河流相冲洪积平原地貌单元，上部为人工填土，其下形成以粉土、黏性土为主的地层，下伏为稳定的基岩，地面黄海高程在 $36.07\sim36.91m$。其各土层特征指标见表 5-2。

3. 事故现象及其分析

该车间从 2004 年 12 月 23 日开挖设备地下室，在 12 月 31 日开挖到地下室底板时，发现 B 轴中⑧⑨⑩轴柱靠近基础杯口处混凝土发生开裂，部分裂缝贯穿整个柱截面的 2/3，最大裂缝宽度达 0.5mm 以上，且⑨轴柱局部混凝土压碎。同时发现，B 轴中⑧⑨⑩轴柱有明显的水平位移。具体位移及开裂情况见表 5-3。

表 5-2 地基土分层综合指标表

层号	土层名称	厚度（m）	相对密度（kN/m³）	内聚力 c（kPa）	内摩擦角 φ（°）	承载力特征值 f_{ak}（kPa）
①	填土	1.03	17	0	0	—
②	粉土	0.68	18.7	0	0	110
③	黏土	0.78	18.8	44.0	9.0	90
④	粉土	1.24	19.2	30.0	26.0	125
⑤	黏土	3.90	19.3	62.0	6.0	125
⑥	黏土	2.58	20.1	128	18.5	260
⑦	黏土	4.60	20.3	156	19.7	295
⑧	灰岩	—	—	—	—	3000

表 5-3 B 轴柱的水平位移及开裂情况

轴线	标高（m）				裂缝距±0.000 距离（mm）			备注
	-5.500	-0.500	7.800	10.500	第一道	第二道	第三道	
7	0	0	—	—	—	—	—	在上述裂缝以上存在数条微裂缝
8	5	22	15	7	200	—	—	
9	127	153	27	9	250	430	—	
10	84	120	21	14	300	450	750	
11	1	12	24	6	—	—	—	

具体事故情况的描述如下：

（1）⑧⑨⑩轴对应 B 轴中柱在基础杯口上部一定范围内不同程度开裂，基础短柱出现较大水平位移，最大水平位移达 155mm。

（2）上柱仅在上下柱交界面处发现裂缝，且水平位移量比较小。

（3）桩基础，挖开一根角桩发现桩未开裂，但出现倾斜。

（4）个别柱子存在肉眼能看见的弯曲。

（5）所有屋架杆件均未发现裂缝。

（6）排架柱顶预埋钢板受屋架的作用，局部与柱混凝土之间脱开。

事故原因的初步分析如下：工业厂房内开挖的设备基础土方量较大，基坑深度接近7m，同时施工单位为了节省费用，未采取有效的支护措施，直接将挖出的土全部堆积到厂房另一侧（图5-4），堆土高约5m，由于两侧土体高度相差近12m，堆土一侧产生的土压力太大，直接导致了桩的偏移及柱子的开裂。

若一般的工业厂房设计时没有考虑桩的水平承载力，如果堆土一侧产生的土压力超过桩的水平承载力，则桩基础就可能产生较大的位移，发生倾斜。

如果柱顶的水平位移比较大，就会对预应力屋架产生影响，所以有必要对屋架进行可靠性验算，以保证结构安全。

4. 桩水平承载力计算

（1）主动土压力计算。

该厂房内典型的承台下桩位布置如图5-5所示。

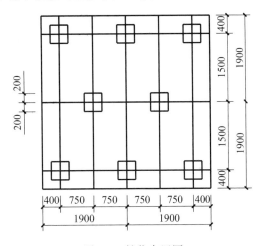

图5-5　桩位布置图

开挖设备基础后土体堆积到地面上，相当于地面上有均布荷载，基坑开挖深度为6.80m，面积约为10m×10m，开挖土层平均重度 $\gamma_m = 23.74\text{kN/m}^3$。

堆土高约5m，堆土作用于地面的均布荷载 $q = 23.74 \times 5 = 118.70\text{kN/m}^2$。

基坑底部（标高-6.800m）平面以上的桩基承台、高杯口基础及部分柱子承受主动土压力作用，可以按照朗肯主动土压力理论计算，取1m的宽度进行计算：

主动土压力的合力：$E_a = \sum s_i = 494.38\text{kN}$

作用点距坑底（标高-6.80m）距离：$x = \sum s_i d_i / \sum s_i = 3.838\text{m}$

厂房纵向跨度6m，作用在承台底部的水平力 $F = 494.38 \times 6 = 2966.28\text{kN}$

（2）桩水平承载力计算

单桩水平承载力计算：根据《建筑桩基技术规范》（JGJ 94—2008）第5.7.2.6条：当缺少单桩水平静载试验资料时，可按下式估算预制桩、钢桩、桩身配筋率不小于0.65%的灌注桩单桩水平承载力设计值。

$$R_h = 0.75\alpha^3 EI \chi_{\alpha a} / v_x$$

式中　$EI = 0.85 E_c I_0$，$\chi_{\alpha a} = 10\text{mm}$；桩侧土水平抗力系数的比例系数 m，按《建筑桩基技术规范》表5.4.5取值，取 $m = 1 \times 10^7 \text{N/m}^4$；对于方形桩，$b = 0.4\text{m} < 1\text{m}$，$b_0 =$

$1.5b+0.5=1.1m$。

桩顶水平变形系数 $\alpha=\sqrt[5]{mb_0/EI}=0.727$，$\alpha h=0.727\times(13-6.80)=4.507>4$，取 $\alpha h=4$。

按照桩顶固接计算，从《建筑桩基技术规范》表 5.7.2 查得桩顶水平位移系数 $v_x=0.940$，$R_h=0.75\alpha^3EI\chi_{\alpha\alpha}/v_x=0.75\chi0.85\alpha^3E_cI_0\chi_{\alpha\alpha}/v_x=222.02kN$。

群桩效应综合系数计算：群桩基础的复合基桩水平承载力设计值应考虑由承台、桩群、土相互作用产生的群桩效应。群桩效应综合系数 $\eta_h=\eta_i\eta_r+\eta_l+\eta_b$。

由于设备基础开挖后承台侧向无土存在，取 $\eta_l=0$；$n_1=3$，$n_2=3$；

对不规则布置的方桩：$A_n=3.8\times3.8=14.44m^2$；$n=8$，

则 $S_a/d=0.886\sqrt{A_n}/(\sqrt{n}\cdot b)=2.976$

$\eta_i=(S_a/d)^{0.015n_2+0.45}/(0.15n_1+0.10n_2+1.9)=0.647$

对于混凝土预制桩采用位移控制，换算深度 $\alpha h=4.507$，桩顶约束效应系数 $\eta_r=2.05$。承台下为可塑黏土，取 $\mu=0.25$；

根据 $B_c/l=3.8/5.5=0.691$，$s_a/d=2.976$，查得 $\eta_c^i=0.20$，$\eta_c^e=0.63$；

计算得 $A_c^i=11.56m^2$，$A_c^e=2.88m^2$，$A_c=14.44m^2$；$\eta_c=0.286$；$q_{ck}=38.2kPa$；$P_c=\eta_cq_{ck}A_c=0.362\times38.2\times14.44=199.13kN$；$\eta_b=\mu P_c/(n_1n_2R_h)=0.028$。

$\eta_h=\eta_i\eta_r+\eta_l+\eta_b=0.647\times2.05+0.028=1.354$

桩基础总的水平抵抗力：$R_A=nR_h\eta_n=2404.92kN<F=2966.28kN$

由此可以看出，在水平力作用下，桩的水平抵抗力不满足要求，桩基必将发生水平位移。

5. 屋架可靠性分析

如果柱顶位移过大，对预应力屋架会产生过大的拉力或者压力，导致屋架破坏，引起严重工程事故，故需要对屋架可靠性进行分析。这里以 24m 跨预应力屋架为例进行可靠性分析。

（1）荷载计算：采用手算与计算机模拟分析，在设计荷载作用下求得屋架下弦最大拉力 $N=891kN$。

（2）现场预应力屋架及施工检测结果：屋架为后张预应力屋架，根据现场施工预应力记录显示，其设计张拉应力 $1231N/mm^2$。

屋架采用的钢筋规格及数量：2 束 $3\Phi^s15$；每束张拉力 517kN，合计 1034kN。

根据现场施工预应力记录，屋架预应力张拉最大伸长值为 153mm。

现场实测显示：柱顶位移在事故最初几天偏移值最高达到 9mm，但随着柱底部一定范围内出现开裂，桩侧堆土外运后，柱顶位移量在减小；加固后，经过一段时间的观察，偏移值为 1mm，这说明屋架应该处于弹性受力状态。

（3）柱顶位移在屋架下弦引起的荷载。

分析柱顶位移对梁的拉力：假定柱顶偏移 9mm，均由钢绞线承担，那么钢绞线每缩短 1mm，减小的拉力为 1034/153=6.76kN；而最初缩短 9mm，则减少的拉力为 $9\times6.76=60.84kN$。

故柱顶产生位移后在屋架下弦引起的轴力为：$N_1=1034-60.84=973.16kN>891kN$。

计算表明，原有预拉力能满足柱顶位移引起的内力要求。

（4）柱顶位移在屋架下弦中引起的钢绞线变形增量。

钢绞线允许伸长值为：

$$\Delta L = F \cdot L / n \times A_p \times E_s$$

式中　L——钢绞线总长；

　　　n——钢绞线束数；

　　　A_p——每束钢绞线截面积；

　　　E_s——钢绞线弹性模量；

　　　F——钢绞线的总张拉力。

　　　$\Delta L = 1034000 \times 23800/2 \times 140 \times 1.95 \times 10^5 = 450.7\text{mm} > 153 + 9 = 162\text{mm}$。

钢筋伸长量满足要求。

（5）屋架可靠性计算结论。

18m跨预应力屋架分析同上，均满足可靠性要求。根据现场观测和理论分析得出：

①在事故刚发生时，由于柱和基础处于弹性工作状态，水平力对上柱产生一定的弯矩和位移，但随着柱的开裂，承载能力下降，水平力产生的内力得到释放；现场及时采取补救措施（堆土外运），消除了水平力，上柱水平力引起的内力在消失。柱顶最终基本恢复到最初的位置。

②根据内力分析可知，屋架的安全储备能够满足柱顶偏移对其的影响，事故产生的位移对屋架的影响是有限的。堆土对柱的水平力撤销后，屋架因位移产生的内力在弹性工作状态下可以恢复到最初状态，附加应力很小。

6. 事故处理方案

综合以上分析，结合现场情况，采用了如下的处理方案：

（1）场地内的剩余堆土应尽快外运。

（2）对发生倾斜严重的桩基（⑨⑩轴柱）用压力注浆法用水泥浆进行地基加固。压力注浆的孔距约为700mm，注浆深度不小于6.5m，桩间土层应采用斜孔注浆。

（3）地下室设备基础应抓紧施工。达到回填条件后应立即回填，回填土用3∶7灰土，分层夯实，压实系数不小于0.95。

（4）对下柱混凝土开裂处先进行化学灌浆处理，然后从短柱上表面（标高 −0.500m处）开始采取增大截面法对钢筋混凝土下柱进行加固处理，新增柱截面钢筋用结构胶锚入短柱内。

（5）对受影响的⑧⑨⑩轴上柱采用角钢进行加固，角钢和混凝土柱之间采用化学胶灌缝。

按上述加固处理办法，对该工程事故处理后，迄今已两年。该车间使用完全正常，未发现任何异常情况。

5.5.2　某办公楼土渗透引起的工程事故

1. 工程概况

某市一办公楼建于2001年，框架结构，六层，长32m，宽13m，建筑面积约2200m²。该建筑场地东临国道，北临该市四环高架路，原为农用耕地。场地地势较平整，为故黄河冲洪积平原地貌。

该房屋的填充墙为加气混凝土砌块，基础为钢筋混凝土独立基础，基础下采用厚度为 1000mm 碎石垫层，持力层为②号粉土层。

2. 现场检测情况

（1）围护结构：一到六层室内外纵横墙部分墙体出现裂缝，在门窗等结构开孔削弱处尤为明显，部分通长裂缝开展宽度已近 4mm；在墙体开裂处外贴砂浆饼进行观测，其裂缝有继续开展的趋势；地面也有下沉、开裂。

（2）地基基础：本工程采用柱下独立基础，下部有碎石垫层，但对部分开挖的地基观测，发现土流失现象严重，部分室内地砖下出现较大空洞。另对建筑整体的沉降进行观测，测点布置如图 5-6 所示，观测结果见表 5-4。

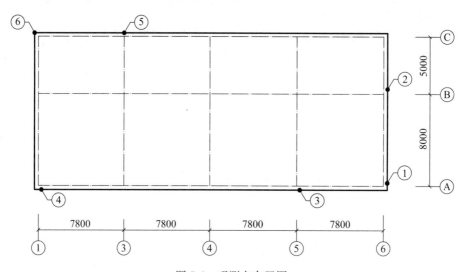

图 5-6　观测点布置图

表 5-4　各点高程观测结果　　　　　　　　　　　　　　单位：m

日期 ＼ 点序号	①	②	③	④	⑤	⑥
7 月 5 日	40.775	41.022	41.062	41.032	41.031	40.988
7 月 21 日	40.774	41.023	41.063	41.018	41.025	40.972
8 月 16 日	40.774	41.022	41.063	41.015	41.021	40.966

注：参照点假想高程为 40.00m。

由表 5-4 中的观测数据可知，建筑⑤⑥轴线部分无明显沉降或已沉降稳定，而①至③轴线沉降较为明显。其中，以⑥号观测点变化速度最大，1 月内最大沉降达 22mm，而且有继续发展的趋势。

（3）承重结构：因主体结构被装修材料覆盖，无法对其进行具体观测，现仅对六层屋面承重结构进行观测。其两个方向主梁下部均有开裂，且双面贯通，裂缝宽度约 0.6mm。大梁开裂情况如图 5-7 和图 5-8 所示。

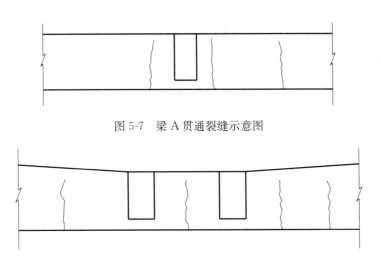

图 5-7　梁 A 贯通裂缝示意图

图 5-8　梁 B 贯通裂缝示意图

3. 事故原因分析

（1）据甲方介绍，结合现场情况，认为由于施工时填土质量较差，室内外下水道是直接在土中开挖而成，未做任何防护，水流的浸泡和冲刷，致使地基土层流失，导致室内外地面出现空洞，房屋产生不均匀沉降，墙体开裂。

（2）屋面梁开裂的原因是：混凝土施工的质量较差（尚需进一步检测）。

4. 评估结论

由于建筑⑤⑥轴线部分无明显沉降或沉降已稳定，而①至③轴线沉降继续发展，致使围护结构开裂严重，且有加剧的趋势，影响结构的安全性。顶层承重梁，可能因施工质量问题，已出现较大的受力裂缝，无法满足设计规范要求，影响结构的耐久性。

依据《民用建筑可靠性鉴定标准》（GB 50292—2015），综合评估该建筑结构安全等级为 c_u 级。

5. 处理意见

（1）对地基土特别是建筑①至③轴线部分地基进行处理，可采用注浆等方法来提高地基土层的承载力。

（2）在地基处理完成后，对围护结构裂缝进行处理，必要处可在裂缝处外覆钢丝网片。

（3）对开裂的主要承重构件进行补强，可采用粘贴碳纤维片材处理。

5.5.3　膨胀土地基上基础梁裂缝事故

1. 工程概况及事故特征

某地税局综合楼为框架剪力墙结构，建筑面积约为 $5000m^2$，主体 9 层，局部 11 层，基础为十字交叉条形钢筋混凝土基础，基础梁高均为 1.30m，宽均为 0.9m。1997 年 10 月 28 日基础浇筑完成，12 月 5 日底层框架和剪力墙施工完毕。当底层柱刚施工一部分时，发现在地梁 DL-11 和 DL-5 上，距柱 Z-7（⑦轴与①轴相交处，参见图 5-9）1.4~2.8m 内发现 7 条垂直裂缝，裂缝比较规则，宽度为 0.2~0.5mm，呈现出上宽下窄的特征，为贯穿性裂缝。

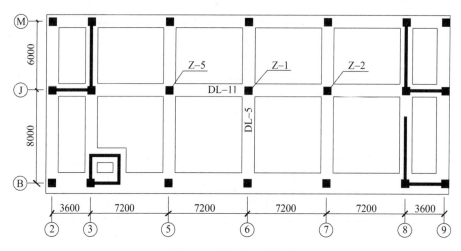

图 5-9　基础平面示意图

2. 现场调查、检测结果

受建设单位的委托，1998 年 3 月对该综合楼进行了检测和分析，现根据现场检测结果及建设、监理和施工单位提供的有关资料，综述如下：

（1）基础梁施工情况：1997 年 10 月 13 日基坑开挖完成，10 月 28 日一天完成基础梁的浇筑。

（2）基础梁浇筑前后天气情况：温度为 7～20℃；雨情为 11 月 3 日小雨，11 月 11 日至 14 日小雨到中雨。

（3）经回弹仪检测，基础梁混凝土的强度满足原设计要求，在二层楼面以上框架梁上均未发现裂缝。

（4）在基础梁裂缝上横跨裂缝贴低强度的砂浆饼，观测近两月未发现裂缝发展或变化。

由于本工程无详细地质勘察资料，只有该场地原拟建医院的地质报告供参考，因此在基本上可以排除荷载、温度、施工程序等因素后，怀疑是膨胀土所致。所以，对持力层土质取样进行包括膨胀性质的土工试验，并分析土样矿物及含量，其结果分别见表 5-5 和表 5-6。

由表 5-5 土样的物理性质和表 5-6 土样的分析结果可知：该工程的持力层土质自由膨胀率大于 40%；天然含水量接近塑限，塑性指数平均值大于 17；天然孔隙比变化范围在 0.5～0.8 之间；且土中含有较多亲水性强的蒙脱石及伊蒙混层、伊利石、高岭石等，因此根据有关规范可判定该场地土为膨胀土。

表 5-5　基础下地基土的土工试验结果

土样编号	含水量 W（%）	重度 γ（kN/m³）	干重度 γ_d（kN/m³）	孔隙比 e	液限 W_L（%）	塑限 W_P（%）	塑性指数 I_P（%）	液性指数 I_L	压缩试验 a_{1-2}（MPa⁻¹）	压缩试验 E_s（MPa）	自由膨胀率 δ_{ef}（%）	无荷膨胀率 δ_e（%）	膨胀力 P_e（kPa）
1	24.0	19.6	15.7	0.748	47.8	27.8	20.0	−0.16	0.17	10.15	122	7.52	40.0
2	23.9	19.9	16.2	0.706	41.4	25.5	15.9	−0.10	0.17	10.05	125	6.83	32.0
3	22.8	19.2	15.6	0.752	42.2	24.1	18.1	−0.07	0.28	6.27	115	9.73	36.5

表 5-6　基础下地基土的矿物组成及含量

矿物组成	蒙脱石及伊蒙混层	伊利石	高岭土	绿泥石
含量（%）	71	13	14	2

注：测试方法为 X 射线衍射定量分析和差热分析。

3. 事故原因分析

（1）由于没有详细的地质勘察报告，有关单位对土的胀缩性未予分析，更糟的是，反而认为该层土坚硬，强度较高，压缩性低，是良好的地基，以致对地基未做任何处理，这是造成基础梁开裂的主要原因。

（2）施工时未采取任何防水保湿措施，基坑挖好后，没有立即施工基础，造成基坑暴晒；而基础施工完毕后，没有采取防水、排水措施，造成膨胀土受水浸湿后膨胀，引起地基的不均匀沉降。这是基础梁开裂的直接原因。

（3）由于原基础梁是按连续梁设计计算的，而在上部荷载还没有作用于柱子的情况下，连续梁上柱子的作用已不复存在，原基础梁的计算简图已由连续梁变成跨度很大的单跨梁，这样，当基础梁产生不均匀的沉降或地基土产生不大的反力时，均将导致基础梁的开裂。

4. 处理意见

（1）根据观测，裂缝没有进一步的发展，且该工程已施工至五层，说明上部荷载已能够抵消地基土的膨胀力，因此基础梁上的裂缝，不会进一步发展，影响结构的可靠度。但是，从耐久性的角度考虑，必须对裂缝进行灌缝处理。

（2）施工单位应做好施工临时排水工作，在建筑物周围做好地表防水、排水设施，避免建筑物附近积水，同时严防管道漏水，尽量保持地基土原来的湿度。

（3）设计单位应根据膨胀土地区建筑技术规范对设计做相应的变更，如应尽量避免采用明沟，散水坡度适当加宽等。

5. 结语

由于膨胀土在自然条件下，土壤结构密致，多呈硬塑、坚硬状态，强度高，变形小，容易被误认为是良好地基，以致造成不应有的工程事故，对此应引起广大工程勘察和设计人员的高度警惕。广大工程勘察和设计人员对膨胀土应有适当的了解，以便对勘察结果进行正确的分析，必要时可要求对土样进行补充分析或进行补勘。

5.5.4　某教学楼连廊不均匀沉降引起的工程事故

1. 工程概况

某大学教学楼连廊，长约 28m，高约 20m，为两层框架结构，柱下独立基础于 2004 年底竣工。还未投入使用，主体结构就出现了不同程度的倾斜，顶盖在水平方向出现严重错位，柱与梁交接处出现裂缝甚至拉开。连廊现场照片如图 5-1 所示。该连廊采用钢筋混凝土独立基础，位于③层土上。如图 5-10 所示为该连廊的基础平面布置图。

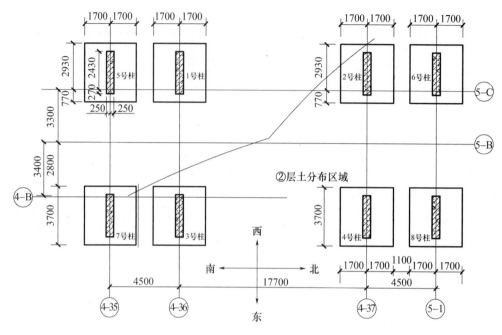

图 5-10　基础平面布置图

2. 倾斜情况

经现场测量可知，该连廊一些位置的柱顶倾斜量及基础下沉量分别如下：

4-B 轴交 4-35 轴，倾斜量为 7mm，下沉量为 0（7 号柱）。

4-B 轴交 4-36 轴，倾斜量为 78mm，下沉量为 18mm（3 号柱）。

4-B 轴交 4-37 轴，倾斜量为 194mm，下沉量为 72mm（4 号柱）。

4-B 轴交 5-1 轴，倾斜量为 10mm，下沉量未提供（8 号柱）。

5-C 轴交 4-35 轴，倾斜量为 5mm，下沉量未提供（5 号柱）。

5-C 轴交 4-36 轴，倾斜量为 68mm，下沉量未提供（1 号柱）。

5-C 轴交 4-37 轴，倾斜量为 150mm，下沉量未提供（2 号柱）。

5-C 轴交 5-1 轴，倾斜量为 0mm，下沉量未提供（6 号柱）。

3. 原因分析

该建筑场地为山前冲洪积、坡积土层，土层以黏性土为主，硬塑状态的黏土普遍存在遇水膨胀、失水收缩的现象，液限和塑性指数均较大，具有膨胀土特征。其中②层土的自由膨胀率达 29.2%，③层土的自由膨胀率达 39.6%。

该连廊岩土工程勘察报告补充勘察显示：③层土为黏土，褐黄到棕黄色，可塑到硬塑，含铁锰结核，中等压缩性，压缩模量 $E_s=7.5$MPa，强度中等，承载力特征值 $f_{ak}=200$MPa，可作为基础持力层。但该层土在场地内分布不均，厚度变化大，揭露厚度为 0.8~3.0m。其上②层黏土，褐黄色，可塑，含铁锰结核和零星砂礓，在场地内分布不均匀，主要分布在场地的中部及东北部，西南角缺失，该土层底由西南角向东北倾斜。土层厚度变化较大，厚度在 0.0~1.5m，从西南向东北由薄变厚，其工程性质较差，压缩模量 $E_s=4.0$MPa，承载力特征值 $f_{ak}=110$MPa，不宜直接作为建筑物的持力层。根据甲方和监理、施工单位提供的情况，开挖连廊的基坑时，由于②层土厚度变化大，施工单位未能将

②层土清除干净，导致部分基础坐落在②层土上。

根据查明的土层结构及其分布特征，结合了解的情况可以判定，由于②层黏土的不均匀分布引起基础沉降差异造成该连廊向东北方向倾斜。另外，该基础在雨期施工黏土有弱膨胀性，持力层遭受浸泡承载力下降也是一个诱因。

4. 处理措施

该工程已竣工即将投入使用，大开挖已不可能，较为经济合理的处理方案为压力注浆。将调配好的水泥浆加压注入基底密实土层，提高承载力，降低沉降量，避免连廊倾斜量扩大。

5. 施工要求

施工中应避免对柱和基础产生大的振动；摸清地下埋设管线的情况避免造成破坏；对现有路面不应整体破坏只能凿孔处理；地基压力注浆应由专业队伍施工并提交合理的技术措施；注浆孔钻入 2 号土层 1m 深。

5.5.5 某矿务局风井广场工程事故

5.5.5.1 工程概况

某矿务局风井广场由风机房、35kV 变电站及配电室、瓦斯泵房、住宅平房等组成。35kV 变电站承担官地风井的送变电任务，其配电室建于 1995 年，为三层混合结构，高 11.7m，长约 44m，宽约 11m，毛石基础，建筑面积约 1000m²。

瓦斯泵房建于 2005 年 10 月，为钢结构，高 8.5m，长 15m，宽 6m，片筏基础，建筑面积约 90m²。建筑物的位置如图 5-11 所示。

图 5-11 建筑物的位置

5.5.5.2 建筑物破坏情况

总体来看，配电室的破坏比较严重，其特点是：墙体破坏严重，墙体裂缝主要集中在底层南墙和西山墙上，二、三层无可见裂缝，裂缝宽度大部分为 5~20mm。2005 年 9 月雨季过后，裂缝发展速度快，具突变性。图 5-12 所示为配电室南面纵墙现场裂缝。瓦斯泵房内房屋的裂缝较少，但有可见的地面裂缝。挡土墙出现破坏，如图 5-13 所示。

建筑场地的破坏有地表裂缝和隆起现象，地表裂缝如图 5-14 所示。

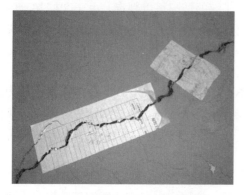

图 5-12　配电室南面纵墙现场裂缝

图 5-13　挡土墙开裂

图 5-14　建筑场地出现地裂缝

5.5.5.3　场区自然地理

1. 场区地形地貌

根据已有勘探资料及现场踏勘，建筑场区属于山西吕梁山脉东翼，呈西南高、东北低的低中山区，区内山高坡陡，沟谷纵横。配电室场地和瓦斯泵房台地向沟谷凸出，由北向南微斜，平台至沟底高差在 20～30m。沟谷坡陡，岩石裸露。沟底多巨砾，杂木丛生，如图 5-15 所示。

场地以北乱石坡，地形坡度为 20°～30°，山坡乱石林立，大量块石覆盖，块石直径均大于 1m，成分为砂岩，呈棱角状。配电室南部和东部均设有护坡。场区切梁造成场区北侧山坡与建筑场区高差呈 3～10m 陡坎，自然坡角为 70°左右，陡坎以上山坡天然坡角为 20°～40°。场区南部前缘沟壁呈 50°～60°坡角。2005 年 12 月 1 日现场拍摄的地形地貌如图 5-15 所示。

2. 气象条件

该区属湿暖带大陆性气候，冬季干燥多风，温差大，雨量多集中在 7、8、9 月份，据气象局 1951 年到 1980 年太原气候资料，气温平均 9.5℃，最低月份平均气温为 6.6℃，最高月份平均气温为 23.5℃，月最低气温至 0℃时间为 9 月，回升 0℃以上时间为 3 月，平均无霜期 170 天，初霜期为 10 月上旬，终霜期为 4 月中旬。降雨量平均 459.5mm，每年 7、8、9 三个月占全年降雨量的 62.3%。年平均风速为 2.5m/s，4 月份最大风速为 3.3m/s，7、8、9 月份最小风速为 1.8～2m/s。蒸发量年平均 798.3mm，1955 年最高，为 2080mm，1966 年最低，为 1427.5mm，本区平均冻土深度为 0.8m，最大冻土深度为 1.5m。

(a)

(b)

图 5-15　地形地貌

5.5.5.4　场区工程地质条件

1. 场地地基土岩土构成特征

根据山西省第三地质工程勘察院的工程地质详勘报告（1995 年），场区滑坡基底岩层为青灰-灰绿色泥岩及细粒长石石英砂岩。

根据山西地质工程勘察院 2005 年 12 月提供的某煤电集团公司官地矿风峪沟风井变电所场地钻孔柱状图，场区地层分述如下：

(1) 回填土，黄褐色，组成成分以粉土为主，稍湿，稍密，层底标高 1292.00～1201.5m。

(2) 角砾土，杂色，组成成分为砂岩及泥岩风化物，稍湿，稍密，层底标高 1282.20～1289.40m。

(3) 泥岩，灰白，紫红色，全风化，稍湿，层底标高 1274.00～1281.00m。

(4) 强风化泥岩，紫红色，强风化，稍湿，层底标高 1279.20m。

(5) 强风化砂岩，灰白色，长石石英中砂岩，厚层状，强风化至全风化，稍湿，层底标高 1274.00～1275.70m。

(6) 中风化砂岩，灰白色，长石石英中细砂岩，厚层状，中等风化，稍湿，层底标高 1272.20m。

2. 场区地质构造

建筑厂区位于官地穹窿和要子庄向斜轴向，由北向南呈 S 形于厂区东侧通过，官地穹窿走向由西向东南，于厂区西侧通过，由厂区地质构造概况图可知，厂区位于要子庄向斜西翼，官地穹窿东侧。基底岩层向南东倾斜，倾角为 5°～10°。

3. 场区地下开采情况

厂区下具有从 1995 年到 2004 年地下煤炭开采形成的采空区。其中 2 号煤层位于地表下约 367m 处，采厚约 1.9m，形成的采煤工作面有 12502、12504、12506、12508、

12420 等。3 号煤煤层位于地表下约 390m 处，采厚约 3.2m，形成的采煤工作面有 13504。部分工作面与场区地面的相对位置如图 5-16 所示。

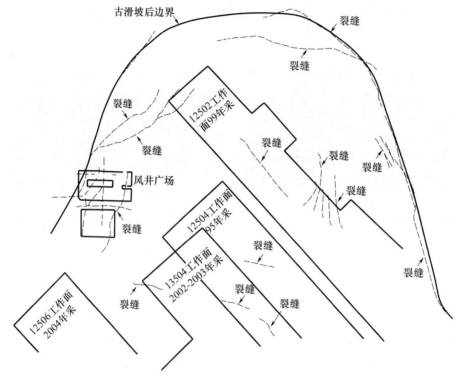

图 5-16　裂缝位置示意图

5.5.5.5　不良地质现象

1. 裂缝

根据山西省第三地质工程勘察院（1995 年）的工程地质详勘报告，场区裂缝发育 2 种，一种是由场地土回填造成的建筑裂缝；另一种是由切梁卸荷造成的拉张裂缝，是场区不良工程地质问题。

回填土未经密实处理造成的裂缝，主要是因为本区回填土本身就以场区碎石土为主，碎石土风化严重，以块状为主，产物以砂质泥岩、中粗粒长石石英砂岩碎块为主，多棱角，一般直径均在 5～15cm，偶见直径大于 20cm 砂岩石块，最大可达 1～2m 巨石；填充物以粉土、粉质黏土、砂及风化砂质泥岩碎屑为主，结构疏松，未经密实，欠固结。地基未处理好，加之施工中地表水渗入，在场区具荷载处表现出不同的裂缝，回风斜井裂缝宽 3～5cm，顺拱顶向内延伸，南北向住宅平房 4 个角底均出现不同方向的裂缝，在配电楼前后围墙上均出现 3～4 道裂缝，最宽可达 3～4cm，围墙块石基底南部、东部出现下沉引起的沉陷裂缝。

切梁卸荷造成的拉张裂缝，表现在场区北部切梁后，未及时修建挡崖墙而造成的卸荷拉张裂缝，此裂缝当时（1995 年）已发现 2 条，呈弧状分布，与山梁古滑坡壁大致平行，裂隙从陡崖西部电线杆端开始呈环状向东北方向延伸。由于植被覆盖严重，目前发现 2 条平行裂缝，延伸至东北数十米尖灭。裂缝最宽 20cm，上部可见水蚀造成 30cm 左右的空洞，深达 0.5m 左右。地表水经此裂缝灌入后从陡崖起始点 2 块大石头边缘溢出（可见泥土水蚀痕迹）。另经观察可见，此裂缝有错位拉张的痕迹。由于勘查前施工单位已发现此裂缝，并采用回灌白石灰方法进行补救。勘探期间由于挡崖墙一直未施工，20 天内经观察发现此裂缝已出现新的拉张痕迹，并伴有错位。由此可见，此裂缝是人为活动而引起的新滑坡的主裂缝。由于上部山坡给水条件较好，雨水顺山坡灌入裂缝，经下部砂质泥岩阻水，很可能造成人为滑坡。

根据 2005 年 12 月 1 日现场踏勘，风井广场所在的古滑坡区目前的地面变形主要是显露于地表的拉张裂缝，如图 5-16 所示。现有裂缝基本局限于古滑坡体范围，其分布范围主要是古滑坡体后缘拉张带和滑坡体中部。滑坡体后缘裂缝以弧形陡张裂缝为主，出露长度较大，延伸方向与滑坡体轴线近于直交，其中有的大致沿滑坡后缘边界分布，也有的在滑坡后缘拉张区内呈弧形展露。在古滑坡体中部出现的裂缝一般长度较小，且延伸方向与滑坡体轴线近于平行。

根据山西第三地质勘察院提交的工程地质勘察报告（1995 年），结合在工程现场进行的地面调查情况分析，风井广场所在的古滑坡区出现的地面裂缝的发育深度有限，主要局限于松散层范围。

裂缝位置如图 5-16 所示。裂缝最宽 300mm，如图 5-17 所示。同时可见明显的塌台出现。塌台高度为 200～600mm，如图 5-18 所示。

图 5-17　地表裂缝示意图　　　　　图 5-18　山体塌台

2. 冲沟、崩塌、滚石

该部分内容在山西省第三地质工程勘察院（1995 年）的《官地矿风峪沟风井广场古滑坡地段工程地质详勘报告》中已有详述，这里不再赘述。

3. 滑坡

根据山西省第三地质工程勘察院的工程地质详勘报告（1995 年），建筑物位于滑坡体上。以下为该报告对滑坡的有关描述。

（1）滑坡的工程地质特征。

滑坡所处地貌单元属侵蚀中低山区，规模约 400m×400m×20m，滑坡体及滑床岩性为二迭系上盒子组泥岩、砂页岩及砂岩，该滑坡有明显的边界和地形特征，后缘顶部有圈骑状陡坎的滑坡壁，且形成宽大、平坦的滑坡台地，台地之上有第四系堆积物，说

明该滑坡为一古滑坡，滑坡两侧边界上有冲沟发育，呈现"双沟同源"现象。

（2）滑坡形成的因素分析。

影响斜坡稳定性的因素十分复杂，其中最主要的有斜坡岩土和结构、水文地质条件，还有岩石风化、水的作用、地震及人类工程活动等。岩石性质和结构属内在因素，外在因素通过内在因素而起作用，内在因素虽是根本因素，但内在因素也是通过外在因素的改变而改变。该地区出露地层以泥岩、砂质页岩、砂岩为主，属强度较低的岩石，存在软弱的结构面，可能形成高陡斜坡。但斜坡底部沟谷流水的侵蚀，使斜坡坡度不断增大。另外，由于长期遭受风化、雨水侵入，再加上岩体的强度不断降低，当应力集中超过岩体的强度，岩体就会产生滑动，以求达到新的平衡，从而形成滑坡。

（3）滑坡稳定性分析。

从地貌上看，滑坡体坡度总体较为平整，草木丛生，两侧沟谷发育，滑坡壁较高，长满草木，无擦痕，滑坡平坦，既宽大，又平整，且有第四系堆积物，滑坡前缘斜坡很缓。上述特征说明滑坡在一定条件下是相对稳定的，但滑坡前舍临空面高，随着沟谷的继续下切，风化作用、雨水侵入使岩体强度继续降低，相对稳定的滑坡复活的可能性是存在的。

（4）滑坡稳定性验算。

由于当时（1995年）勘察在滑坡主轴剖面上布置的钻孔少，而且比较集中，在主滑坡地段未布置钻孔，以致计算时所需主滑坡动剖面不能准确圈定，无法分割各个不同倾角滑动面的滑动块体，只能按同一倾角滑动面，滑体大致等厚来近似计算；当时（1995年）的计算结果说明滑坡无论是天然状态还是饱和状态都是稳定的。

（5）建筑工程对滑坡稳定性的影响。

建筑工程位于滑坡下部台地之上，接近滑坡舌部，该部位滑坡面较为平缓，建筑物重量产生的下滑分力很小，而建筑物重量与整个滑坡体的重量相比又相差甚远。因此，建筑工程对滑坡稳定性不会产生太大的影响。但建筑场地开挖形成的较陡边坡的稳定性应引起注意，配电室北边斜坡已产生的裂缝，就是场地开挖边坡较陡所致。

（6）滑坡复活的防治措施。

山西省第三地质工程勘察院的工程地质详勘报告（1995年）提出以下的防治措施以供参考：

①沿滑坡后缘截地表水旁引，减少雨水的侵入。

②滑坡前缘沟谷修筑挡土墙，避免雨水继续侵蚀坡角，挡土墙基础置于滑动面之下的完整基岩。

③滑坡下部台地建筑场地内布置抗滑桩，抗滑桩截面为方形或圆形的钢筋混凝土桩，在平面上可按梅花形或方格形布设桩位，间距5m，深入滑动面之下完整基岩。

5.5.5.6　水文地质

建筑场区水文地质条件简单，勘探深度无地下水揭露，地层湿度一般，受场区地形的影响，雨季地表水顺坡而下补给风峪沟。风峪沟地区场区南部，沟谷切割较深，底部为厚层状长石石英砂岩，为滑坡基底稳定岩层，风峪沟常年流水，流量不稳定，随季节变化较大，雨季流量增大，由于侵蚀面低，水流冲刷为滑坡基底厚层状长石石英砂岩，冲刷侵蚀较轻微，对滑坡潜在威胁较小。

由于场区山坡上拉张裂缝（1995年勘察报告），雨水顺山坡回灌，形成局部上层滞水，软化滑动面将是该区重点防治要点。

另外，场区低洼不平，容易积水，雨季地表水顺裂隙、孔隙回灌，将造成该区上层滞水富集的可能性，由此可见场区治水将是该区不可忽视的工程地质问题之一。

5.5.5.7 地表及建筑物裂缝原因分析

1. 开采沉陷地表移动和采动滑移特征

西山矿区山高坡陡，沟壑纵横，沟谷深切多呈 V 形，具有比较典型的山区复杂地貌条件。大量实测资料表明，其地下开采引起的地表移动明显不同于平原地区，其典型特征是：

（1）由于山区地形起伏和自然坡度远大于开采沉陷引起的地表下沉和垂直变形，虽然地表移动盆地的范围和特征不明显，但地表移动范围一般大于平原地区，不同方向的地表移动范围与具体的地形条件密切相关。

（2）地表非连续变形比较严重。地表裂缝大小和分布除与地质采矿条件、采空区位置有关外，还与地形条件和微地貌特征有密切联系。因地表倾斜产生了指向下坡方向的采动滑移现象，地表某些变坡部位发生宽度和落差较大的裂缝，甚至发生槽形塌陷和采动滑坡。

（3）地表移动变形的大小和剧烈程度不仅与地质采矿条件有关，而且与地表坡度、地貌特征、表土层（或坡积层）厚度和性质有关。坡度越大、地形越复杂、表土层或坡积物越厚、松散程度越大，则地表移动变形越大，表现也更为剧烈。

（4）除非采动诱发古滑坡复活，开采引起的采动滑移主要发生在基岩接触面以上的地表松散层内。一般来说，山区地表采动滑移过程与地下开采过程是基本同步的，但由于降水或其他附加荷载影响，采动滑移过程可能将在采动结束后一定的时期内持续发生。

（5）在受到重复采动影响时，采动滑移将再次发生，并且滑移发生范围和裂缝发育程度将明显超过初次采动。

（6）针对官地矿风峪沟变电站场地环境和周围的采矿地质条件，变电站场地近期的滑移变形加剧主要是受到场地下坡方向的采动影响而诱发的蠕变性牵引式坡体滑移，在降雨影响下加剧和延长了场地坡体滑移变形过程。

2. 采动变形预测模型及参数选取

（1）采动变形预测模型：由于山区地表移动变形的特殊性，直接使用目前在国内普遍采用的概率积分法模型预测山区的开采沉陷是难以满足工程需要的。通过对大量山区地表移动观测资料的综合分析，认为山区地下开采引起的地表移动是采动影响与地面坡体滑移影响的叠加；一般采动影响可按相同地质采矿条件下平原矿区沉陷预测模型（如常用的概率积分法）计算，地表滑移影响则与地表特性、采动影响和地表倾角有关。

以何万龙教授为首的课题组经过长期的研究和归纳，提出了适合山区地表移动变形预计的数学模型，并已纳入了国家煤炭工业局2000年颁发的《建筑物、水体、铁路与主要井巷煤柱留设与压煤开采规程》。该次风峪沟变电站场地采动变形预计采用该山区地表移动预测模型。

（2）预测参数：山区地表移动预测模型的预测参数主要包括一般的概率积分法参数和山区地表移动预计特有的地表趋势面倾角、地表倾斜方向和地表特性系数等参数。

结合西山矿区地表移动实测参数和风峪沟变电站场地区域的具体情况，选定地表移动变形预测参数如下：下沉系数为 0.8；水平移动系数为 0.33；主要影响角正切值为 2.0；主要影响传播角为 86°；拐点偏距为 −20m；地表趋势面倾角为 30°；地表最大倾斜方向方位角为 130°；地表特性系数为 1.5；地表滑移影响函数参数 $A=2\pi$，$P=2$，$t=\pi$。

（3）地表移动影响预测结果：初步计算表明，官地矿 2005 年之前开采的 2 号煤 12508、12506、12504、12502、12420 工作面与 3 号煤 13504 工作面对风峪沟变电站场地的一般采动影响，按相同地质采矿条件下平原矿区沉陷预测模型——概率积分法计算的下沉等值线图如图 5-19 所示，沿工作面倾斜方向预计的水平变形见图 5-20。预计结果表明官地矿 2005 年之前开采的 2 号煤 12508、12506、12504、12502、12420 工作面与 3 号煤 13504 工作面对风峪沟变电站的瓦斯泵房均产生了一定的影响。

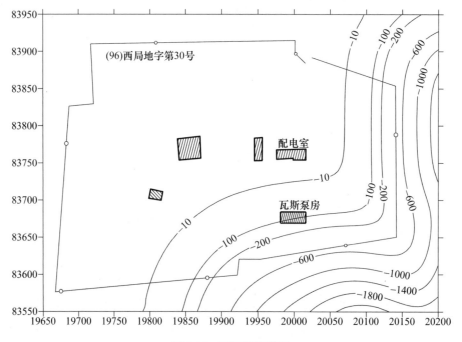

图 5-19　下沉等值线图

3. 地面裂缝成因及风井广场建筑物开裂变形原因分析

古滑坡区地表裂缝的大量显现与所在区段岩土体的持续变形有关，由于地表裂缝分布与古滑坡体之间的密切联系，直观上很容易将其与古滑坡体复活相关联。

现有古滑坡的地质资料较少，依据山西第三地质勘察院在工程地质勘察基础上所做的推断，古滑坡的滑面埋深 20m 左右，大致层位为二叠系上统上石盒子组强到全风化层的下界面。考虑到古滑坡区基岩地层构造变动轻微且产状比较平缓，松散层与基岩的交界部位是变形存在强烈差异的不连续面，因此该部位也最容易成为滑坡面。如基岩上部强到全风化层为古滑坡体的滑面，则可以判断出该滑坡体为一切层滑坡，其顺轴线断面形状如图 5-21 所示。

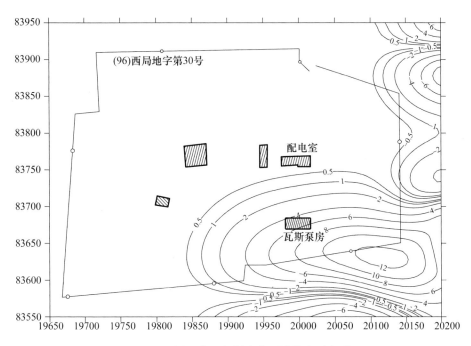

图 5-20 沿工作面倾斜方向预计的水平变形

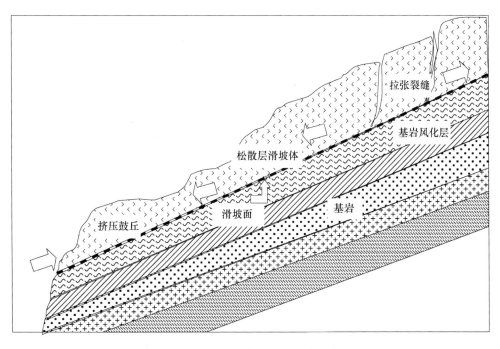

图 5-21 古滑坡推断滑面及形态示意图

对于此类松散层滑坡体，滑移动力主要来源于滑坡体的重力，在出现整体滑动的情况下，滑坡体不同部位的变形存在明显差异：滑坡体后缘部位为拉张变形区，主要表现为与滑坡轴线近直交的弧形拉张裂缝发育；滑坡体前缘部位为挤压变形区，主要表现为出现前缘鼓胀隆起，并伴随有顺轴线拉张裂缝。

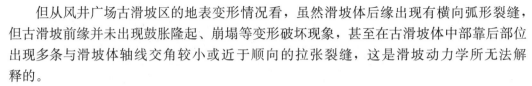

但从风井广场古滑坡区的地表变形情况看，虽然滑坡体后缘出现有横向弧形裂缝，但古滑坡前缘并未出现鼓胀隆起、崩塌等变形破坏现象，甚至在古滑坡体中部靠后部位出现多条与滑坡体轴线交角较小或近于顺向的拉张裂缝，这是滑坡动力学所无法解释的。

从地面调查所掌握的情况看，古滑坡体上出现的裂缝形态、分布所反映的松散层变形无法做出统一的动力学机制解释，也就是说，目前古滑坡体上不同部位的裂缝显示有局部特点，不是形成于统一的力源。目前，尚无充分的依据能够反映出古滑坡出现整体诱发复活的迹象，但是不排除先期煤层开采覆岩移动对古滑坡局部稳定性造成影响。根据现有地质资料可知，风井广场所在的古滑坡区范围地表裂缝的大量显现主要与煤层开采引起的顶板覆岩移动有关。

古滑坡体下部至今已布置有四个工作面进行了回采，回采时间为1995年到2004年，时间跨度达9年。煤层开采势必要引起上覆岩层移动变形，根据已有的研究成果，在深部开采情况下，地表下沉区外围浅部会因拉伸变形而出现拉张裂缝。平面上，已回采的四个工作面环绕风井广场布置，经综合考虑采深、采厚、覆岩结构及工作面尺寸等因素的初步计算，四个工作面回采引起的覆岩移动均可波及风井广场位置，尤其是12504、13504及12506三个工作面，风井广场位置处于其覆岩移动拉伸变形区，地基岩土层在拉张应力场作用下产生强烈的拉张变形。综合以上情况分析认为，风井广场建筑物的拉张变形和显露于地表的拉张裂缝均是开采覆岩移动的直接后果。

另外，开采覆岩移动也对地表浅部岩土层的结构产生严重扰动，尤其是对上部松散层结构的破坏，为地表水下渗创造了有利的条件，由此不但容易引起松散层的渗透变形，也会导致松散层强度的下降。

综上分析认为，风井广场建筑物开裂变形一方面起因于开采覆岩移动引起的直接破坏，这一点与地表裂缝具有相同的受力条件。另一方面，地表浅部松散层在地下水渗透变形作用下的次生变形对建筑物的破坏也不能忽视。根据钻探所揭露的情况，风井广场地基土以坡积风化物为主，压密程度差、结构疏松，具有中等湿陷性。这种土在地下水作用下，极易产生潜蚀、塌陷等渗透变形，并由此引起地基土的不均匀沉陷。尤其是地表存在拉张裂缝情况下，地表水顺裂缝溃入下渗更能进一步加重地基土渗透变形的程度。

4. 结论

综上分析认为，风井广场建筑物开裂变形基于以下原因：

（1）开采覆岩移动是引起广场建筑物变形、破坏的直接原因。

（2）目前尚无充分的依据能够反映古滑坡出现整体诱发复活的迹象，但是不能排除先期煤层开采覆岩移动对古滑坡局部稳定性造成影响。

（3）地表浅部松散层在地下水渗透变形作用下的次生变形对建筑物的破坏也不能忽视。尤其是地表存在拉张裂缝情况下，地表水顺裂缝溃入下渗不但加重了地基土渗透变形的程度，引起地基土的不均匀沉陷，同时也削弱了古滑移面的抗滑稳定性。

5.5.5.8　滑坡治理方案

综合考虑本工程变形情况及本场地的工程地质条件、气候条件等，提出以下滑坡治理方案：

（1）在变电站围墙北部 150m 处采用定向控制爆破方法设置隔离面，以减缓大范围古滑坡区活动对变电站场区稳定性的不利影响。

（2）在滑移面后缘、变电站北侧等部分设置排水沟，并形成排水网络，阻止地表水的入渗造成的对边坡的不利影响。

（3）在变电站北侧设置两排预应力锚索，以抵抗上部滑体的下滑力。

（4）在变电站和瓦斯泵房南侧设置锚拉抗滑桩。采用预应力锚索背拉抗滑桩，有利于减小抗滑桩的弯曲应力，并减小抗滑桩埋入稳定岩（土）层的深度，从而达到减小抗滑桩结构尺寸的目的，这是较为经济合理的。预应力锚索、锚拉抗滑桩、隔离面的布置如图 5-22 和图 5-23 所示。

（5）滑坡治理的施工顺序为：首先进行预应力锚索施工，然后进行抗滑桩施工，当锚拉抗滑桩达到设计强度，预应力锚索锁定后，方可进行隔离面施工，由于爆破产生的震动会加速滑体下滑，隔离面施工前应对建筑物进行必要的加固处理。

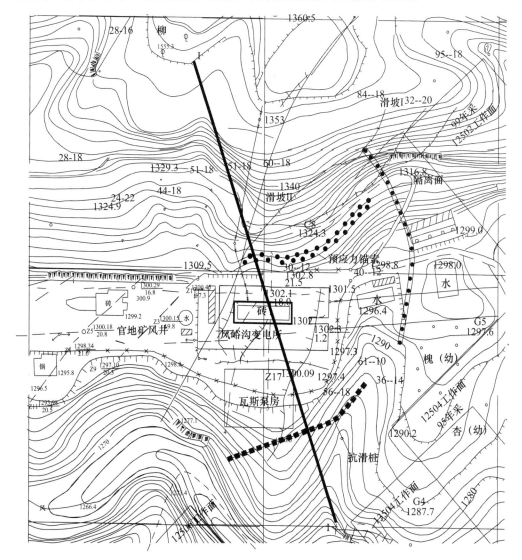

图 5-22　滑坡治理平面示意图

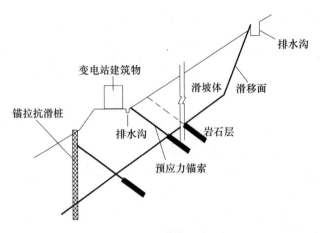

图 5-23　滑坡治理区剖面图

5.5.5.9　建筑物保护方案

提供的建筑物保护方案如下：

（1）墙体裂缝处理，对一般的裂缝采用灌浆法修补；对破损较严重处的墙体，采用局部设置钢筋混凝土楔的办法。

（2）墙体加固，为加强墙体的整体性，在配电室外墙体上增设圈梁和扶壁柱。

（3）基础加固，考虑到配电室内管线的复杂性，基础加固采用单面加宽的办法，沿外墙设地圈梁，施工时，原基础表面应凿毛，每隔一定距离设置角钢挑梁，混凝土应采用微膨胀混凝土。图 5-24 所示为基础加固示意图。

（4）设置缓冲沟，为有效吸收地表压缩变形对建筑物的影响，在变电站的北、南、西三个方向设置缓冲沟。缓冲沟的沟内充填松散材料，沟顶铺设黏土层以防沟内积水。充填材料应定期检查，发现压实时应及时更换，以保证其工作效果，如图 5-24 所示。

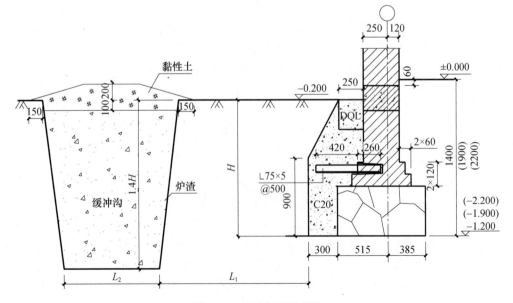

图 5-24　基础加固示意图

（5）设备基础处理，根据配电室建筑和变电站场地的变形情况，设备基础也应进行抗变形处理。

（6）变电站场地的排水，变电站场地新产生拉张裂缝，为防止雨水侵入加剧场地建筑物的变形，将采取密封裂缝，铺设水泥地面，增设排水沟等方式加强积水的顺导，保证变电站场地地表水及时排出。

5.5.6 某住宅建筑整体倾斜事故

1. 工程概况

某住宅楼为地上 9 层的剪力墙结构住宅建筑，出图时间为 2013 年 5 月，地上建筑面积 4000m²，总建筑高度 37.350m（室外地面到 9 层屋面檐口）。该工程为三类小高层住宅建筑，设计使用年限为 50 年。抗震设防烈度为 7 度，设计基本地震加速度为 0.1g，建筑场地类别为 II 类，剪力墙和框架柱的抗震等级均为三级。该工程相对标高 ±0.000 对应黄海高程绝对标高 32.850m。图 5-25 所示为其标准层结构平面布置图。

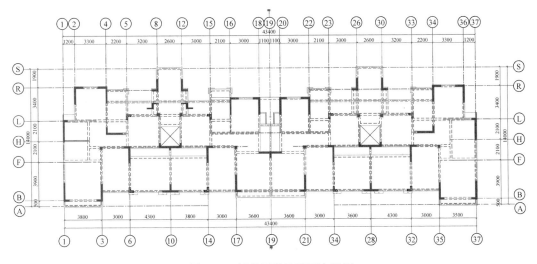

图 5-25　标准层结构平面布置图

本工程采用筏板基础，筏板底标高主要为 −2.850m，持力层为 2 层粉土，地基承载力特征值为 120kPa。筏板厚度为 350mm（局部 400mm），地梁主要截面为 350mm × 600mm、350mm × 750mm、400mm × 900mm 等。一层平面只设置了拉梁，未设置楼板，拉梁主要截面为 200mm × 400mm、200mm × 300mm 等。根据设计变更单，本工程在 ⑧～⑫ 轴及 ㉖～㉚ 轴的楼梯间处增设了两个地下连通道与北侧的地下车库连接。该房屋 2013 年 8 月开工建设，2015 年 9 月竣工。主体结构完工后，在该房屋的南侧距房屋约 4m 处，开挖基坑，建设地下车库。地下车库的基底标高比该房屋基础深约 2.5m。

该房屋 2015 年底上房。上房后业主在装修时发现房子向南倾斜，地面存在高差，南北最大高差达 100mm，部分墙体、大梁上存在裂缝，业主反映强烈。

2. 场地地质条件

根据该房屋的地质勘察报告（完成时间 2013 年 1 月），土层分布情况如下：

①杂填土，以粉土为主，为原沟塘回填土；厚度 1.50～4.00m。

②表土，为耕植土，以粉土为主，多含植物根系；厚度 0.3～2.0m。

③粉土，黄色，稍密为主，承载力特征值为 120kPa；厚度 1.50～3.70m。

④粉土，灰色，稍密为主，承载力特征值为 130kPa；厚度 2.50～4.30m。

⑤粉质黏土，灰黄-灰绿色，软塑-可塑，承载力特征值为 130kPa；厚度 1.0～2.50m。

⑥粉质黏土，灰-灰绿色，可塑，承载力特征值为 160kPa；厚度 1.50～4.00m。

⑦粉细砂，黄色，中密-密实，承载力特征值为 260kPa；厚度 3.00～7.40m。

⑧粉质黏土，灰绿色-灰黄色，可塑，承载力特征值为 200kPa；厚度 0.50～4.00m。

⑨含砂礓黏土，黄色，硬塑，承载力特征值为 280kPa；厚度 3.00～9.50m。

⑩黏土，黄色，硬塑，承载力特征值为 270kPa；厚度 5.4～7.40m。

⑪全风化砂岩，黄色、紫红色、红棕色，风化呈砂土状，承载力特征值为 300kPa。

该区域地下水稳定水位标高（黄海高程）最大值为 29.91m，最小值为 29.59m，平均值为 29.86m。

3. 现场检测

（1）房屋整体倾斜检测。

2018 年 4 月对该房屋的整体倾斜情况进行了检测，结果如图 5-26 和表 5-7 所示。检测结果显示，该房屋整体呈顶部往南倾斜的情况，现场实测 1 号为最大倾斜率点位，偏移方向向南，偏移量 106mm，倾斜率为 7.0‰。根据《建筑地基基础设计规范》第 5.3.4 条的规定，该工程整体倾斜允许值为 3‰。根据现场检测结果，该房屋四个测点向南的倾斜率为 5.6‰～7.0‰，均已超过上述限值要求，不满足规范要求。

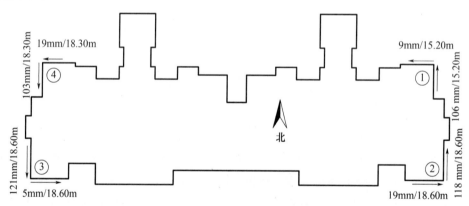

图 5-26　整体倾斜检测结果示意图

表 5-7　房屋整体倾斜检测结果

点号	观测方向	偏移方向	偏移量（mm）	观测高度（m）	倾斜率（‰）
1号	东西向	西	9	15.20	0.6
	南北向	南	106	15.20	7.0
2号	东西向	西	19	18.60	1.0
	南北向	南	118	18.60	6.3

点号	观测方向	偏移方向	偏移量（mm）	观测高度（m）	倾斜率（‰）
3 号	东西向	东	5	18.60	0.3
	南北向	南	121	18.60	6.5
4 号	东西向	西	19	18.30	1.0
	南北向	南	103	18.30	5.6

（2）房屋结构现状检查。

2018 年 3 月，结合现场可检查条件，对该房屋的结构现状进行了检查，现状如下：⑧～⑫×S 轴及㉖～㉚×S 轴的楼梯间外墙存在竖向裂缝，两条裂缝长度均约 2.0m，最大表面宽度约 6.0mm。楼梯间、电梯间、散水等公共区域未见明显的结构性裂缝等问题。

结合现场当事人介绍以及对部分房屋住户室内检查，未发现住户室内存在明显的结构性裂缝等问题。

根据现场检查结果，该房屋的楼梯间墙体存在竖向裂缝，经分析判断，以上裂缝属于地下通道与 17 号楼结构墙体既有的结构缝，但该结构缝（宽度）的发展与房屋整体倾斜存在因果关系。

（3）承载力复核。

为了分析整体倾斜对房屋安全性的影响，建立房屋整体有限元模型，并考虑整体倾斜情况，对房屋地基基础和上部结构的承载能力进行复核计算。根据复核分析结果，并结合相关规范标准，可判断倾斜对房屋安全性存在明显不利影响。

4. 原因分析

根据现场调查、检测与分析，认为该房屋出现倾斜的原因可能如下：

（1）该工程在⑧～⑫轴及㉖～㉚轴的楼梯间处增设了两个地下连通道与北侧的地下库连接，在后期施工时，扰动了地下土层，而场地土层为轻微液化土，导致房屋不均匀下沉。

（2）由于该房屋基础位于②层粉土层中，且②、③层均为粉土层，为稍密-中密粉土及软塑-可塑黏性土，承载力特征值为 120～130kPa，较低，根据地质勘察报告，②、③层粉土层中夹薄层粉质黏土（软弱夹层），如果施工时未将其清除干净，则极有可能导致房屋不均匀下沉。

5. 评估结论

综合上述检查、检测、复核分析结果，对该房屋给出以下鉴定意见：

（1）目前房屋存在整体向南的倾斜现象，且整体倾斜率已经超过相关规范限值要求，不满足规范要求。

（2）该房屋的整体倾斜对房屋安全性有明显不利影响。

6. 加固修复方案

根据《建筑物移位纠偏增层改造技术规范》（CECS225：2007）等相关标准，建议采用锚杆静压桩和辐射井掏土法对房屋进行纠偏加固。在纠偏施工之前，需要将地下室楼梯间与地下车库的连接通道在 S 轴线以北切断，保证其与主楼的净距离不小于 1000mm，并在纠偏加固完成、沉降稳定后，按照原建造标准恢复。

5.5.7 采空区塌陷引起地基不均匀沉降的工程事故

1. 工程概况

某煤矿 2 号职工宿舍，为五层现浇混凝土框架结构，总建筑面积 10101.0m²，建筑物高度为 17.25m²（至女儿墙顶高 18.45m）。结构安全等级为二级，设计使用年限为 50 年，地基基础设计等级为丙级，无地下室。采用柱下独立柱基，一层隔墙下采用素混凝土条基。独立基础采用 C40 混凝土，基础顶至顶层梁、板、柱采用 C30 混凝土，墙下条形基础采用 C25 素混凝土，围护墙和隔墙采用加气混凝土砌块。该工程采用人工处理地基，对基础底至原状未扰动的强风化泥岩层进行换填。基础底面第一部分回填厚度 1m 的 3:7 灰土，灰土以下至强风化泥岩层之间回填戈壁土，深 1.4m。根据设计要求，换填垫层每边超出最外围基础外缘 1.5m，处理后的戈壁土承载力特征值不小于 180kPa，基础底标高－1.60m，条形基础底标高为 1.6m，基础上顶标高为－0.100m。基础平面图如图 5-27 所示。

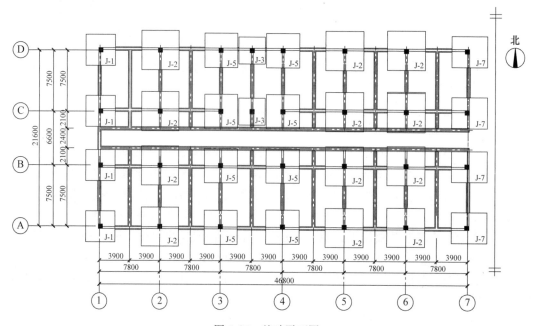

图 5-27　基础平面图

该工程主体结构部分建成于 2014 年，除一、二层外，其他各层墙体均未砌筑。主体结构竣工后一直未使用，现拟重新改造使用。2018 年初，检测单位发现以下问题：该建筑四角沉降差远大于地基基础规范的允许值；一楼地面存在严重开裂和隆起现象（图 5-28），一层填充墙体及条基出现裂缝（图 5-29）；一层南侧框架梁柱节点均出现开裂，一层北侧梁柱节点多数开裂，但开裂程度低于南侧，大部分楼屋面梁两侧出现裂缝，部分楼板开裂。

图 5-28　地面开裂和隆起　　　　　　　图 5-29　墙体及条基裂缝

2. 场地地层分布与特征

（1）地质情况。

该场地主要是杂填土、砾砂和泥岩。

杂填土。土黄色，杂色，稍湿-湿，松散-稍密状态，主要成分为砾砂，部分地段夹有建筑垃圾和粉煤灰、煤渣及植物秸秆。土体结构松散，承载力极低，工程力学性能差，人工极易挖掘。该杂填土层在建筑场地内面积分布广泛，堆积厚度为 0.5～2.5m。不可留于建筑物基础之下，施工时应将该层杂填土彻底清除。

砾砂。土黄色，稍湿，呈松散-稍密状态。该砾砂层分布面积广泛，拟建场地内皆有沉积，沉积厚度一般为 2～3m。该砾砂工程力学性能较差，抗荷载能力低，且抗荷载能力在水平方向上存在差异，若将建筑物基础坐落在该层上将产生沉降及不均匀沉降的危害，故该砾砂层建议最好不作为建筑物的直接持力层使用，未经处理不可将建筑物直接坐落在该层上。自然状态下砾砂层 $f_{ak}=90$kPa，$E_0=10.0$MPa。

泥岩。土黄色，干燥，密实状态，该层泥岩干燥时质地坚硬，人工极难挖掘。但该泥岩极易软化，软化后的泥岩呈可塑-软塑的黏土状，浸水后强度降低明显，泥岩层有遇水软化力学性能大大降低的特点。该泥岩层在干燥状态下工程力学性能良好，抗荷载能力强，作为建筑物的直接持力层或下卧层是理想的。但该泥岩层含盐量高，遇水易软化，一旦遇水，泥岩中的盐碱溶解和泥岩软化，可导致承载力大大降低，故将该层泥岩作为持力层使用时要做好严格的防水措施。自然状态下泥岩层 $f_{ak}=400$kPa，湿水后的泥岩层 $f_{ak}=50～80$kPa。

（2）煤层及开采。该煤矿实际生产能力 60 万 t/年，开采深度有 1112～720m，该矿井现对 8-3、9-3、10-1、10-2、10-5 煤层全面开采。建筑物位于煤矿采空区上部，其下开采煤层为 9-3 和 10-1，开采时间为 2010 年 10 月至 2011 年 12 月，9-3-1 煤层开采深度为 353m，煤层厚度约为 2m；10-1 煤层开采深度为 317m，煤层厚度约为 2m。2014 年，在采空区基本稳定后进行主体结构施工。2017 年 7 月至 2018 年 6 月，该本工程南侧水平距离约 60m 处，开采煤层 9-3-2，采深约 380m，煤层厚度约 2～3m，留设 60m 宽保安煤柱。

3. 现场检测

2019 年 6 月，技术人员进行了现场检测，主要检测项目包括本工程结构布置、构件尺寸、构件材料强度、钢筋布置、裂缝情况及可能发现的结构缺陷等。

（1）结构布置。经现场测量，该结构的结构布置、构件尺寸与设计图纸相符。

（2）构件混凝土强度。采用回弹法对上部结构混凝土强度进行了检测，检测结果表明，该结构混凝土柱一层强度推定值在 30.5～38.3MPa，二层强度推定值在 31.3～35.2MPa，四层强度推定值在 31.5～35.8MPa；混凝土梁一层强度推定值在 30.9～34.2MPa，二层强度推定值在 31.2～36.7MPa，四层强度推定值在 32.5～43.2MPa；混凝土板一层强度推定值在 33.0～37.0MPa，二层强度推定值在 33.4～33.8MPa，四层强度推定值在 30.4～34.9MPa。检测结果表明，所测构件的混凝土强度均满足原设计要求。

（3）构件钢筋配置情况检测。采用钢筋位置测定仪对部分上部结构构件的钢筋配置进行了检测，并现场凿开进行了钢筋直径的检测验证，检测结果均与设计图纸相符。

（4）构件截面尺寸检测。采用钢尺对部分现浇混凝土柱、梁的截面尺寸进行了抽样检测，检测结果发现，该结构构件尺寸与原设计图纸相符。

（5）钢筋保护层厚度检测。现场用钢筋定位仪对该工程部分混凝土柱、梁、板钢筋保护层进行了检测，检测发现个别混凝土梁存在少许露筋情况。

（6）地面开裂情况检测。经现场检测发现，该工程地面开裂和地面层隆起严重，如图 5-28 所示。

（7）墙体和墙下素混凝土条形基础开裂情况。现场检测发现，一层填充墙存在裂缝，最大裂缝宽度达 10mm 以上，一层墙下素混凝土条形基础严重开裂，如图 5-29 所示。

（8）梁柱节点开裂情况。现场检查发现，一层南侧所有框架梁、柱节点处均有裂缝，一层北侧大部分框架梁节点处出现裂缝，但开裂程度比南侧轻。

（9）基础现场开挖检测。现场对该工程基础进行了开挖检查，现场检测发现，截面尺寸实测值与原设计值相符。

（10）填充墙构造检测。经现场检测，一层和二层填充墙已砌筑完成，均能按照原设计图纸进行施工，构造柱及过梁设置情况均满足原设计要求。

（11）地基沉降观测。建设单位于 2017 年 12 月 1 日在建筑物周边布设了沉降观测点（图 5-30），并于 2018 年 1 月 12 日、2019 年 1 月 24 日、2019 年 4 月 26 日和 2019 年 6 月 26 日进行了观测。2018 年 1 月 12 日和 2019 年 1 月 24 日两次的差值表明，建筑物沉降明显（表 5-8）。2019 年 4 月 26 日和 2019 年 6 月 26 日又分别进行了两次观测，数据表明沉降已基本终止。由此可以判定，该工程四角的沉降差主要是由后期二次采煤引起的，并且近期沉降已基本稳定。

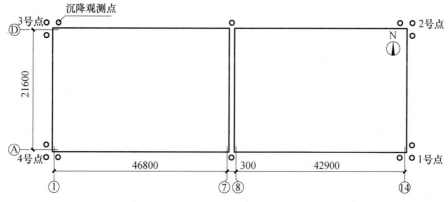

图 5-30　沉降观测点布置

表5-8 沉降观测点数据　　　单位：m

观测序号	1号点	2号点	3号点	4号点	观测时间
第一次测量高程	1114.830	1113.662	1114.876	1114.778	2018年1月12日
第二次测量高程	1114.738	1113.522	1114.296	1114.074	2019年1月24日
差值	0.092	0.140	0.580	0.704	—
第三次测量高程	无变化	无变化	无变化	无变化	2019年4月26日
第四次测量高程	无变化	无变化	无变化	无变化	2019年6月26日

该建筑物的倾斜情况及最大倾斜率见表5-9。

表5-9 该建筑物的倾斜情况及最大倾斜率

观测序号	1号点	2号点	3号点	4号点	最大倾斜率
往西倾斜（mm）	40	70	90	0	0.49%
往南倾斜（mm）	120	150	210	150	1.14%

根据表5-9可知，3号点的最大倾斜量为210mm，倾斜率达到1.14%。根据《危险房屋鉴定标准》4.2.1条第3款的规定，因地基变形引起的混凝土结构框架梁、柱出现开裂，且房屋整体倾斜率大于1%的，应评定为危险状态。因此，该房屋处于危险状态。

（12）其他质量问题。经现场检查发现，该工程西南侧基础有雨水浸泡现象。

4．事故原因分析

根据前述检测与分析，认为该工程产生倾斜和裂缝的原因是：

（1）2017年7月至2018年6月，在该工程南侧水平距离约60m处，开采煤层9-3-2，采深约380m，煤层厚度约2～3m。虽然留设有60m宽的保安煤柱，但距2号职工宿舍过近，导致产生不均匀沉降。

（2）根据甲方介绍，在房屋西南角有一深坑，施工时采用碎石回填，但雨水常汇聚于此。因此，雨水浸泡是导致该建筑物产生不均匀沉降的次要原因。

（3）该工程位于煤矿采空区，原设计中墙下仅设置素混凝土基础，没有设置钢筋混凝土拉梁，而独立基础的整体性较差，抵抗不均匀沉降的能力较弱。

（4）工程主体结构完工后未投入使用，三到五层没有砌筑填充墙，结构受温度变化影响较大，导致混凝土梁和板等构件产生干缩裂缝和温度裂缝。

5．加固修复方案

（1）对建筑物西南角原碎石回填区域，采用基础下压力注浆法进行加固处理，以减少后期沉降。

（2）对原有基础增设基础拉梁，加强基础的整体性，提高基础抵抗不均匀沉降的能力。

（3）对一层混凝土柱、梁及节点上的裂缝进行灌缝处理。对开裂严重的节点，采用植筋增大截面法进行加固。

（4）对一层A轴和D轴柱窗台以下部位，采用局部加大截面法进行加固。

（5）对二层及以上各层梁板的裂缝进行封闭处理，并对表面进行耐久性处理。

（6）在该工程北侧场地设排水沟和散水，防止北侧地表水渗透到建筑地基基础下方，减少地表水对地基变形的影响。

（7）为减少后期建筑物荷载对地基基础附加变形的影响，建议后期建筑装修时采用轻质材料。

（8）按照有关国家规范标准，设置沉降观测点，继续进行沉降观测，直至沉降稳定。

（9）加强建筑物变形的日常检查和维护，若出现异常，应及时通知相关部门，查明原因并采取相应措施。

6 钢结构工程事故诊断与分析

6.1 概述

钢结构与混凝土结构相比，具有自重轻、强度高、塑性及韧性好、抗震性能好、工业装配化程度高、可靠性高等优点，深受建筑师和结构工程师的喜爱。因此，近年来，钢结构在工业厂房、大跨度空间结构（网架结构、网壳结构、悬索结构、组合网壳结构等）、高层建筑结构、轻型钢结构、住宅钢结构中得到越来越广泛的应用。

在钢结构的应用取得巨大成就的同时，国内外各类钢结构事故频繁发生，造成了很大的经济损失和人员伤亡。在我国，根据钢结构的发展历程，可以把钢结构工程事故的发生分为以下三个阶段：

（1）1980 年以前，我国的钢结构设计、制造、安装和使用管理等方面的技术水平都是比较落后的，主要体现在钢材规格不全，常用的沸腾钢偏析严重，大部分钢结构都是通过手工或部分自动焊接建造起来的，加上管理经验不足，质量检验与控制手段不高，存在的材料质量和加工质量方面的问题比较多。

（2）改革开放初期到 20 世纪 90 年代中期，我国钢结构在工业建筑方面有了很大的应用和发展，形成了江苏徐州和浙江萧山等钢结构生产基地。但是，从业人员很多未经过专业训练，大多数是从机械制造、混凝土结构专业直接转行至钢结构行业，因此也出现了很多问题。

（3）进入 2000 年以后，随着我国经济实力的增强，技术水平的提高，我国钢产量迅速增长，质量提高，品种增加，钢结构的设计、制造和安装水平有了很大提高。特别是 2008 年前后，在奥运会的推动下，出现了钢结构建筑热潮，推动了钢结构建筑的迅猛发展，建成了一大批钢结构场馆、机场、车站和高层建筑。其中，有的钢结构建筑在制作安装技术方面具有世界一流水平，如奥运会国家体育场等建筑。但由于钢结构体系的设计、建造以及使用当中存在着许多不确定性因素，国内外钢结构出现了大量工程事故。同时，钢结构体系的广泛应用更加凸显了钢结构问题研究的重要性和紧迫性。

1987 年 5 月 2 日，我国某重型机器厂计量楼用轻钢加层改造竣工，1990 年 2 月 16 日，数百人在会议室开会时，屋架突然倒塌，砸死 42 人，伤 179 人。这一恶性事故震惊中外。事故后分析表明，所用钢材不满足 Q235B 用钢标准，以及施工中存在问题是这次事故的主要原因（该事故原因分析详见 6.5.7 节）。再如，2020 年福建省某钢结构酒店，因失稳造成倒塌破坏，此次事故导致 29 人死亡，42 人受伤，直接经济损失 5794 万元。事故后分析表明，事故单位将该酒店建筑物由原四层违法增加夹层改建成七层，达到极限承载能力并处于坍塌临界状态，加之事发前对底层支承钢柱违规加固焊接作业引发钢柱失稳破坏，导致建筑物整体坍塌（该事故原因分析详见 6.5.11 节）。表 6-1 中列举了我国在近五十年以来部分典型的钢结构工程事故实例。

表 6-1　钢结构工程事故实例

时间	工程事故名称	事故类型
1973 年 1 月	辽阳太子河桥	斜拉杆断裂
1979 年 12 月	吉林液化气罐爆炸	低温脆性断裂引起爆炸
1988 年 2 月	河南信阳某厂房	暴雪荷载引起局部失稳
1989 年 1 月	内蒙古糖厂储罐	低温脆性断裂引起爆炸
1992 年 9 月	深圳国际展览中心	暴雨导致屋面积水，引起展厅倒塌
1996 年 12 月	鞍山某化工公司库房	整体失稳引起倒塌
2001 年 1 月	辽宁营口仓库	局部失稳引起倒塌
2005 年 9 月	徐州某开发区厂房	操作不当引起局部失稳，导致倒塌
2006 年 3 月	江苏盐城某厂房	整体失稳引起倒塌
2010 年 7 月	福建省厦门钢结构住宅	在建二层钢结构失稳局部倒塌
2010 年 11 月	浙江省杭州市厂房	在建钢结构整体失稳倒塌
2011 年 8 月	河南省郑州市住宅	在建钢结构住宅楼整体倒塌
2012 年 8 月	内蒙古锡林郭勒厂房	在建钢结构厂房整体倒塌
2012 年 5 月	北京市朝阳区仓库	在建钢结构仓库整体倒塌
2012 年 5 月	河南省郑州市仓库	在建钢结构整体失稳倒塌
2013 年 1 月	浙江省杭州市厂房	火灾引起整体倒塌
2013 年 9 月	浙江省温州市仓库	火灾引起整体倒塌
2013 年 12 月	山东省滨州市煤棚	在建钢结构煤棚整体倒塌
2014 年 7 月	福建省厦门市厂房	拆除过程中失稳倒塌
2015 年 3 月	浙江省宁波市厂房	大跨钢结构厂房局部倒塌
2015 年 6 月	天津市宁河县仓库	钢结构屋架坍塌
2016 年 2 月	福建省厦门市住宅	在建钢结构局部失稳倒塌
2017 年 5 月	山西省西安市厂房	在建钢结构厂房倒塌
2018 年 4 月	山西省长治市煤棚	在建钢结构网架倒塌
2018 年 5 月	福建省莆田市办公楼	钢结构厂房失稳倒塌
2019 年 3 月	江西省泸溪县厂房	在建钢结构厂房倒塌
2019 年 5 月	广西百色市酒吧	钢结构楼房超载倒塌
2019 年 10 月	广西北海市厂房	钢结构楼房失稳倒塌
2019 年 12 月	江西省赣州市厂房	在建钢结构厂房失稳倒塌
2020 年 3 月	福建省泉州市酒店	钢框架超载失稳倒塌

可以预见，在今后的一段时间，我国钢结构的数量将进一步大幅度增加，在此形势下，认真分析国内外钢结构工程事故产生的原因，总结经验教训，并提出对各种问题的预防及处理方法，以防患于未然是十分必要的。

 ## 6.2 钢材的种类及力学性能

6.2.1 钢材的化学成分和种类

6.2.1.1 钢材的化学成分

结构用钢是由铁、碳及其他元素（包括有益的硅、锰等元素和有害的硫、磷、氮、氧等元素）组成的。其中，铁约占总量的99%，碳及其他元素占1%。

有时除上述元素外，还加入少量的合金元素形成合金钢。在结构用钢中，碳和其他元素的含量不大，故一般称为低碳钢或低合金钢。

6.2.1.2 钢材的种类

在建筑结构设计中，对结构用钢材可按下述方法分类：

（1）按冶炼方法（炉种）分为平炉钢和电炉钢、氧气转炉钢和空气转炉钢。承重结构一般采用平炉钢或氧气转炉钢。

（2）按炼钢脱氧程度分为沸腾钢（F）、半镇静钢（b）、镇静钢（Z）及特殊镇静钢（TZ）。

（3）钢的牌号按钢的屈服点命名，如Q235钢。其质量等级分为A、B、C、D四级，这四个等级与钢的化学成分、力学性能及冲击试验性能有关。

碳素结构钢的牌号由代表屈服点的字母、屈服点数值、质量等级符号、脱氧方法四个部分按顺序组成。

例如，Q235-B·F，其符号含义如下：Q为钢材屈服强度；235为屈服点（不小于）235N/mm²；A、B、C、D表示质量等级，从次到优顺序排列；F、b、Z、TZ表示沸腾钢、半镇静钢、镇静钢及特殊镇静钢，在牌号表示中Z与TZ可省略。

在碳素结构钢中，钢号越大，含碳量越高，强度也随之增高，但塑性和韧性降低。在承重结构钢中经常采用掺加合金元素的低合金钢。其强度高于碳素钢，韧性也不降低。

建筑用钢主要有低碳钢和低合金钢两种，钢材常用种类为Q235、16Mn、15MnV。

低碳钢中材料本身性能的好坏直接影响钢结构的可靠性，当材料的缺陷累积或严重到一定程度时，将会导致钢结构工程事故的发生。

6.2.2 钢材的力学性能

1. 强度

强度高是钢材的一大特点，强度指标分为屈服强度 f_y 和抗拉极限强度 f_u。f_y 是钢结构静力强度设计的依据，f_u 反映了钢材安全储备的大小。

2. 塑性

塑性好是钢材的又一显著特点。塑性是指钢材受力时，在应力超过屈服点后，能产生显著残余应变（塑性变形）而不立即断裂的性质。伸长率 δ 是衡量钢材塑性好坏的主要指标。承重结构钢无论在静力荷载或动力荷载作用下，以及在加工制造过程中，除要求一定的强度外，还要求有足够的伸长率。

3. 冷弯性能

冷弯是衡量材料性能的综合指标，也是塑性指标之一。通过冷弯试验不仅可以检验钢材颗粒组织、结晶情况和非金属夹杂物的分布等缺陷，在一定程度上也是鉴定焊接性能的一个指标。它通常借助 180°冷弯试验来确定。

4. 冲击韧性

冲击韧性是钢材在塑性变形和断裂过程中吸收能量的能力，即钢材抵抗冲击荷载或振动荷载的能力。它是强度和塑性的综合体现。直接承受动力荷载以及重要的受拉或受弯焊接结构，为了防止钢材的脆性破坏，应具有常温冲击韧性的保证，在某些低温情况下尚应具有负温冲击韧性的保证。韧性指标用冲击韧性值 α_k 表示，分为常温（20℃±5℃）和低温（−20℃，−40℃）两种。在实际工程中，它是判断钢材脆性破坏的重要指标。

5. 可焊性

钢材的可焊性分施工可焊性和使用可焊性。

施工上的可焊性是指焊缝金属产生裂纹的敏感性，和由于焊接加热的影响，近缝区母材淬硬和产生裂纹的敏感性，以及焊接后热影响区的大小。可焊性好，指焊缝金属和近缝区不产生裂纹。

使用上的可焊性则指焊接接头和焊缝的缺口韧性（冲击韧性）和热影响区的延伸性（塑性）。要求焊接结构在施焊后的力学性能不低于母材的力学性能。

6.2.3 钢材性能的主要影响因素

1. 化学成分的影响

化学成分主要是有害杂质 S、P、N、O、H 的影响。通常 S、O 使钢材在高温（800～1200℃）时变脆，不利于钢材的焊接或热加工等，这种现象称为"热脆"；P、N 使钢材在低温时变脆，即所谓"冷脆"，H 使钢材在低温下呈脆性，即所谓"氢脆"。

2. 冶金和轧制的影响

钢材需要经过冶炼、浇铸和轧制等多道工序才能成材。钢材在冶金和轧制过程中的缺陷有偏析、夹杂、裂纹、分层等。

钢中化学成分的不一致和不均匀称为偏析，掺杂在钢中的有害夹杂物是硫化物和氧化物。分层是在钢材厚度方向分成多层，各层间相互连接，并不脱离。这些缺陷将严重降低钢材的塑性、韧性和冷弯性能，尤其是产生应力集中时使脆性破坏的可能性增加。

3. 钢材的硬化

钢材的硬化包括时效硬化、冷作硬化和应变时效硬化。硬化虽然可以提高钢材的强度，但降低了钢材的塑性和韧性，使脆性破坏的可能性增加。

4. 温度的影响

钢材的性能受到温度的影响。在正常温度范围内，材料的力学性能基本不随温度的变化而变化。

当温度高于正常温度时，随着温度升高，屈服强度、抗拉强度和弹性模量等均有下降的趋势。但当加热温度上升到250℃左右时，钢材出现"蓝脆现象"，强度略有提高，但塑性和韧性下降，在此温度下进行热加工，钢材易发生裂纹。当温度继续升高，超过300℃以后，钢材的强度显著下降；当温度上升到600℃，强度几乎降低为零。

当温度低于正常温度时，随着温度的降低，钢材强度提高，塑性和韧性降低。当温度下降到某一温度区域时，钢材的冲击韧性急剧降低，破坏特征明显由塑性破坏变为脆性破坏，即出现统称的低温脆断。

5. 应力集中的影响

当钢材制作成构件时，一般都存在孔洞、刻槽、凹角、截面突变以及裂纹等构造缺陷。这些构造缺陷将引起应力集中。截面变化越剧烈，应力集中越严重，钢结构脆性破坏的可能性越大。

6.3 钢结构工程事故的主要原因

钢结构是由钢材组成的一种承重结构，它的完成通常要经过设计、加工制作和安装等阶段。众多事故分析表明，钢结构的破坏一般都不是由单一因素引起的，往往是多个因素综合作用的结果。按事故发生的阶段来分大致可以分为四个阶段：设计阶段、制作阶段、安装阶段和使用维护阶段。表6-2给出了钢结构工程事故在各阶段的具体表现。

表6-2　钢结构工程事故在各阶段的表现

原因分类		具体表现
设计阶段	总体设计不当	设计方案及结构选型不合理
		工艺设计与受载环境不符
	图纸不明确	尺寸错误，节点不全
		二次设计深度不足
	设计不合理	荷载计算取值与实际不符
		材料选用不正确，不满足工程要求
		节点构造不合理

续表

原因分类		具体表现
制作阶段	加工不足	制作尺寸偏差过大
		制作设备落后，制作工艺不良
		未按图纸要求制作，随意修改加工图纸尺寸
	原材料有缺陷	焊条、钢材不合格
	违反工艺要求	对有预热要求的焊接构件，不预热直接施焊
		在焊缝间隙中填塞焊条头和铁块
		低温环境（<16℃）冲孔、冷弯曲、冷矫正
	管理缺陷	存在偷工减料的行为
		缺少熟练的技术工人
		不按照有关标准检查验收
安装阶段	节点处理不当	现场焊接质量和螺栓施工达不到设计要求
		支座分类不明
		压型金属板搭接长度不够
	施工管理不足	组装方法和顺序不当，甚至错误
		结构吊装、定位、校正方法不正确
		施工质量控制不严
		临时支承刚度不足
使用维护阶段	使用不当	局部改造，擅自改变结构用途
		超载使用
	维护不当	损坏的构件或结构未及时修复
		使用条件恶劣，未执行定期检查焊缝、螺栓节点的规定
		未按规定定期进行防腐处理

6.4 钢结构工程事故的主要类型和破坏机理

通过对钢结构事故常见破坏类型进行分析，可以认为钢结构的事故类型主要集中在稳定性破坏、疲劳破坏、脆性破坏和腐蚀破坏四个方面。这四个常见类型也是导致世界范围内钢结构工程事故频繁发生的主要原因。研究人员统计分析了近年来 120 例钢结构事故中，事故原因及破坏类型所占比例如图 6-1 所示。

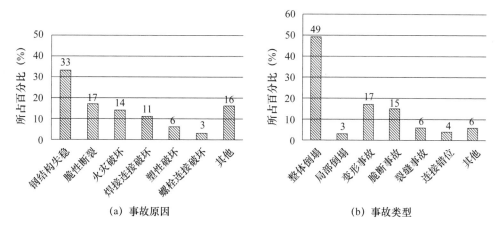

(a) 事故原因　　　　　　　　　　　(b) 事故类型

图 6-1　钢结构破坏类型比例图

6.4.1　钢结构的稳定性问题

6.4.1.1　钢结构稳定性概述

由于钢结构强度高，用它制作的构件比较细长，截面相对较小，组成构件的板件宽而薄。因此，稳定性问题一直是钢结构设计的关键问题之一。钢结构的稳定性包括钢结构或构件的整体稳定性和局部稳定性。钢结构具有良好的塑性，当钢结构因受压导致稳定性不足而破坏时，失稳前变形很小，呈现出脆性破坏，因而危险性很大。如 2020 年福建省泉州市的佳欣酒店，因钢结构失稳造成倒塌破坏，造成巨大损失。

钢结构的稳定性呈现多样性、整体性和相关性。

（1）多样性：钢结构失稳，在形式上具有多样化特点。钢结构的稳定问题普遍存在于钢结构的设计中，凡是结构受压部位，在设计时都必须认真考虑其稳定性。轴心受压构件的弯曲失稳是最常见的失稳形式，但它并非唯一的失稳形式，它还有可能出现扭转失稳和既弯又扭多种失稳形式。在桁架结构中除了其中受压的杆件外，连接杆件的节点板也存在防止失稳的问题；另外，桁架和柱子组成的框架也可能失稳，这些都是稳定性多样化的表现。

（2）整体性：对于结构来说，它是由各个杆件组成的一个整体。当一个杆件发生失稳变形后，必然牵动和它连接的其他杆件，因此，杆件的稳定性不能就某一根杆件去孤立地分析，而应当考虑其他杆件对它的约束作用。这种约束作用要从结构的整体分析来确定，这就是钢结构稳定的整体性问题。

（3）相关性：钢结构稳定的相关性，指的是不同失稳模式的耦合作用。例如，单轴对称的轴心受压构件，当在对称平面外失衡时，呈现既弯曲又扭转的变形，它是弯曲和扭转的相关失稳。另外，局部和整体稳定的相关性，还常见于冷弯薄壁型钢构件，其壁板的局部屈曲一般并不立刻导致整体构件丧失承载能力，但它对整体稳定临界力却有影响。对于存在缺陷的杆件来说，局部和整体之间的相互影响更复杂。

如今，尽管各国的设计规范中对钢结构稳定（包括整体稳定和局部稳定）问题的验

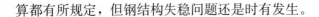

算都有所规定，但钢结构失稳问题还是时有发生。

6.4.1.2 钢结构失稳分析

钢结构失稳可分为局部失稳和整体失稳。整体失稳是指结构在抵抗侧向作用下产生倾覆或过大变形及振动。局部失稳主要是针对构件而言，其失稳的后果虽然没有整体失稳严重，但也应引起足够的重视。

1. 造成局部失稳的原因

（1）设计错误。设计人员忽视甚至不进行构件的局部稳定验算，或者验算方法错误，致使组成构件的各类板件宽厚比大于规范限值。

（2）构造不当。通常在构件局部受集中力较大的部位，原则上应设置构造加劲肋。另外，为了保证构件在使用过程中不变形也须设置横隔、加劲肋等。但在实际工程中，加劲肋数量不足、工艺处理不当的现象比较严重。

（3）构件原始缺陷。原始缺陷包括钢材的负公差严重超规，制作过程中焊接等工艺产生的局部鼓曲和波浪变形等。

（4）吊点位置不合理。在吊装过程中，尤其是大型的钢结构构件，吊点位置的选定十分重要。吊点位置不同，构件受力的状态也不同。有时构件内部过大的压应力将会导致构件在吊装过程中局部失稳。因此，在钢结构设计中，针对重要构件，应在图纸中说明起吊方法和吊点位置。

2. 造成整体失稳的原因

（1）设计错误。设计错误主要与设计人员的水平有关。如缺乏稳定概念；稳定验算公式错误；只验算基本构件的稳定，忽视整体结构的稳定验算；计算简图及支座约束与实际受力不符，设计安全储备过小等。

（2）制作缺陷。制作缺陷通常包括构件的初弯曲、初偏心、热轧冷加工以及焊接产生的残余变形等。

（3）临时支承不足。钢结构在安装过程中，当尚未完全形成整体结构前，属于几何可变体系，结构的稳定性很差。因此，必须设置足够的临时支承体系来维持安装过程中的整体稳定性。若临时支承设置不合理或者数量不足，轻的会使部分构件丧失稳定，重的会导致整个结构在施工过程中倒塌或倾覆。

（4）维护使用不当。结构竣工投入使用后，使用不当或意外因素也会造成整体失稳。例如，使用方随意改造使用功能；改变构件的受力状态；由积灰或增加设备引起的超载；基础的不均匀沉降和温度应力引起的附加变形；意外的冲击荷载等。

6.4.1.3 钢结构失稳预防及处理

由前面的失稳分析可知，要防止钢结构的失稳破坏，需要设计单位、生产厂家、施工单位及使用单位从钢结构的材料选取、构件设计生产及整体性上严格控制，共同努力，从而达到防止钢结构失稳破坏发生的目的。

1. 设计单位

在设计时，设计单位必须考虑整个体系及其组成部分的稳定性要求，尤其是支承体系的布置。结构稳定计算方法的前提假定必须符合实际受力情况，尤其是支座约束的影响。构件的稳定计算与细部构造的稳定计算必须配合，尤其要有强节点的概念。处理稳定问题应有整体观点，应考虑整体稳定和局部稳定的相关影响。

2. 制作单位

制作单位应力求减少缺陷。在常见的众多缺陷中，初弯曲、初偏心、残余应力对稳定性和承载力的影响最大，因此制作单位应通过合理工艺和质量控制措施将缺陷降低到最低程度。

3. 施工单位

施工单位应确保安装过程中的安全。施工单位只有制定科学的施工组织设计，采用合理的吊装方案，精心布置临时支承，才能防止钢结构安装过程中失稳，确保结构安全。

4. 使用单位

使用单位应正常使用钢结构。建筑物使用单位要注意对已建钢结构的定期检查和维护，当需要进行工艺流程和使用功能改造时，必须与设计单位或有关专业人士协商，不得擅自增加负荷或改变构件受力。

5. 事故处理

当钢结构发生整体失稳事故而倒塌后，整个结构已经报废，事故的处理已经没有价值，只剩下责任的追究问题。但对于局部失稳事故可以采取加固或更换板件的做法，具体做法主要有：

（1）设置支承增大整体抗侧向作用的能力。

（2）在构件中部增设刚性支承，减小构件计算长度以降低构件长细比。

（3）增大构件截面以提高截面惯性矩。

（4）外包钢筋混凝土，对内空的钢柱内填混凝土以增加构件刚度，提高稳定性。

6.4.2 钢结构的疲劳问题

6.4.2.1 钢结构疲劳破坏概述

钢结构疲劳破坏是指钢结构或钢构件在反复荷载作用下，在应力远低于极限抗拉强度甚至低于屈服点的情况下，发生的一种突然性断裂破坏。与一般的脆性断裂不同的是，疲劳破坏一般从裂纹缓慢开展到最后可经历长期的荷载循环，裂缝扩展缓慢，断裂面扩展区由于两边反复的张合撞击而变为颗粒状断口，虽然破坏历时较长，但最后的破坏是突然性的，因此也具有脆性破坏的特征。

疲劳破坏具有以下特点：

（1）疲劳破坏是钢结构在反复交变动载作用下的破坏。

（2）疲劳破坏具有脆性破坏的特征，但不完全相同。疲劳破坏经历了裂缝起始、扩展和断裂的过程，而脆性破坏往往是在无任何先兆的情况下突然发生的。

6.4.2.2 钢结构疲劳破坏的原因分析

钢结构疲劳破坏的原因主要有以下五个方面：

（1）钢结构构造。钢结构构造是应力集中产生的根源，应力集中直接影响钢结构的抗疲劳性能。产生应力集中的构造主要有钢材的内部缺陷、制作过程中剪切冲孔切割、焊接产生的残余应力、构件的截面突变、结构安装产生的附加应力等。

（2）应力集中。在应力集中处，材料变形受到限制。在交变应力的作用下，微观裂纹逐渐发展成宏观裂纹以至裂缝，当循环荷载达到一定次数时，不断削弱的危险截面就发生脆性断裂。应力集中对钢结构的疲劳性能影响显著。

（3）应力反复次数。应力反复次数是指重复荷载作用下应力由最大到最小的循环次数。

（4）应力幅。应力幅指每次荷载循环中最大拉应力与最小拉应力或压应力之差值。在不同应力幅作用下，各类构件和连接产生疲劳破坏的应力循环次数不同。应力幅越大，构件承受的循环次数越少。当应力幅小于一定数值时，即使应力无限次循环，也不会产生疲劳破坏。

（5）腐蚀性介质。在腐蚀性介质作用下，构件的小裂纹会随时间的延长而扩展，显然，这种作用也会损害构件的疲劳寿命，而且腐蚀对长寿命疲劳的影响比对短寿命疲劳要严重，原因是腐蚀要经过一定的时间才能产生，而短寿命疲劳是很快就完成的。

6.4.2.3　钢结构疲劳问题预防措施

由钢结构疲劳破坏的原因可知，防止疲劳破坏常用的措施有：

（1）降低应力集中程度，减少刻痕及缺口等机械损伤，截面突变处尽量使其平缓，避免尖锐凹角的存在。

（2）合理设计焊缝，可采用对接焊缝而避免角焊缝；对不合格的焊缝表面进行处理（如打磨），以改善焊脚的外形，消除焊缝表面已有的裂纹缺陷。

（3）减小应力幅，应力幅越小，疲劳寿命越长。因此，设计时应保证钢材的允许应力幅大于设计应力幅，而使用中应尽量避免超载，将应力幅控制在允许范围内。

（4）做好防腐措施，即使在一般的空气环境中，也应进行常规的油漆维护。而在潮湿环境或有腐蚀性气体的工厂车间，以及海洋环境中的钢结构，更应有妥善的防护措施，做定期的检修维护，对已经出现的裂纹裂缝要及早处理，防止其进一步发展。

（5）细致施工，避免对结构造成局部损害产生附加应力集中。

此外，疲劳破坏不仅对整个结构而言，事实上钢结构常常由于某些关键部位的局部疲劳失效而导致整个结构的失效，如斜拉桥拉索锚固端的疲劳损害等。

6.4.3　钢结构的脆性问题

6.4.3.1　钢结构脆性断裂概述

钢结构脆性断裂是钢结构极限状态中最危险的破坏形式之一。钢结构常常在拉应力状态下发生的突然破坏称为脆性断裂，它的发生往往很突然，没有明显的塑性变形，而破坏时构件的名义应力很低，有时只有其屈服强度的20%。脆性断裂常导致灾难性后果，钢结构的脆性断裂常有以下特征：

（1）脆性破坏时的应力小于钢材的屈服强度。

（2）脆性破坏之前没有显著变形，吸收能量很小，破坏突然发生。

（3）断口平齐光亮。

钢结构脆性断裂大致可分成以下几个类别：低温脆断、应力腐蚀、氢脆、疲劳破坏和断裂破坏等。此外，钢材本身的缺陷、设计不合理及施工质量等是构成脆性破坏的内部因素。由于脆断是突发的，我们应该高度重视脆性破坏的危害，并加以预防。

钢结构的脆性断裂问题是很复杂的，许多问题有待进一步大量、深入、系统的研究。我国现行规范中还有待补充有关钢结构脆性断裂问题的内容。

6.4.3.2 钢结构脆性断裂分析

导致钢结构脆性断裂破坏的原因很多，主要有以下六个方面：

（1）低温和动载。当结构处于低温时，钢材强度略有提高，但是塑性和韧性都降低，脆性增大，常见的如钢材的"低温冷脆"现象。另外，当钢结构处于动荷载或反复荷载作用时，其韧性和塑性也会逐渐降低，因疲劳而产生脆性破坏。

（2）应力集中。当钢材局部出现应力集中时，容易导致钢结构的脆性破坏，并且应力集中越严重，钢材的塑性降低越多，脆性断裂的可能性也越大。构件的高应力集中会使构件在局部产生复杂的应力状态，也将影响构件局部的塑性和韧性，限制其塑性变形，从而增加构件脆性断裂的可能。

（3）材质缺陷。当钢材中碳、硫磷、氧等元素的含量过高时，将会严重降低其塑性和韧性，脆性则相应增加。另外，钢材的冶金缺陷，如偏析、非金属夹杂、裂纹以及分层等，也将大大降低钢材抗脆性断裂的能力。

（4）钢板厚度。钢板厚度对脆性断裂有很大影响，通常钢板越厚，脆性破坏倾向越大。随着钢结构向大型化发展，尤其是高层钢结构的兴起，构件钢板的厚度大有增加的趋势，应引起足够的重视。

（5）应力腐蚀。长期处在高应力作用下的钢材，阳极腐蚀区极小时会造成脆性断裂。

（6）氢脆。由阴极腐蚀造成，在某些特定的条件下，氢原子随阴极腐蚀过程而生成，并进入钢材内部与钢材内部的氢原子结合产生较大的内压力，最终导致钢材局部开裂产生脆性破坏。

6.4.3.3 钢结构脆性断裂的预防

由上述钢结构脆性断裂原因分析可知，为了减少、防止脆性断裂事故的发生应该采取如下措施：

（1）设计方面，设计人员在设计时应考虑钢材的断裂水平、应力集中、荷载特征、最低工作温度等因素，然后选择合适的结构形式，力求使结构中的应力集中降低到最低限度，尽量保证结构的几何连续性和刚度的连贯性。

（2）材料方面，在钢结构选材时应考虑到结构的重要性、荷载特征、工作环境、构件连接方法，尽量选用韧性高的钢材及连接材料，保证结构安全可靠，同时考虑经济性。

（3）施工方面，在钢构件的制作时，冷热加工工艺均易使钢材硬化变脆，焊接易产生焊接残余应力，因此应制定合理的制作、安装、施工工艺以减少应力集中和残余应力的产生。

（4）使用方面，钢结构在使用时不得随意更改使用功能，应满足设计规定的用途、荷载及环境。还应建立必要的维修措施，以防患于未然。

6.4.4 钢结构的腐蚀问题

6.4.4.1 钢结构腐蚀问题概述

普通钢材的抗腐蚀能力比较差，这一直是工程上关注的重要问题。腐蚀使钢结构杆件净截面面积减小，降低结构承载力和可靠度，腐蚀形成的"锈坑"使钢结构脆性破坏的可能性增大，尤其是抗冷脆性能下降。一般来说钢结构下列部位容易发生锈蚀：

（1）经常干湿交替又未包混凝土的构件。

（2）埋入地下的地面附近部位，如柱脚等；可能存积水或遭受水蒸气侵蚀部位。

（3）组合截面净空小于12mm，难以涂刷油漆部位。

（4）屋盖结构、柱下节点部位；易积灰、湿度又大的构件部位等。

露天环境下的钢结构，主要是靠涂层来防止腐蚀。钢材表面的涂层均存在一定的孔隙，水分子在金属表面结露形成水膜后，由于水膜重复干燥使盐分浓缩，水膜中参与腐蚀反应的氧气充分饱和，并溶有其他酸性介质，漆膜很快鼓泡或开裂，露出更多基体与水膜接触，因水膜的腐蚀性导致钢结构腐蚀很快。

腐蚀是影响钢结构性能及使用寿命的重要因素，它会使结构的承载能力降低，使用寿命缩短，影响结构物安全使用，并会造成巨大的经济损失。近些年来，我国大型基础设施，也大量采用钢结构，如跨江、跨海桥梁，要求50年、100年的使用寿命，其腐蚀防护的要求，也更加凸显出来。据统计，世界上每年被腐蚀破坏掉的钢材占全球钢年产量的1/10，全球每年因为钢结构腐蚀造成的经济损失可达7000亿美元。我国正值钢结构大发展时期，钢结构的腐蚀与耐久性值得高度重视。因此，钢结构防腐蚀是钢结构设计、施工、使用中必须解决的重要问题，它牵涉钢结构的耐久性、造价、维护费用、使用性能等诸多问题。

6.4.4.2 钢结构腐蚀原因分析

钢结构的腐蚀原因是复杂的、多因素的、综合性的，根据钢结构周围的环境、空气中的有害成分（如酸、盐等）及温、湿度和通风情况的不同，钢结构的锈蚀可分为以下两类：

1. 化学腐蚀

钢材表面与周围介质直接发生化学反应，产生腐蚀。如钢在高温中与干燥的 O_2、NO_2、SO_2、H_2S 等气体以及非电解质的液体发生化学反应，在钢结构的表面生成钝化能力很弱的氧化保护薄膜 FeO、FeS 等，其腐蚀的程度随时间和温度的增加而增加。

2. 电化学腐蚀

钢材存放和使用中发生的锈蚀主要是这一类，即钢材与电解质溶液相接触产生电流，从而形成的锈蚀。在潮湿的空气中，钢结构表面由于显微组织不同、杂质分布不均以及受力变形、表面平整度差异等原因，使钢结构表面局部相邻质点间产生电极电位差，构成许多"微电池"。在电极电位较低的阳极区（如易失去电子的铁素体），铁失去电子后呈 Fe^{2+} 进入电介质水膜中；阴极区（如不活泼的渗碳体）得到的电子与水膜中溶入的氧作用后，形成 OH^-，两者结合成 $Fe(OH)_2$，进一步被氧化成 $Fe(OH)_3$（铁锈）。这种由于形成微电池、产生电子流动而造成钢的腐蚀称为电化学腐蚀。

6.4.4.3 钢结构腐蚀的处理及预防

鉴于用作钢结构的一般钢材，在有腐蚀性的环境中，依靠自身不能达到耐久性的要求，因此，在钢结构耐久性的考虑中，防护措施成为必要条件。

（1）对于已锈蚀的钢结构，首先根据检测鉴定结果确定其锈蚀程度等级，然后根据不同的锈蚀等级选择不同的处理方法，常用处理方法主要有：

①除去原有结构防护层重新喷涂防护层。

②对锈蚀层进行打磨，喷涂新的防护层。

③对锈蚀特别严重的构件进行加固更换。

（2）对新建钢结构，常用的防腐措施主要有：

①钢材本身抗腐蚀，采用能在钢筋表面形成保护层的耐候钢，以提高耐腐蚀性。

②普通涂层法，在钢材表面喷（涂）油漆或其他防腐蚀涂料，一般用于室内钢结构的防腐蚀。

③阴极保护法，在钢结构表面附加较活泼的金属取代钢材的腐蚀。一般用于水下或地下结构。

④长效防腐蚀，用热浸锌、热喷铝（锌）复合涂层进行钢材表面处理，这种工艺的优点是对构件尺寸适应性强，构件形状尺寸几乎不受限制。如葛洲坝的船闸就是用这种方法施工的。另一个优点则是这种工艺的热影响是局部的，受约束的，因而不会产生热变形。

钢结构防护技术的创新和发展、防护效能与耐久性、综合经济等的统一、优化是至关重要的。

6.5 典型的钢结构工程事故诊断与分析

6.5.1 钢结构失稳事故实例

6.5.1.1 局部失稳工程事故

1. 工程事故简介

某火车站进站大厅采光顶网架，是一球冠切四边的球面网架，于 1994 年建成并投入使用。该网架为斜放四角锥网架，螺栓球节点，无悬挂荷载，下弦周边支承于混凝土框架梁上。平面投影尺寸为 22.8m×22.8m（图 6-2），球冠矢高 3.0m。杆件截面共有 $\phi48×3.5$、$\phi60×3.5$、$\phi75.5×3.75$ 三种规格，螺栓球有 $\phi110$、$\phi150$、$\phi200$ 三种，球节点总数为 307 个。屋面为 5+5+5 的中空玻璃（5+5 为夹胶无色浮法玻璃，顶面为 5mm 厚的钢化玻璃）。

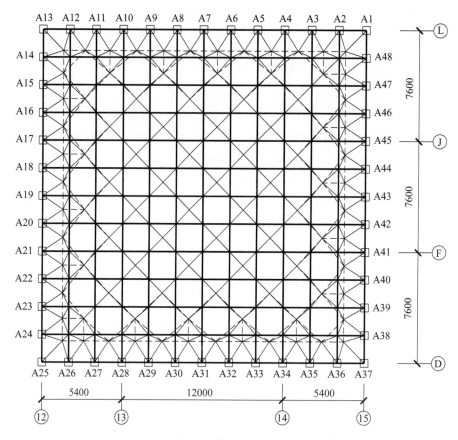

图 6-2 网架平面布置图

业主陆续发现有多块采光玻璃破裂，原以为是玻璃本身质量问题，但更换后再次出现破裂现象时，引起了高度重视，经现场检查，发现有多根下弦杆出现弯曲变形，部分杆件的弯曲变形非常大（图 6-3）。

为此，在现场施工调查和理论分析的基础上，对网架下弦杆出现的压弯现象的原因做出了分析，并对该工程事故进行了教训总结。

2. 原因分析

事故发生后，进行了现场实地检测，基础与梁柱混凝土部分施工质量良好，由沉降观测资料可知，各点沉降较小且均匀，排除了由于不均匀沉降产生的杆件附加内力的因素。

经调查得知，共发现 23 根杆件有不同程度的弯曲变形，而且全部是下弦杆件，散布于整个网架中，但独立的弯曲杆件很少，大部分弯曲杆件是相互关联的（图 6-4）。最大弯曲矢高约为 300mm，约是杆件长度的 15%，远大于规范规定的 1/1000。实际上，弯曲杆件已严重失稳，无法继续承担荷载，好在网架结构属于高次超静定结构，内力重分配使得结构未发生整体塌落。

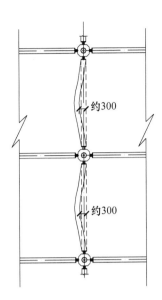

图 6-3 网架杆件弯曲变形示意图

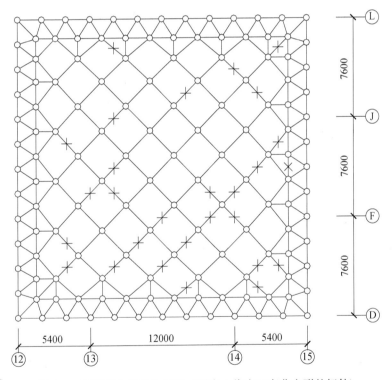

图 6-4 下弦弯曲杆件分布图（图中＋代表已弯曲变形的杆件）

在测量了网架周边支座的整体相对标高后发现，有半数以上支座的整体相对高差超过了 10mm，有 5 个超过了 20mm，最大高差（A46 支座）为 28.4mm。以每边的最高支座为基准点，每一边支座的相对高差多在 10mm 以内，个别支座超过了 15mm。

此外，对网架进行了计算分析，轴心受力杆件发生弯曲，表明杆件很可能受压且超过稳定临界荷载。对于支座（图 6-5）的约束条件，按以下方法考虑：因结构自重较小且混凝土的梁高较大，竖向（z 向）和纵向（y 向）取完全位移约束；由于球形网架的支座水平荷载较大且混凝土梁无侧向约束，支座横向（x 向）实为弹性约束，输入值根据梁的侧向线刚度确定。计算结果发现，球形网架下弦大多数是受压杆件，部分压杆的内力增加较多。

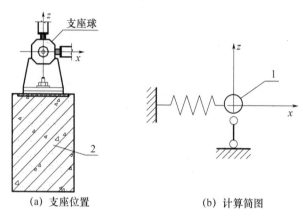

(a) 支座位置　　　　　　　　(b) 计算简图

图 6-5　支座约束
1—支座球；2—混凝土梁

原设计计算中下弦大多受拉，与上述计算结果有本质的区别。而拉杆和压杆的设计原理也有本质区别。经过核算发现，发生弯曲的杆件的实际荷载都超过了临界值，因此该工程中出现杆件弯曲是必然结果。

由以上分析可知，网架下弦杆出现弯曲变形是由于杆件承受的压力超过其受压稳定时的极限承载力所致，造成下弦杆压力过大或变形的主要原因有以下几个：

（1）网架支座的高差偏大，导致杆件实际内力与设计值产生较大的差异，可能使原设计中受压较小的压杆或拉杆承受过大的压力。

（2）原设计未考虑支座的水平约束，这与网架的实际约束条件不相符。根据网架不同边界条件的计算结果可以发现，当同时考虑支座竖向（z 向）和水平方向（x、y 向）的约束时，网架下弦部分受压杆件的内力将比原设计的有所增大，同时，下弦绝大部分杆件都是受压杆件，许多杆件出现变形现象。

（3）下弦杆件的长细比偏大，是很多下弦杆件出现弯曲变形的另一个原因。即使计算稳定承载力满足要求，在各种额外作用（如杆件的长度偏差及安装误差、温度变形影响等）下，长细比较大的杆件也很容易出现弯曲变形现象。

3. 教训总结

空间网架结构受力较均匀，空间刚度较好，整体性强，稳定性好，有良好的抗震性能，而且四角锥网架在受力性能方面还优于其他形式的网架，但如果拼装时施工不当，设计时不考虑支座的水平约束，随意堆放施工材料，杆件和螺栓制作粗糙，都可能对杆件内力产生较大影响。当个别杆件承担的压力超过其受压稳定时的极限承载力时，必然导致杆件的压曲变形，而其中某根杆件因压曲变形退出（或基本退出）工作，将会导致网架杆件的内力重分布，杆件内力发生重分布后，对那些内力是压力且接近临界力或拉力不大易产生内力变化的杆件很容易产生杆件失稳，杆件失稳后，又使网架内力重分布，导致内力重新平衡或者结构失稳，这种情况应该在施工中杜绝。

6.5.1.2　整体失稳工程事故

1. 工程事故简介

江苏盐城某单层轻钢厂房，建筑面积 3528m²，轻型门式刚架结构，跨度 18m，共 2 跨，有 13 开间，柱距 6m，柱顶标高 6.5m，刚架梁柱采用变截面焊接 H 型钢，檩条、墙梁采用 C 型钢构件，纵向系杆为方钢管。2006 年 3 月，在施工过程中，发生倒塌事故，现场如图 6-6 和图 6-7 所示。

2. 原因分析

从图 6-6 可以看出，施工人员在施工中严重违反施工流程，厂房在未形成空间稳定结构前，已经将纵向系杆安装到位。后来为了赶进度，在未安装风缆前将钢梁安装完，又接着进行檩条的安装；经过一夜大风后，门架结构平面外失稳，各单榀结构在纵向系杆连接作用下，全部同向倒塌，事故后现场如图 6-7 所示。

图 6-6　事故发生前现场照片　　　图 6-7　事故发生后现场照片

可以看出，结构在倒塌的同时，将基础的铰接锚栓拉断或弯曲，大部分构件变形破坏，损失惨重。

3. 教训总结

经分析可知，此事故主要由设计不当和施工、管理不善造成。有关单位应认真吸取教训，严格按基建程序办事，要加强设计管理，加强设计审核力度，提高设计质量。施工单位要建立健全质量管理保证体系，严把质量安全关，严格按照各项规范和设计要求施工，以避免类似事故发生。

6.5.1.3　某在建钢框架厂房倒塌事故

1. 事故概况

某水泥制品有限公司在建办公楼建筑面积约 3000m²，为 3 层 H 型钢框架结构。一层层高 6m，主要用于食堂和停车场；二层层高 4m，主要用于办公；三层层高 4m，主要用于宿舍。2018 年 5 月 4 日上午 8：10 该办公楼发生坍塌，造成现场施工人员死亡 5 人，轻微伤 2 人，送医救治 11 人，直接经济损失 990 万元。

至事故发生时，该办公楼主体结构已封顶，正进行第二、三层填充墙砌体施工等作业。倒塌的现场到处是碎裂的混凝土楼板、扭曲的钢柱钢梁，三层房屋整体坍塌，叠合在一起，如图 6-8 所示。

(a) 坍塌现场

(b) 救援现场

图 6-8　在建钢结构办公楼倒塌现场照片

2. 事故原因

经现场初步勘察，事故是建筑底层受力钢结构柱失稳引起的整体坍塌。

（1）直接原因：

根据事故调查和在建办公楼坍塌较大事故技术分析报告，认定此次事故的直接原因是：该在建办公楼钢结构部分的 H 型钢柱承载力严重不足，钢结构制作、安装质量存在严重缺陷，在砌筑墙体时导致结构失稳整体坍塌。

（2）间接原因：

①企业违法违规组织建设工程施工。该办公楼未经规划许可、建设许可，未委托有相应资质的勘察设计单位，由无相关职业资格的人员绘制该办公楼钢结构的平面、结构等简易图纸；未将施工图绘制文件报送施工图审查机构审查；未按照有关规定办理工程质量监督和安全监督等手续。无建设施工资质的企业，在办公楼施工过程中，先后组织建造钢结构、钢筋、混凝土、砌墙、架设外脚手架和水电 6 个无建筑施工企业资质的施工队伍建设施工，是此次事故发生的主要原因。

②建设工程施工管理混乱。办公楼建设工程存在层层转包、无证上岗和偷工减料等违法违规行为。该办公楼建造钢结构分部工程承包给个人，除主材自行采购外，又转包给无焊接与热切割作业特种作业操作证的人员，无证参与钢结构焊接工作。经技术鉴定，钢结构部分焊缝质量不合格。钢结构部分 H 形钢主材自行设计报价规格为 500mm×200mm，实际进场尺寸为 400mm×200mm，钢结构等分部工程完工后未组织验收。

③严重忽视重大可疑事故征兆。经查，2018 年 4 月 30 日，该办公楼砌筑工程承包人在砌墙过程中，发现一层 12m 跨部位中间有两根柱子油漆表面出现异常，每根柱子出现三道横起的突痕，且方向、高度基本一致，但没有立即组织相关专业技术人员进行现场察看、检测分析和整改，没有及时采取停工撤人措施。

④企业安全生产主体责任不落实。企业均未依法建立和落实安全生产责任制，未制定并执行安全生产管理制度，公司主要负责人未经安全教育培训，未依法组织开展安全培训教育、事故隐患排查和安全检查等工作。未委托有相应资质的单位进行勘察设计，组织无建筑施工企业资质的施工队伍施工。

6.5.2 钢材的疲劳破坏实例

（1）1980 年 3 月 27 日 6 时许，英国北海爱科菲斯科油田的 A.L. 基儿兰德号平台突然从水下深部传来一次震动，紧接着一声巨响，平台立即倾斜、短时间内倾翻于海中，虽经多方抢救，生还 89 人，其余 123 人丧生，事后经调查分析，事故是由于撑杆中水声器支座中疲劳裂纹引发、扩展，致使撑杆迅速断裂。由于撑杆断裂致使相邻五个支杆因过载而破坏，接着所支承的承重腿柱破坏，整个平台失去平衡，20min 内平台全部倾覆，造成巨大经济损失。

（2）1967 年 12 月，美国西弗吉尼亚一座建造于 1928 年的大桥突然断裂塌落，检查发现其关键部位——腹杆孔眼受力劣化，并有应力腐蚀造成的疲劳断裂，钢材的韧性很低。

（3）太原市某厂吊车在向混铁炉兑铁水时，当移动吊车时听到有较大响声，同时整个吊车开始晃动，接着吊车主梁中部突然断裂，下翼缘板、腹板全部撕开，上翼缘与腹板的连接焊缝撕开 2.0m。主梁一头坠地，另一头悬挂在东横梁上；两根副梁端焊缝全部脱焊而坠落。主梁因横梁出轨道变形而呈弓形弯曲，但未落地，主小车落地，副小车落地后撞在围护墙上。

事故发生后对吊车梁主断裂面进行调查分析发现，主要原因是吊车梁下翼缘板发生疲劳断裂，且疲劳源于焊接裂纹，焊接缺陷和焊接残余应力引起微裂，并沿着垂直于拉应力的方向扩展。但是早期没有发现，使用中裂纹又有了新的发展，裂纹从下翼缘板发展到腹板的中部，由于粉尘较大，环境很差，多次检查仍没有发现，甚至在有明显变形直至断裂的期间也没有被注意到，导致吊车梁疲劳破坏事故的发生。

该事故的教训是：对结构应细致检查，疲劳破坏裂纹都有一个发展的过程，在使用中必须定期且细致地检查梁的各个部位，一旦发现与疲劳有关的裂纹应立即采取有效补救措施，以免事故的发生。

6.5.3 钢结构的脆性破坏实例

（1）1965 年 12 月 27 日，北海油田所用的"海宝"号海洋钻井平台在气温为 3℃时发生井架倒塌和下沉。当时船上有 32 人，其中 19 人丧生。到事故发生时为止，"海宝"号海洋钻机已运转了约 1345 小时。

经调查发现，事故由连接杆的脆性破坏引起，该杆破坏时的实际应力低于所用钢材的屈服强度。连接杆的上部圆角半径很小，应力集中系数达 6.0，同时钢材的 Charpy-V 形试件的缺口冲击韧性很低，在 0℃仅为 10.8~31J，并有粗大的晶粒，所有这些因素导致了连接杆的低温脆性断裂。当一根或几根连接杆发生这种脆性断裂后，就会产生动载，从而导致整个结构的倒塌。

（2）哈尔滨的滨洲线松花江大钢桥是铆接结构，77m 跨的有 8 孔，33.5m 跨的有 11 孔。1901 年由俄国建造，1914 年发现裂纹。1927 年中苏双方试验证明，该钢材是从比利时买进的马丁炉钢，脱氧不够。由于 FeO 及 S 增加脆性，特别是金相颗粒不均匀，不适于低温加工，其冷脆临界温度为0℃。母材冷弯试验在90℃时已开裂，到180℃时已有断裂发生，且钢材边缘发现夹层。裂纹大部分在钢板的边缘或铆钉孔周围，呈辐射状。

1950年检查发现各桥端节点有裂缝，大多在铆钉孔处，于是进行缝端钻孔以阻止裂缝发展，并且继续观察使用。1962年把主跨8孔77m跨的大钢桥全部换下，其余11孔33.5m跨的钢桥至1970年才换下。复查换下的这11孔钢桥，共计裂纹2000多条，其中最大者长110m，宽0.1～0.2mm，大于50mm长的裂纹有150多处。

该事故的原因是：这批钢材冷脆临界温度为0℃，而使用时最低气温为－40℃，这是造成裂缝的主要原因。当时得出结论有4点：

① 该桥的实际负荷不大。

② 大部分裂纹不在受力处。

③ 钢材的金相分析后材质不均匀。

④ 各部分构件受力情况较好，所以钢桥可以继续使用。

该事故因吸取的教训是：钢结构的脆性断裂受钢材的材质、连接方式影响很大，特别是在低温区设计钢结构时，必须考虑低温的影响。在进行防止脆断的设计时必须考虑材料、材料韧性、结构最低工作温度、应力集中状况、检查材料缺陷、结构物的使用情况等。

6.5.4　钢结构的腐蚀破坏实例

（1）大连煤气公司新厂采用液化石油气催化裂解生产工艺，有1台煤气冷却塔，日生产能力$35 \times 10^4 m^3$。冷却塔高度15.8m，直径2.4m，塔体钢板壁厚8mm。煤气从塔底进入，塔顶排出；冷却水由塔顶进入，塔底排出，采用喷淋式直接接触冷却。腐蚀泄漏点位于距塔底5m处，共形成穿孔6处，穿孔面积$4～2000mm^2$。部分锈蚀点形成穿孔，导致冷却水和煤气泄漏，既污染环境，又影响生产，同时造成安全隐患。

该事故的原因是：塔体钢板因存水而形成不同的电极电位，产生电化学腐蚀，由于长时间的腐蚀，钢板的厚度减小，承载能力降低，当荷载超过极限承载能力后发生穿孔。

（2）某电厂煤棚，结构如图6-9所示。该三心圆拱网架跨度40m，下部为短混凝土柱，柱上为网架支座。

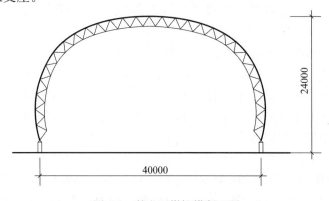

图6-9　某电厂煤棚横断面图

由于甲方使用不当，堆煤高度长期超过网架支座，工程在竣工21年后，跨中一杆件突然断开，整个工程在10min内完全坍塌。事后经现场勘查，首先断开的杆件对应的网架支座已经完全锈蚀，地脚螺栓也基本丧失承载能力，网架拱支座部分基本失去约束，导致结构失稳破坏。

钢结构的使用过程中应该加强防腐措施，使用年限长久的建筑物和结构物应该加强观测，发现腐蚀问题后及时进行维修，以免发生事故。

6.5.5 门架轻钢结构厂房施工倒塌的事故

1. 工程概况

某陶瓷公司原料车间厂房工程，总建筑面积为39600m^2，采用轻钢结构门式刚架，总长368m，跨度为3×36m，纵向柱距8～8.5m，因工艺需要，沿纵轴分为3个独立段，檐口标高分别为：①～㊳轴14.0m；㊴～㊷轴25.0m；㊸～(51)轴11.1m，屋面坡度1∶10。

厂房梁柱均采用实腹式H形等截面Q345钢，其中厂房最高段㊴～㊷轴屋面檩条为冷弯薄壁Z形钢，截面Z200mm×67mm×20mm×20mm，拉条为ϕ10mm，隅撑采用角钢∟50mm×5mm。柱间支承设计了5个ϕ133mm×3mm钢管，并在中段㊵～㊶轴布置了5道ϕ16mm柱间交叉支承。2004年9月底当厂房高跨㊴～㊷轴钢梁、钢柱已安装完毕，连接部位的高强螺栓完成初扭，水平方向的支承系统正在安装时突遇大风，随即厂房高跨㊴～㊷轴段刚架发生了整体倒塌。

2. 事故原因分析

（1）施工情况：事故发生后，有关部门对厂房施工的质量保证体系进行了审查。现场使用的钢筋、型钢、地脚锚栓、高强螺栓、水泥、砂石等原材料和构配件均有出厂合格证，且抽样复检合格，桩基承载力满足设计要求，结构构件尺寸、钢材焊缝质量、混凝土抗压强度等均检验合格。但缺少图纸会审、设计交底、施工技术交底、图纸审查等资料；基础分部工程未进行验收；缺少门架吊装施工记录及有关质量检查验收及签证记录；监理单位未审核施工组织设计，缺少针对性的刚架吊装施工临时支承方案。

（2）结构受力情况：通过现场踏勘，检查设计图纸及施工组织设计等资料，分析了施工过程中结构受力情况。由于厂房倒塌时仅完成了刚架、天窗架及少量支承的施工，大部分柱间支承、檩条和屋面支承均未安装，整个钢结构仅靠柱脚锚栓固定，结构未形成稳定的空间结构，因此柱脚主要承受两种荷载。其中之一为结构自重，复核柱脚锚栓时，结构自重对总体稳定有利，故自重系数取$\gamma_G=0.9$，复核柱脚型钢断面强度时，对结构不利，取$\gamma_G=1.2$。另一荷载为水平方向风荷载，风向取与倒塌一致的刚架平面外方向，风荷载分项系数取$\gamma_Q=1.4$，由此对荷载进行组合。

（3）整体倒塌原因分析：根据现场情况分析，分别对跨中柱和边柱进行受力计算，倒塌前的门式刚架如图6-10所示。

对于中柱的柱脚螺栓（图6-11）的受力情况（计算过程略）：每个柱脚锚栓实际拉力为1244kN，抗拉强度设计值（Q345钢）为147kN，实际拉力为强度设计值的8.46倍；中柱柱底实际应力为2061MPa，截面强度设计值为310MPa，中柱脚型钢截面实际应力为强度设计值的6.42倍。

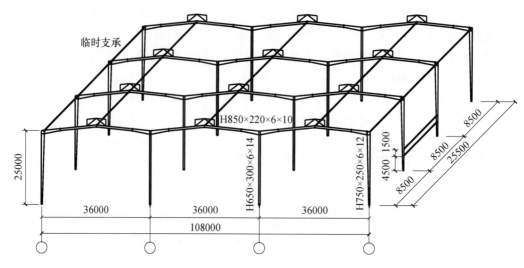

图 6-10 门式刚架设计图

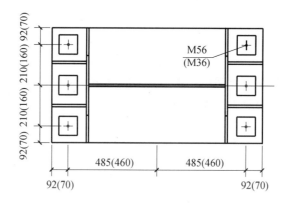

图 6-11 地锚断面图
注：（ ）括号内为中柱尺寸。

对于边柱的受力情况（计算过程略）：每个柱脚锚栓实际拉力为 582.7kN，抗拉强度设计值（Q345 钢）为 365.4kN，实际拉力为强度设计值的 1.6 倍；边柱柱底实际应力为 2061MPa，截面强度设计值为 310MPa，边柱脚型钢截面实际应力为强度设计值的 6.65 倍。

厂房倒塌现场与上述计算结果非常吻合，由于连杆、支承尚未安装，屋架临时支承不足，在风力作用下，中间柱晃动摇摆，因柱脚拉力为锚栓极限强度的 8.46 倍，正应力为柱型钢断面极限强度的 6.42 倍，导致中柱锚栓先于柱断面拔出、折断。在中间支座失去稳定力矩后，中柱荷载被分配到边跨上，而边跨柱断面弱于锚栓（荷载效应组合分别为极限强度柱断面的 6.65 倍，地锚栓的 1.6 倍），因此边柱在型钢底断面处折断。钢梁少量临时支承的相互拉动，使厂房瞬间发生整体倒塌。

3. 事故预防措施

施工单位虽注意对材料质量的控制把关，却在施工管理方面缺乏有效的保证体系，施工组织设计中虽然有形成稳定节间、设置稳定设施等要求，但是实际上并未按照安装程序进行操作，在边跨仅安装了一组柱间支承，经计算尽管该组支承不能满足整体稳定

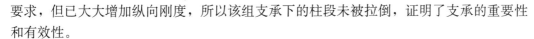

要求，但已大大增加纵向刚度，所以该组支承下的柱段未被拉倒，证明了支承的重要性和有效性。

在安装施工过程中，仅依靠地脚螺栓来稳固刚架是不足的，因大跨度、高厂房在门式刚架平面外方向的抗弯能力很弱，结构计算时一般将柱脚作为铰接考虑，当风荷载作用时，钢梁与少量临时支承不能形成固定连接，整个结构实际处于几何可变状态。

如果按照设计将节间梁柱支承配齐，或如施工组织设计要求设置足够的揽风绳，形成稳定的空间刚性节间，同时重视施工现场的安全管理，监理工作有效到位，及时发现安全隐患，设置足够支承系统，就可以避免倒塌等严重事故的发生。

4. 门架安装施工中应注意的问题

门式刚架钢结构厂房安装前，施工单位必须先熟悉图纸，认真制定施工组织设计，针对工程特点编制内容完整和重点突出的施工方案，保证结构安装形成稳定的空间体系，并真正用于指导施工，因此必须注意以下几个问题：

（1）刚架柱脚螺栓应采用可靠方法定位，应测量直角边长和对角线长度，混凝土浇筑前后和钢柱安装前均应校对螺栓中心位置，确保基础平面尺寸和标高符合设计要求。

（2）保证施工工况与设计工况一致，分清柱脚采用铰接或刚接形式，必要时进行强度和稳定性验算。

（3）安装顺序宜先从有柱间支承的两榀刚架开始，并确保吊装方案的执行和调整，屋面钢梁通过拼接安装，应设置揽风绳作为临时稳定索，调整好垂直度后再吊装檩条、屋面斜支承及角钢隅撑，与柱间斜支承组成不可变空间几何形体，再以此为起点向两边安装。

（4）刚架为高耸构件，整体刚架吊装时应重视风荷载的作用，对特定环境应做详细的调查和科学的计算。避免导致结构永久变形，并采取针对性技术处理措施。

（5）刚架安装应有完整的检验与交接资料，按照《钢结构工程施工质量验收规范》（GB 50205—2001）的要求，做好构件复检验和进厂防护等工作。

6.5.6　某厂钢结构工程倒塌事故

1. 工程概况

某厂钢结构工程为一钢排架结构，柱距 6m，共 9 开间，跨度 15m，共 3 跨，建筑面积 2454m² （图 6-12），屋架下弦标高 8.0m（图 6-13），采用梯形钢屋架（图 6-14），桁架式檩条（图 6-15），波形石棉瓦屋面。由于甲方急需用房，仓促委托施工单位凭经验无设计盲目施工，于 1983 年竣工。

1988 年 2 月 17 日夜 4 时左右，该厂所在地气温为零下 10℃左右，风力 3～4 级，最大降雪量 320mm。该市当天连续发生四起工程倒塌事故，其中损失最大的是该厂三跨钢屋架结构倒塌。该工程在 B～C 跨内②③轴的两榀屋架失稳倒塌，致使相邻两跨的排架柱受拉倾斜，排架系统大部分发生扭曲变形。这起事故虽无人身伤亡，但该厂被迫停产 2 个月，直接经济损失达 48 万元。按事故严重程度来看已属于三级重大事故。

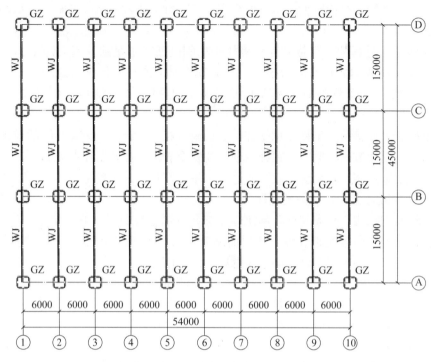

图 6-12　柱网布置倒塌前的柱网及屋架布置图（原设计中无支承体系）

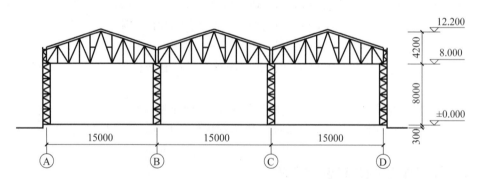

图 6-13　厂房剖面图

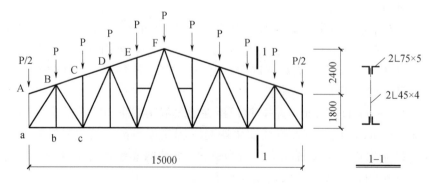

图 6-14　屋架形式计算简图

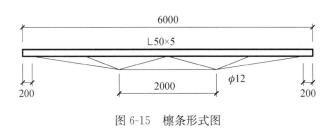

图 6-15　檩条形式图

2. 倒塌原因分析

违背基本建设程序，无图施工，致使结构留下多处严重隐患，造成在大雪袭击下发生倒塌事故。

缺乏钢结构设计与施工专业知识，钢屋盖结构竟无必要的支承体系，檩条与屋架也无可靠连接。

（1）未设置上弦横向水平支承，屋架上弦在排架平面外的计算长度变大；未设置垂直支承，下弦在平面外的计算长度变大；加上雪载的不均匀作用，导致屋架发生平面外失稳。

上弦杆稳定验算：不满足，即经验算上弦杆在屋架平面外失稳。

下弦杆稳定验算：下弦在平面外刚度不足，下弦杆在屋架平面外处于失稳状态。

（2）原工程中檩条与钢架只是简单铰接，檩条起不到应有的支承作用，造成屋架侧面刚度和空间刚度过小，以致失稳。

（3）自然条件的影响。按《建筑结构荷载规范》（GBJ 9—1987），该市基本雪压 $S_0 = 45\text{kg/m}^2$，平均最大雪密度 150kg/m^3，由此推算平均最大积雪厚度为 300mm。但多年不遇的大雪使当天降落量平地积雪厚 320mm（>300mm），而在现场天沟内积雪深度达 450mm，超过规范值的积雪加快了带有隐患的无图施工工程的倒塌事故的发生。

（4）施工管理混乱，不重视质量检验与验收工作。事故发生后未查到一张施工验收的现场记录，检查发现许多节点构造不合理，焊缝质量不合格，经验算，现场实测所有焊缝长约为 50mm，不满足肢背焊缝长度 $L_w = 70\text{mm}$ 的要求。

3. 事故处理方案

建筑物倒塌后全部拆除，重新按《钢结构设计规范》（GBJ 17—1988）和《钢结构施工与验收规范》（GBJ 205—1983）等进行设计与施工，并按有关构造要求布置合理的支承体系，即设置必要的上弦横向水平支承，加强檩条与屋架的连接，在屋架跨中增设一道垂直支承。

6.5.7　某厂房加层钢屋盖倒塌事故

1. 事故概况

1990 年 2 月 16 日下午 4 时 20 分许，D 市某厂四楼接层的会议室屋顶五榀梭形轻型屋架连同屋面突然倒塌。当时 305 人正在室内开会，造成 42 人死亡，179 人受伤的特大事故。经济损失达 430 多万元。

该接层会议室南北宽 14.4m，东西长 21.6m，建筑面积约 324m²。采用砖墙承重、梭形轻型钢屋架、预制空心屋面板和卷材防水屋面。图 6-16 和图 6-17 给出了该接层会议室的建筑剖面图及屋架示意图。

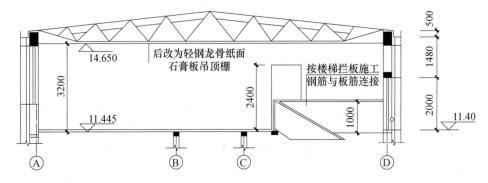

图 6-16　某厂四楼阶层会议室剖面图

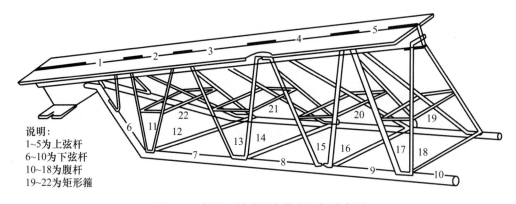

说明：
1~5为上弦杆
6~10为下弦杆
10~18为腹杆
19~22为矩形箍

图 6-17　某厂四楼阶层会议室屋架示意图

会议室由该厂基建处设计室（丙级证书单位）自行设计，D 市某建筑工程公司施工。1987 年 3 月 5 日开工，同年 5 月 22 日竣工并交付使用，经常举行二三百人的中型会议。事故发生时，会议室顶棚先后发出"嘎嘎嘎，刷拉，刷拉"的响声，顶棚中部偏北方向出现锅底形下凸，几秒钟后屋顶全部倒塌。会场除少数靠窗边坐的人外，其余大部分被压在预制空心板底下。

2. 事故原因分析

根据事故分析报告，该四楼接层会议室屋顶倒塌是由第三榀屋架北端 14 号腹杆首先失稳造成的。导致这次事故的原因是多方面的，涉及设计、施工和管理各阶段，归纳起来主要有：设计计算错误、屋面施工错误、焊接质量低劣、屋架构造与设计要求不一致和施工管理混乱等。

（1）设计计算错误。

该楼原为三层，接成四层，为了不使基础荷重增加过多，选用轻钢屋架并采用不上人不保温屋面做法，梭形屋架是广泛使用的一种轻型屋架，它节约钢材，屋面坡度较缓，便于和相邻部分的平屋顶协调，其选型是正确而合理的。

梭形屋架参照中国建筑科学研究院标准设计研究所编写的《轻钢结构设计资料集》

设计。该图集要求屋面做法为二毡三油，20mm 厚找平层，100mm 厚泡沫混凝土，槽形板或加气混凝土板。由于材料供应问题，设计者用空心板代替槽形板，并修改屋面做法，如取消保温层增加 100mm 厚海藻草，变二毡三油为三毡四油等。经核算设计图纸所列做法算得的屋面恒载（称图纸荷载）为 3.03kN/m²；而按图集中原屋面做法算得的屋面恒载（称许用荷载）为 2.37kN/m²，二者相比，超出 0.66kN/m²，超载 0.66/2.37＝27.8%。

设计方的计算书中有 4 处错误：

①屋面荷载取值偏大。计算书中所示的计算荷载（称计算书荷载）为 4.49kN/m²，比图纸荷载大 48%。虽对结构安全有利但不能作为分析事故依据。

②屋架上弦第 4 杆计算时单位换算错误，误算得上弦杆应力值为：$\sigma=1539.6$kg/cm²＝150.8N/mm²＜$[\sigma]$＝166.6N/mm²（此值按《轻钢结构设计资料集》应为 158.3N/mm²）；而实际应算得为 185.4N/mm²。但此上弦杆在承载力上符合《轻钢结构设计规范》的要求，故此错误不至于导致屋架破坏。

③屋架下弦杆计算中许用应力取值偏大。计算中取 235.2N/mm²，而按《轻钢结构设计资料集》应为 $[\sigma]$＝141.6N/mm²。但实际上下弦杆并未屈服，故此错误也与事故无关。

④屋架腹杆 12 计算中误将截面系数 W 当成回转半径 r。在该杆稳定计算的 $\lambda=\mu l/r$ 式中误将 $W=1.54$cm³ 作为 r（应为 0.625cm）代入。但计算后未将图上 $\phi25$mm 的 12 号腹杆直径变小，故此错误未产生不良后果。

从以上分析可见，设计计算错误并非事故原因。如果说设计计算有误，则是在屋面超载 0.66kN/m² 情况下，未对受压腹杆进行稳定性验算。

根据屋架试验报告，腹杆失稳的临界荷载为 5.06kN/m²，与施工图的图纸荷载 3.03kN/m² 相比，还有 1.67 倍的安全裕度，说明设计计算差错不是事故发生的唯一因素。

（2）屋面施工错误。

①图纸中规定屋面找平层为 20mm 厚的 1：3 水泥砂浆，重 0.39kN/m²；而施工中错误地将找平层做成 57.3mm 厚，按勘察，砂浆密度为 20.8kN/m³，则找平层重 1.19kN/m²，比设计值增大了 0.8kN/m²。

②图纸中屋面不设保温层，而施工中屋面上错误地设了 102.7mm 厚的炉渣保温层，按炉渣密度 1050kg/m³ 计算，荷载比设计值增大 1.06kN/m²。

③三毡四油防水层应重 0.34kN/m²，而实重为 0.14kN/m²。此项比设计值少了 0.2kN/m²。

④施工时没按设计要求放置 100mm 厚海藻草，此项使屋面重量减轻 0.04kN/m²。

如按实际构件称重，梭形钢屋架重 0.16kN/m²，轻钢龙骨和石膏板吊顶取 0.13kN/m²，则屋盖塌落时的实际荷载（称竣工荷载）为 4.64kN/m²，它比图纸荷载 3.03kN/m² 超出 1.61kN/m²，比许用荷载 2.37kN/m² 超出 2.27kN/m²，超载 2.27/2.37＝96%。故从荷载看，主要原因是施工超载，而不是设计超载。

（3）焊接质量低劣。

经现场勘测，屋架的焊接质量极差，存在大量气孔、夹渣、未焊透、未熔合现象。

主要有：

①焊接质量不合规范。按照《钢结构工程施工及验收规范》（GBJ 205—1983）的三级标准焊缝的要求检查所有焊缝，发现第一榀至第五榀的不合格率为 29.2％～45.2％。特别是对腹杆稳定起关键作用的矩形箍和腹杆接头焊缝的质量更差。矩形箍焊缝不合格率，第一榀至第五榀为 37.5％～59.3％，其中焊缝脱开 20 处。总之，五榀屋架，榀榀不合格；32 个矩形箍，都有质量问题。

②矩形箍脱焊导致腹杆加速失稳。以第三榀屋架为例，其北段矩形箍共 32 个焊点中有 8 处脱开，占 25％。矩形箍脱焊，使腹杆失去中间支承点，理论上其长度系数 μ 由 0.5 增大到 1.0，承载力则降低到原来的 1/4。在光弹仪上将矩形箍和腹杆焊接接头做成模型进行光弹性试验，在屋架的 1∶1 模型试验中，上述接头处贴电阻片进行电测，以及在 SUN-3 工作站上用 I-DEA 进行计算，均说明矩形箍接头处存在着应力集中，有着和腹杆相同数量级的应力，其大小和焊接质量有关。另外，屋架的 1∶1 模型试验还表明：当腹杆有矩形箍支承时，腹杆失稳时的屋面荷载为 5.06kN/m²，腹杆失稳后呈 S 形；当腹杆无矩形箍支承时（即矩形箍与腹杆接头处脱焊），腹杆失稳时的屋面荷载降至 2.45kN/m²，腹杆失稳后呈 C 形。

（4）屋架构造与设计要求不一致。

这主要指腹杆两端的成型不符合图纸要求，图纸要求的是直的折线形，实际却弯成大圆弧形。这也明显加大了腹杆的压力偏心量，显著降低了腹杆的稳定性能。同时，腹杆两端与上、下弦焊缝的长度和高度不足，使端部固定作用减弱，自然也会降低腹杆的稳定性能，使梭形屋架的承载力降低。

（5）施工管理混乱。

在检查该工程施工记录和验收文件时发现：

①隐蔽工程记录失真。如屋面做法有大幅度变更而隐蔽工程记录为"屋面按图施工"；设计图纸要求"钢屋架在完成两榀成品后，要进行一次现场荷载试验"，但没有钢屋架试验记录和试验报告，隐蔽工程却记录为"钢屋架按图施工"等。

②工程竣工验收违反管理规定。

综上所述，这次事故的主要原因是屋面错误施工和焊接质量低劣。

3. 事故发展过程和探讨

第三榀屋架 14 号腹杆的失稳是屋架塌落的事故源。屋面荷载中活载最大的情况发生在 1987 年施工的时候，雪载最大的情况发生在 1990 年 1 月 23 日积雪达 0.3kN/m² 的时候。但是，屋架在这两种情况下都没有失稳，而在活载、雪载都没有的 1990 年 2 月 16 日破坏。据试验，屋架失稳荷载为 5.06kN/m²，为何实际屋架在低得多的 4.64kN/m² 荷载下失稳呢？

如前所述，矩形箍焊接质量低劣，应力集中严重，在因屋架两端焊死而产生的长期波动的温度应力反复作用下，有缺陷的焊缝难以承受。1990 年 2 月 16 日时，积雪全部融化使屋面荷载骤降，屋面回弹，矩形箍接头产生又一次应力波动，使个别焊缝因裂缝扩展而断开。该腹杆失去中间支承，稳定性能骤降，因而在屋面荷载减小后反而失稳破坏。

据事故现场观察，在第三榀屋架北端两根 14 号腹杆间，矩形箍西侧焊缝断开，从断口可看出焊缝缺陷严重,焊肉不连续。经测定,焊缝面积只有理论值的 52.7%。14 号腹杆失稳后弯曲成 C 形,说明该杆大变形弯曲时,矩形箍已不起支承作用,即失稳是由矩形箍焊缝断裂后腹杆失去中间支承而引起的。

第三榀屋架 14 号腹杆一失稳,引起内应力重新分配而导致连锁失稳,该榀屋架首先塌落,进而带动其他各榀屋架相继塌落。许多焊接质量低劣的矩形箍接头在失稳过程中断裂,又加速了连锁失稳的进程,导致整个屋架瞬时塌落。

6.5.8 某游泳馆钢网架屋盖倒塌事故

1. 事故概况

某游泳馆建筑面积 2630m²,地上一层,地下一层(局部地下二层),主体为钢筋混凝土结构,抗震设防烈度为 6 度;屋盖为正放四角锥螺栓球不锈钢网架,平面为圆形,直径为 33.3m,屋顶标高为 10.20m,屋面排水采用网架上弦节点支托起坡,排水坡度为 2%,屋面防水层为沥青油毡。

该游泳馆开工日期为 2000 年 12 月 8 日,竣工验收日期为 2001 年 11 月 2 日。2012 年 9 月对游泳馆屋面进行维修,维修内容主要为原屋面防水卷材拆除、原屋面彩钢板拆除、原屋面檐沟拆除,新做屋面卷材防水、屋面彩钢夹芯板、屋面檐沟和钢檩条加固等。2016 年 6 月 30 日 18 时许,出现雷阵雨,并伴有大风,雨后发现游泳馆屋盖整体坍塌至游泳馆地面。本次事故未造成人员伤亡,经济损失约为 30 万元。

2. 事故原因分析

该网架由于设计、施工不规范及后期维修不当等原因,造成屋盖持续凹陷变形,当夜降雨过程中屋面出现大面积积水时,屋面荷载大幅增加,网架变形持续增大,进而造成网架支座产生较大的水平滑移,导致网架支座从柱顶脱落,从而发生整体坍塌。

经查,缺少网架杆件的规格及尺寸、螺栓球的规格及尺寸、高强螺栓规格及直径、锥头和封板的规格及尺寸等各组成部件的设计资料,缺少网架结构计算模型、结构计算分析方法、荷载工况及组合、承载力计算和变形计算等网架设计计算资料,缺少网架工厂制作、现场施工、质量检测和验收等施工、监理技术资料等。根据设计院提供的部分图纸、当时设计与施工依据的规程及规范、设计研究院提供的鉴定报告及补充报告、测试报告,以及事故现场调查情况等,对事故原因进行了认真的推断分析,分析结果如下。

(1)直接原因。

①设计缺陷。

网架支座的设计施工图不符合《网架结构设计与施工规程》(JGJ 7—1991)第 4.5.1 条规定"支座节点应采用传力可靠、连接简单的构造形式,并应符合计算假定"。设计院提供的部分图纸存在如下问题:

设计图纸中支座大样图中,无过渡钢板与预埋板的角焊缝图示,无锚栓与过渡板塞焊图示,造成施工漏焊或焊接不满足要求,不能有效约束支座的水平滑移。

图纸中的"预埋件大样图"中的"预埋板+过渡钢板+支座底板"共 30mm 厚,预埋板、过渡钢板、支座底板每层板的厚度为 10mm,这三层板厚度明显不符合设计通常做法（通常单层板的设计厚度不小于16mm，跨度大时厚度应适当增加），支座底板厚度过小，易发生翘曲变形，导致支座底板受力不均匀程度加大；过渡钢板厚度过小，锚栓与过渡钢板没有足够的焊接接触面，易造成锚栓与过渡板脱落；预埋板过薄，易造成预埋板撕裂破坏。

网架屋面排水坡度过小，降雨时容易造成屋面积水，加大网架的荷载，造成网架变形增大。施工图上屋面起坡为2%，采用网架支托起坡。对于直径为33.3m的网架而言，2%的坡度，明显小于通常大跨度弹性屋面坡度5%以上的要求。随着时间的推移，由于构件应力松弛、支座连接不可靠、不锈钢杆件弹性模量较小、维修增加荷载等原因，屋面变形逐渐加大，排水坡度逐渐变小，下雨时屋面排水不畅，出现积水，屋面荷载增加，网架变形增大，进而促使网架支座产生较大的水平滑移变形。

②施工缺陷。

网架支座锚固螺栓与过渡钢板焊接时，普通焊脚尺寸只有2mm左右，未在过渡钢板孔中塞焊。

网架工程所使用高强螺栓未进行防腐处理。经现场勘察，未发现按规范要求对螺栓球节点接缝进行防腐处理，高强螺栓锈蚀严重，不符合《钢网架螺栓球节点》（JG 10）第5.9.5条"钢网架结构安装完成后，应将多余孔或孔隙都用油腻子堵塞，然后再涂防锈漆及面漆"的规定。

③维修缺陷。

2012年屋面出现凹陷、渗漏，在没有委托设计、没有委托结构鉴定的情况下，进行屋面维修。根据现场勘察发现，在原防水层未完全拆除基础上增加了一层SBS改性沥青防水卷材，增大了网架结构的荷载；同时增加了5t重的40mm×60mm×5mm方管檩条，并直接焊接在网架上弦杆上，增大了网架荷载，改变了上弦杆受力，使其从轴心受压杆件变为压弯杆件，加大了杆件的弯曲变形，降低了杆件的稳定承载力。

（2）间接原因。

①调查发现，网架工程螺栓球节点所使用的高强螺栓化学成分不合格，其中锰元素含量仅为标准值的40%，不符合《合金结构钢》（GB/T 3077）的要求。

②网架屋面排水设计图纸共设8支ϕ100mm的排水管，其中3支排水管未按照设计要求施工，对屋面排水不利。

③游泳馆使用环境对网架结构组成部件的锈蚀严重，降低了部件的承载力和刚度。虽然该工程网架杆件采用不锈钢材料，但其他连接件，例如高强螺栓和支座锚固螺栓等并非不锈钢材料，在潮湿环境中经过十几年的时间，腐蚀比较严重，使得部件断面减少甚至个别部件出现断裂，从而降低了部件的承载力，增加了网架的变形和支座的水平滑移。

④2009年12月11日出具的《抗震安全鉴定报告》（以下简称《报告》）表明，在未对网架进行检测、未进行验算的前提下，给出了"满足第一级鉴定要求，评为满足抗震鉴定要求，并给出后续使用年限40年"的鉴定结论。按照《建筑抗震鉴定标准》（GB 50023），后续使用年限为40年的建筑按照结构体系、材料实际达到的强度等级、整体性连接构造、局部易损易倒部位、抗震承载力验算几个方面进行鉴定分析。《报告》主要对土建部分的材料强度等进行了检测，未对整体结构体系、整体性连接构造、局部

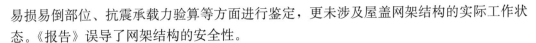

易损易倒部位、抗震承载力验算等方面进行鉴定，更未涉及屋盖网架结构的实际工作状态。《报告》误导了网架结构的安全性。

（3）事故性质。

这是一起因设计、施工不符合规范标准及维修不当造成的工程质量责任事故。

3. 今后的防范和整改措施建议

（1）对目前正在使用的大跨度钢结构房屋，建议定期进行排查，委托检测单位进行检测，及时发现网架结构的质量缺陷，消除安全隐患。

（2）网架结构的支座必须满足足够的刚度和强度，对于没有悬挑的大跨度网架周边支座应当保证足够的支承长度（大于300mm），并合理设置构造措施来约束网架支座的水平径向位移。建议具有周边支承的大跨度网架最好设有悬挑1～2个网格。

（3）对于处于湿度较高和腐蚀环境下的钢结构房屋，设计总说明要清晰注明防腐做法与施工、使用与维护建议，并加强监测。

（4）对于处于湿度较高和腐蚀环境下的钢结构房屋，要特别注意钢结构通风设计，改善钢结构的环境条件，如通风系统设高位或掀顶排风口，加强建筑物内的通风等。

6.5.9 某电力公司钢网架安全隐患

1. 工程概况

某公司楼顶网架结构建成于2015年，该网架的底层支座位于楼顶80.170m处，网架结构总高度为33.81m，该网架结构底层南北方向长度为24.8m，东西方向长度为23.8m，网架结构安全等级为二级，建筑结构使用年限为50年。该网架结构为螺栓球节点形式的钢结构，该网架结构共17层，采用螺栓球节点，网架形式为正放四角锥网架。2018年7月的例行检查中，发现该网架结构有大量的杆件锈蚀的现象，存在一定的安全隐患。

2. 原始资料核查

经查该网架结构建成于2015年4月，总占地面积约为590m²。建筑结构安全等级为二级，使用年限为50年。该网架结构纵、横向各有17道轴线，竖向共17层，至楼顶的网架底层支座处高度为33.810m，采用螺栓球节点，网架形式为正放四角锥网架，该网架在屋顶共有8个支座，在钢筋混凝土圆柱筒体四周的立柱上共有24个支座作为支承。

依据设计资料可知，网架采用的钢管为Q235B无缝钢管或高频焊管焊缝质量等级；钢球采用45号钢，屈服强度为360N/mm²；支座板与螺栓球、预埋件板的连接焊缝为满焊，质量等级为二级；网架零部件除锈Sa2.5后刷环氧防锈底漆两道、面漆两道。

在网架的南北两侧各有两个空调风机箱，每个空调风机的尺寸为：长5.51m，宽3.43m，高4.970m。

3. 现场调查与检测

（1）现场对网架杆件规格进行了统计，共有1号（$\phi48$mm）、2号（$\phi60$mm）、3号（$\phi5.5$mm）、4号（$\phi88.5$mm）、5号（$\phi114$mm）、6号（$\phi140$mm）、7号（$\phi159$mm）

共 7 种规格杆件，随机抽检其中 6 种杆件进行了实测复核，均基本满足要求。

（2）现场对网架螺栓球规格进行了统计，共有外径为 $\phi100mm$、$\phi110mm$、$\phi120mm$、$\phi150mm$、$\phi180mm$、$\phi200mm$、$\phi220mm$、$\phi250mm$、$\phi280mm$ 共 9 种规格螺栓球，随机抽检其中 5 种螺栓球进行了实测复核，均基本满足要求。

（3）现场采用涂层测厚仪对网架杆件防腐涂层进行了检测，由检测结果可知，涂层厚度普遍不满足设计要求、《钢结构工程施工质量验收规范》（GB 50205）以及《网架螺栓球节点》（JG/T 10）规定的室外构件的干漆膜为 $150\mu m$ 的最低限值要求。

（4）根据《钢结构现场检测技术标准》（GB/T 50621）的要求，采取钻取钢屑的办法，在现场抽取网架杆件取样进行化学分析，测定碳、硅、锰、磷、硫 5 种元素的质量分数，杆件的 5 种元素质量分数符合 Q235 的技术要求。

（5）对钢筋混凝土圆柱体周围的 4 排立柱上的 24 个支座进行了检测，主要存在如下问题：在 24 个支座中，有 15 个支座与钢筋混凝土立柱相连的底板均发生明显锈蚀；位于东北角的最顶端 6 号支座处螺栓缺失；位于西南角 5 号支座处底板螺栓缺失 1 个，存在明显缺陷 [图 6-18（a）]；西北角的从下往上第二个的支座处螺栓锚入钢筋混凝土内的长度明显小于其他螺栓，存在有效锚固长度不足的质量隐患；支座处的钢板与螺栓球之间的焊接缝隙较大，明显漏焊 [图 6-18（b）]，24 个支座中，有 22 个支座未达到满焊的设计要求，存在明显构造缺陷；部分支座处与螺栓球连接的套筒出现锈蚀，个别杆件锥头锈蚀；在钢筋混凝土立柱周围的 24 个支座螺栓球中，20 个螺栓球底部无封堵。

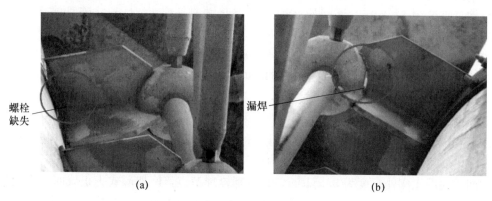

螺栓缺失

漏焊

(a)　　　　　　　　　　　　(b)

图 6-18　支座检测

（6）对容易发生锈蚀的底层和第二层的所有螺栓球进行了检查，发现个别螺栓球无封堵，个别螺栓球锈蚀。

（7）通过对网架杆件的观察，发现平台（网架第 7 层，13.510m）以下杆件锈蚀较严重，空调机箱上部的杆件普遍存在锈蚀现象。而最为严重的是在网架的 14-14 轴线，标高在 1.800m 和 3.950m 之间，在对称的位置斜压杆发生严重锈蚀，导致杆件开裂，套筒严重锈蚀并剥落。其中 B-C 轴之间的受压杆件锈蚀长度为 860mm，开裂最大宽度达到 2.0mm，杆件截面严重损伤。其中 Q-R 轴之间的受压杆件锈蚀长度为 436mm，开裂最大宽度达到 3.0mm，杆件端部的封板锈蚀剥落，套筒锈蚀剥落厚度达到 2mm，管件截面严重损伤，如图 6-19 所示。

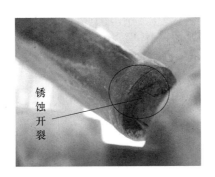

图 6-19　杆件锈蚀开裂

（8）通过对底层和第二层螺栓球节点处的所有杆件的套筒和紧固螺钉检测，发现普遍存在套筒锈蚀、套筒开裂、紧固螺钉缺失，套筒紧固不到位松动，甚至个别杆件的套筒脱丝的现象。现场采用手动扳手对网架螺栓球节点进行紧固检测，发现在抽检的底层杆件的 256 个套筒中，19 个套筒松动，数量达到 7.42%；在抽检的底层杆件套筒的 468 个紧固螺钉中，紧固螺钉缺失 243 个，达到 51.92%。

（9）通过对网架结构外侧附属构件观测发现，铝合金方管宽为 15cm，间距为 31.5cm，采用直径 60mm 的螺栓固定，附属构件整体质量较好，但是普遍存在局部锈蚀的现象，容易造成高空坠物的安全隐患。

4. 结论及原因分析

总体而言，该网架在高度为 33.810m 的支座处的螺栓缺失；在高度为 32.060m 的支座处的螺栓的螺帽缺失；螺栓球与支座板焊缝未达到设计要求的满焊，不满足规范要求；涂层厚度在 25～46μm 范围内，不符合规范要求。杆件存在大量锈蚀现象，有受力杆件严重锈蚀开裂；此外还存在螺栓球无封堵，球体锈蚀的现象；节点连接处杆端套筒锈蚀、开裂、松动，紧固螺钉缺失等明显缺陷；有杆件缺失现象。支座处的连接存在螺栓缺失、焊缝不足等严重影响支座锚固能力的缺陷。因此，该网架存在严重的安全隐患，建议进行加固维修或拆除。

6.5.10　某栈桥钢网架倒塌事故

1. 事故概况

某焦化厂栈桥桁架为焊接空心球节点网架结构，桁架其水平尺寸 29.846m，斜长 30.00m，宽 4.10m，高 3.20m。桁架下弦上铺钢筋混凝土槽型板，板上为混凝土地面及踏板，其中预埋皮带机机架埋件；栈桥侧面及顶部围护结构采用玻璃钢保温板与 C 形檩条相连；支座本体为钢筋混凝土框架结构，东支座标高＋16.884m，西支座标高＋20.016m，桁架支座采用橡胶垫与埋件螺栓连接。

2004 年 9 月 9 日下午 3 时 20 分左右，桁架突然整体坍塌。桁架上正在安装侧板的 7 名工人同时坠落，伤亡惨重，构成重大事故。据施工方 2004 年 9 月 11 日提交的桁架事故情况汇报材料中反映，该桁架于 6 月 8 日开始杆件下料，8 月 9 日完成地面拼装焊接及涂刷防火涂料，8 月 10 日下午完成吊装工作，8 月 14 日开始安装预制槽板，8 月

23日开始做混凝土地面及踏板，9月9日上午桁架进行玻璃钢保温板（三防板）侧板安装。事故现场发现，桁架坍塌后，整体变形北倾，东端第一节间破坏严重，西端落地后远离混凝土框架约2m，东端支座及部分杆件原位残留，西端支座4个螺栓全部断裂并随桁架落地。现场坍塌的情况如图6-20所示。

(a)

(b)

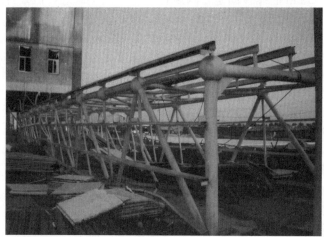

(c)

图 6-20　栈桥钢网架断裂塌落现场

2. 事故处理调查与分析

（1）设计图纸计算审核

该桁架原设计是安全的，但存在以下不合理之处。

①部分采用了国家明文废止的规范或标准。如《钢结构设计规范》（GBJ 17—1988）已废止，应采用《钢结构设计规范》（GB 50017—2003）；《钢结构工程施工及验收规范》（GBJ 205—1995）已废止，应采用《钢结构工程施工质量验收规范》（GB 50205—2001）。

②支座节点构造设计不合理。个别支座螺栓未注明材质及焊条型号；个别支座"端门架钢管剖口后与斜腹杆封焊"不合理，违反了《网架结构设计与施工规程》中第 4.3.4 条

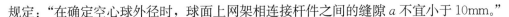

规定："在确定空心球外径时，球面上网架相连接杆件之间的缝隙 a 不宜小于 10mm。"

③结构体系不合理。结构整体抗侧移刚度小；上弦支承平面外长细比大，且在屋面荷载作用下处于受弯状态；围护结构的 C 形檩条采用支托与钢管相焊不合理。

（2）钢材的化学成分检测。

通过对《碳素结构钢》（GB/T 700）、《优质碳素结构钢》（GB/T 699），材质合格证以及检测结果的仔细分析，得出以下结论。

①原设计钢管为 Q235B 碳素钢，实际为 10 号、20 号优质碳素钢流体管，两者不符。

②钢管 146×10，127×6 的含碳量为 0.21，不符合原设计 Q235B 的 0.20 限值要求。

③钢管 76×4 的含硫量为 0.047，不符合原设计 Q235B 的 0.045 限值要求，也不符合 10 号、20 号钢 0.035 的限值要求。

④空心球含氮量偏高，不符合原设计 Q235B 的 0.008 限值要求。

⑤焊缝化学成分各项指标均满足要求，说明采用的焊条合格。

⑥支座螺栓的材质，根据其含碳量初步判定为中碳钢但锰、硅、硫含量不合格。

综上所述，C、S、N 三项化学成分的超标均对钢材的可焊性产生不利影响。

（3）钢材的力学性能试验。

通过对照《碳素结构钢》（GB/T 700）、《优质碳素结构钢》（GB/T 699），检查材质合格证对力学性能试验结果仔细分析，得出以下结论：

①钢管的各项力学性能指标均满足规范要求。

②支座螺栓的材质，将化学成分检测结果与力学性能试验结果相结合，初步判定为40 号中碳钢，其锰、硅、硫含量以及伸长率指标不合格。

（4）焊缝探伤。

焊缝质量的好坏会影响到结构的安全性。为此，对该桁架管-球连接的 43 个焊口进行超声波探伤，并对东端第一节间北侧下弦杆 XG1-2 焊口进行渗透探伤。探伤结论为：43 个焊口均有不同程度的未焊透，评定等级为Ⅳ级，未达到Ⅲ级要求，故评定为不合格。XG1-2 焊口出现裂纹，评定等级＞Ⅳ级，故评定为不合格。

（5）断口分析。

该次事故的断口均集中在桁架东端第一节间。通过对断口的分析，得出以下结论：

①钢管与空心球根部间隙有的过小，有的过大，坡口不规范，再者未加衬管，这是致使焊缝根部未焊透或管内出现焊瘤的主要原因。

②钢管上的焊脚尺寸偏大，若焊接工艺参数再不合理，则会导致钢管热影响区过烧和咬边现象严重，脆性断裂的危险增大。大多数杆件断口均在钢管的热影响区。

（6）事故结论。

综上分析，施工单位的擅自更换杆件及焊接质量不合格是导致该次坍塌事故的直接原因，材料、设计及管理三方面的问题构成事故的间接原因。

6.5.11 某钢框架酒店倒塌事故

1. 事故概况

泉州市某酒店东西方向长 48.4m，南北宽 21.4m，高 22m，建筑面积约 7000m²，为7层钢框架结构房屋。2020年3月7日19时05分，该酒店突然发生坍塌。此次事故导致29人死亡，42人受伤，直接经济损失5794万元，该事件震惊国内外。

此前该酒店的一层为汽车维修、销售店铺，2017年之前，每一层都有一个开阔的大厅，2017年开始采用砖墙将大厅隔成一个一个的小房间，改成酒店，并于2018年6月开始营业。

2. 事故调查

该房屋建于2012年7月，初建时为一座四层钢结构建筑物（一层局部有夹层，实际为五层）；2016年5月，在酒店建筑物内部增加夹层，由四层（局部五层）改建为七层；2017年7月，对第四、五、六层的酒店客房等进行了装修。事发前建筑物各层具体功能布局为：建筑物一层自西向东依次为酒店大堂、正在装修改造的餐饮店（原为便利店）、汽车展厅和汽车门店；二层（原北侧夹层部分）为汽车销售公司办公室；三层西侧为餐饮店（酒店餐厅），东侧为足浴中心；四层、五层、六层为酒店客房，每层22间，共66间；七层为酒店和车行员工宿舍；建筑物屋顶上另建约40m^{2}的业主自用办公室、电梯井房、4个塑料水箱、1个不锈钢消防水箱。

2019年9月，酒店建筑物一层原来用于超市经营的两间门店停业，准备装修改做餐饮经营。2020年1月10日上午，装修工人在对1根钢柱实施板材粘贴作业时，发现钢柱翼缘和腹板发生严重变形。工人在全面检查后发现另外2根钢柱也发生变形，遂决定停止装修，对钢柱进行加固，因受春节假期和疫情影响，未实施加固施工。3月1日，组织工人进场进行加固施工时，又发现3根钢柱变形。3月5日上午，开始焊接作业。3月7日17时30分许，工人下班离场。至此，焊接作业的6根钢柱中，5根焊接基本完成，但未与柱顶楼板顶紧，尚未发挥支承及加固作用，另1根钢柱尚未开始焊接，直至事故发生。

3. 事故分析

通过深入调查和综合分析，认定事故的直接原因是：事故单位将酒店建筑物由原四层违法增加夹层改建成七层，达到极限承载能力并处于坍塌临界状态，加之事发前对底层支承钢柱违规加固焊接作业引发钢柱失稳破坏，导致建筑物整体坍塌。

增加夹层导致建筑物荷载超限。该建筑物原四层钢结构的竖向极限承载力是52000kN，实际竖向荷载31100kN，达到结构极限承载能力的60%，正常使用情况下不会发生坍塌。增加夹层改建为七层后，建筑物结构的实际竖向荷载增加到52100kN，已超过其52000kN的极限承载能力，结构中部分关键柱出现了局部屈曲和屈服损伤，虽然通过结构自身的内力重分布仍维持平衡状态，但已经达到坍塌临界状态，对结构和构件的扰动都有可能导致结构坍塌。因此，建筑物增加夹层，竖向荷载超限，是导致坍塌的根本原因。在焊接加固作业过程中，因为没有移走钢柱槽内的原有排水管，造成贴焊的位置不对称、不统一，焊缝长度和焊接量大，且未采取卸载等保护措施，热胀冷缩等因素造成高应力状态钢柱内力变化扰动，导致屈曲损伤扩大，钢柱加大弯曲、水平变形增大，荷载重分布引起钢柱失稳破坏，最终打破建筑结构处于临界的平衡态，引发连续坍塌。通过技术分析及对焊缝冷却时间验证，焊缝冷却至事故发生时温度（20.1℃）约需2小时，此时钢柱水平变形达到最大，与事故当天17时10分许工人停止焊接施工至19时14分建筑物坍塌的间隔时间基本吻合。

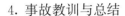

4. 事故教训与总结

　　此次事故的直接原因是违法违规建设、改建和加固施工所致，酒店由原来的四层违法增加夹层改建成七层，达到极限承载力并处于坍塌临界状态，加上对底层支承钢柱违规加固焊接作业引发钢柱失稳破坏，导致建筑物整体坍塌。

参考文献

[1] 邵英秀. 建筑工程质量事故分析 [M].3 版. 北京：机械工业出版社，2019.

[2] 宋悦华. 我国建筑工程质量现状与治理 [J]. 工程质量，2015，33 (11)：167-169.

[3] 周明华，王晓，毕佳，等. 土木工程结构试验与检测 [M]. 南京：东南大学出版社，2017.

[4] 易伟建，张望喜. 建筑结构试验 [M].5 版. 北京：中国建筑工业出版社，2020.

[5] 胡铁民. 建筑结构试验 [M].2 版. 北京：中国质检出版社 中国标准出版社，2017.

[6] 吴新璇. 混凝土无损检测技术手册 [M]. 北京：人民交通出版社，2004.

[7] 冯文元，冯志华. 建筑结构检测与鉴定实用手册 [M]. 北京：中国建材工业出版社，2007.

[8] 姚谦峰. 土木工程结构试验 [M].2 版. 北京：中国建筑工业出版社，2008.

[9] 王济川，王玉倩. 结构可靠性鉴定与试验诊断 [M]. 长沙：湖南大学出版社，2004.

[10] 葛燕. 混凝土中钢筋的腐蚀与阴极保护 [M]. 北京：化学工业出版社，2007.

[11] 陕西省建筑科学研究设计院，上海同济大学. 超声法检测混凝土缺陷技术规程：CECS 21：2000 [S]. 北京：中国城市出版社，2000.

[12] 中国建筑科学研究院有限公司. 超声法回弹综合法检测混凝土强度技术规程：T/CECS 02：2020 [S]. 北京：中国计划出版社，2020.

[13] 中华人民共和国国家标准. 砌体工程现场检测技术标准：GB/T 50315—2011 [S]. 北京：中国建筑工业出版社，2011.

[14] 宋彧，来春景. 工程结构检测与加固 [M].3 版. 北京：科学出版社，2016.

[15] 中国建筑科学研究院，哈尔滨工业大学. 拔出法检测混凝土强度技术规程：CECS 69：2011 [S]. 北京：中国计划出版社，2011.

[16] 山东省建筑科学研究院，江苏盐城二建集团有限公司. 后锚固法检测混凝土抗压强度技术规程：JGJ/T 208—2010 [S]. 北京：中国建筑工业出版社，2010.

[17] 中冶建筑研究总院有限公司，中建八局第二建设有限公司. 钢结构工程施工质量验收规范：GB 50205—2020 [S]. 北京：中国计划出版社，2020.

[18] 全国锅炉压力容器标准化技术委员会. 承压设备无损检测 第 3 部分：超声检测：JB/T 4730.3—2005 [S]. 北京：机械工业出版社，2005.

[19] 路春森，屈立军，薛武平. 建筑结构耐火设计 [M]. 北京：中国建材工业出版社，1995.

[20] 陆洲导，朱伯龙. 混凝土结构火灾后的检测方法研究 [J]. 工业建筑，1995，25 (12)：37-41.

[21] 田明革，易伟建. 混凝土结构火灾后的检测方法 [J]. 建筑结构，2002，(3)：67-70.

[22] 苗春，张雄，杜红秀. 火灾混凝土结构损伤检测技术进展 [J]. 无损检测，2004，26 (2)：77-81.

[23] 易贤仁. 钢结构火灾后的性能分析与鉴定 [J]. 武汉理工大学学报，2005，27 (1)：54-57.

[24] 朱伯龙，陆洲导，吴虎南. 房屋结构灾害检测与加固 [M]. 上海：同济大学出版社，1995.

[25] 袁广林，郭操，李庆涛，等. 高温后冷却环境对钢筋混凝土黏结性能的损伤 [J]. 中国矿业大学学报，2005，34 (5)：605-608.

[26] 袁广林，郭操，吕志涛. 高温下钢筋混凝土黏结性能的试验与分析 [J]. 工业建筑，2006，36 (2)：57-60.

[27] 袁广林，郭操，吕志涛．高温后钢筋混凝土黏结性能的试验研究［J］，河海大学学报，2006，34（3）：290-294.

[28] 姬永生．钢筋混凝土的全寿命过程与预计［M］．北京：中国铁道出版社，2011.

[29] 袁迎曙．钢筋混凝土结构耐久性设计、评估与试验［M］．徐州：中国矿业大学出版社，2013.

[30] 中冶建筑研究总院有限公司，上海市建筑科学研究院（集团）有限公司．火灾后工程结构鉴定标准：T/CECS 252—2019［S］．北京：中国建筑工业出版社，2019.

[31] 安全手册编写组．建筑工人安全技术操作规程［M］．北京：中国计划出版社，2006.

[32] 沈华，袁广林．现浇双阳台边梁裂缝原因分析及设计建议［J］．工程建设与设计，2004，9：14-15.

[33] 龙帮云，袁广林．长江某穿越工程沉井事故分析与处理［A］．中国建筑学会建筑结构分会混凝土结构基本理论及工程应用委员会等．第 8 届全国混凝土结构基本理论及工程应用学术会议论文集［C］．重庆：重庆大学出版社，2004．

[34] 袁广林，彭孝明，龙帮云．商品混凝土早期裂缝原因分析及控制措施［A］．中国建筑学会建筑结构分会混凝土结构基本理论及工程应用委员会等，第 8 届全国混凝土结构基本理论及工程应用学术会议论文集［C］．重庆：重庆大学出版社，2004.

[35] 郭操，周宁，耿欧，等．商品混凝土质量问题引起梁板开裂事故的分析和处理［J］．工业建筑，2003，33（4）：84-86.

[36] 郭操，舒前进，袁广林，等．影响商品混凝土质量因素及对策［J］．四川建筑科学研究，2004，（1）：98-99.

[37] 袁广林，吴庆安，袁迎曙，等．采用 HPSRM-1 型混凝土加固受严重腐蚀的合成塔塔架［J］．建筑技术，1998，（6）：403.

[38] 袁广林，田立柱．膨胀土对建筑物的危害及防治［J］．煤矿设计，1999，（4）：30-32.

[39] 袁广林，袁迎曙，吴庆安．某综合楼屋面框架梁裂缝的检测分析与处理［J］．四川建筑科学研究，1999，（1）：36-38.

[40] 袁广林，赵利，袁迎曙．膨胀土地基上基础梁裂缝事故的分析与处理［J］．四川建筑科学研究，2000，26（2）：34-35.

[41] 袁广林 袁迎曙，姜利民．某建筑物裂缝的检测与加固［J］．混凝土与水泥制品，1997，（1）：54-55，26.

[42] 刘涛，袁广林．某厂房内地下室基坑开挖引起的工程事故分析与处理［J］．四川建筑科学研究，2008，34（2）：114-117.

[43] 魏镇，袁广林，陈建设．含石灰石混凝土结构表面爆裂分析与处理［J］．混凝土，2016，（1）：120-122.

[44] 丁淑芳，魏镇．某市地下人防工程质量事故分析与处理［J］．城市建设理论研究（电子版），2015，9（26）：3058-3059.

[45] 杜传明．转炉钢渣资源利用的新方法［J］．山东冶金，2012，34（2）：51.

[46] 张朝晖，廖杰龙，巨建涛，等．钢渣处理工艺与国内外钢渣利用技术［J］．钢铁研究学报，2013，25（7）：1-4.

[47] 张春雷．国内外钢渣再利用技术发展动态及对鞍钢开发钢渣产品的探讨［J］．鞍钢技术，2003，（4）：7.

[48] 黄勇刚，狄焕芬，祝春水．钢渣综合利用的途径［J］．工业安全与环保，2005，31（1）：44.

[49] 彭春元，彭忠，邓福添，等．钢渣微粉对混凝土性能的影响初探［J］．混凝土，2005，（9）：45.

[50] 张亚梅，李保亮．用钢渣作骨料引起的混凝土工程开裂问题案例分析［J］．混凝土世界，2016，84（6）：22-25.

［51］罗福午，王毅红．土木工程质量缺陷事故分析及处理［M］．武汉：武汉理工大学出版社，2009.

［52］王元清，江见鲸，龚晓南，等．建筑工程事故分析与处理［M］.4版．北京：中国建筑工业出版社，2018.

［53］郑文新．建筑工程质量事故分析［M］.3版．北京：北京大学出版社，2018.

［54］袁广林，岳德山，吴庆安，等．徐州地区工业建筑的腐蚀及对策［J］．工业建筑，1998，28（1）：9-11.

［55］张誉，蒋利学，张伟平，等．混凝土结构耐久性概论［M］．上海：上海科学技术出版社，2003.

［56］孙进祥，周玉成，金志福．建筑物裂缝［M］．上海：同济大学出版社，2001.

［57］王立久，姚少臣．建筑病理学-建筑物常见病害诊断与对策［M］．北京：中国电力出版社，2002.

［58］叶书麟，叶观宝．地基处理与托换技术［M］.3版．北京：中国建筑工业出版社，2005.

［59］中华人民共和国国家标准．建筑地基基础设计规范：GB 50007—2011［S］．北京：中国建筑工业出版社，2011.

［60］焦红，贾留东，王松岩．某火车站大厅球面网架事故分析与加固处理［J］．建筑技术开发，2003，30（12）：5-8.

［61］叶梅新，黄琼．钢结构事故研究［J］．长沙铁道学院学报，2002，20（4）：6-10.

［62］王光煜．钢结构缺陷及其处理［M］．上海：同济大学出版社，1988.

［63］段宇．常见钢结构缺陷问题的分析及处理［J］．工业建筑（增刊1），2015，45（增刊1）：668-673.

［64］陈绍蕃．钢结构稳定设计指南［M］.3版．北京：中国建筑工业出版社，2013.

［65］王元清．钢结构脆性破坏事故分析［J］．工业建筑，1998，28（5）：55-58.

［66］戴金华，李宏山．门架轻钢结构厂房施工倒塌的事故分析［J］．广东土木与建筑，2006，（5）：57-59.

［67］赵仁，张洪敏，王俊红．豫南某厂钢结构工程倒塌事故［J］．信阳师范学院学报，1999，12（1）：98-102.

［68］余学义，张恩强．开采损害学［M］．北京：煤炭工业出版社，2010.

［69］荣健．泵送商品混凝土裂缝原因分析及对策［J］．浙江建筑，2005，22（3）：56-58.

［70］雷宏刚．钢结构事故分析与处理［M］．北京：中国建材工业出版社，2003.

［71］王来，等．钢结构工程施工验收质量问题与防治措施［M］．北京：中国建材工业出版社，2006.

［72］住房城乡建设部．钢结构设计标准：GB 50017—2017［S］．北京：中国建筑工业出版社，2018.

［73］建筑钢结构网，钢结构工程事故与分析［EB/OL］．http：//peixun.ccmsa.com.cn/kecheng/62.html，2014-8-12.

［74］山西一酒楼倒塌造成29死，调查：6条承重柱3条用砖砌成［EB/OL］．https：//www.sohu.com/a/416949895_120833976，2020-9-7.

［75］中华人民共和国应急管理部．应急管理部公布2020年全国应急救援和生产安全事故十大典型案例［EB/OL］．https：//www.mem.gov.cn/xw/bndt/202101/t20210104_376384.shtml，2021-1-4.

［76］中华人民共和国应急管理部．福建省泉州市欣佳酒店"3·7"坍塌事故调查报告公布［EB/OL］．https：//www.mem.gov.cn/xw/bndt/202007/t20200714_355829.shtml，2020-7-14.

［77］中国建筑科学研究院有限公司．建筑结构可靠性设计统一标准：GB 50068—2018［S］．北京：中国建筑工业出版社，2019.